河道监测方法研究

芦绮玲　付宏　方卫华　王雪　那巍　著

中国水利水电出版社
www.waterpub.com.cn
·北京·

内 容 提 要

本书是有关河道全要素监测及其方法的专著。本书在分析国内河道管理研究背景的基础上，通过分析山西省主要河流概况，明确研究对象、研究目标，对河道监测要素和监测方法进行了深入研究。主要内容包括：河岸排污口流速流量及水质监测要素和方法、堤防工程监测要素和方法、穿河跨河建筑物安全监测要素和方法、水面交通监测要素和方法、河道上建筑物撞击振动监测要素和方法、落水人监测要素和方法、水面漂浮物监测要素和方法、岸线侵蚀及水土保持监测要素和方法、区域内生物多样性及稳定性监测要素和方法、采砂监测要素和方法、崩岸及水下淘刷监测要素和方法、冰情监测要素和方法等。最后以滹沱河典型河段为例，给出了相关河段的监测要素与监测方法。

本书可供从事水利工程，特别是河道管理、研究、技术等人员参考，也可供高等院校相关专业的师生参考。

图书在版编目（ＣＩＰ）数据

河道监测方法研究 ／ 芦绮玲等著. -- 北京 ： 中国
水利水电出版社，2020.8
　ISBN 978-7-5170-8804-2

Ⅰ．①河… Ⅱ．①芦… Ⅲ．①河道－监测－方法研究
Ⅳ．①TV14

中国版本图书馆CIP数据核字(2020)第157138号

书　　名	**河道监测方法研究** HEDAO JIANCE FANGFA YANJIU
作　　者	芦绮玲　付宏　方卫华　王雪　那巍　著
出版发行	中国水利水电出版社 （北京市海淀区玉渊潭南路 1 号 D 座　100038） 网址：www.waterpub.com.cn E - mail：sales@waterpub.com.cn 电话：(010) 68367658（营销中心）
经　　售	北京科水图书销售中心（零售） 电话：(010) 88383994、63202643、68545874 全国各地新华书店和相关出版物销售网点
排　　版	中国水利水电出版社微机排版中心
印　　刷	北京瑞斯通印务发展有限公司
规　　格	184mm×260mm　16 开本　13.5 印张　329 千字
版　　次	2020 年 8 月第 1 版　2020 年 8 月第 1 次印刷
印　　数	0001—1000 册
定　　价	**78.00 元**

前 言

　　河道作为水系连通的通道，不仅承负着防洪、供水和航运等功能，同时也承担着生态恢复、污染销纳、景观绿化甚至文化交流等重要任务，在维系水安全、生态安全、经济安全和文化安全方面，起着不可替代的作用。历史上，河道就是人类文明的发祥之地，时至今日，大多数政治经济中心要么处于海边，要么处于河道两岸。因此维系河流健康生命无论是对社会管理还是科学研究都具有十分重要的意义。

　　山西河流众多，流域面积 $100km^2$ 以上的河流，全省有 240 多条，其中流域面积大于 $4000km^2$ 的有汾河、沁河、涑水河、三川河、昕水河、桑干河、滹沱河、漳河等 8 条。前 5 条向西、向南流，属黄河水系；后 3 条向东流，属海河水系。由于山西省特殊的地理位置、气候条件、生态现实、环境条件和经济状况，特别是环境压力和经济的快速发展使得河流承载能力面临严峻挑战。

　　随着"河长制""湖长制"以及"智慧水利"等工作的逐步推进，实现河道全要素管理、生态管理和智慧管理正成为有关部门管理的优先方向。信息感知作为一切决策的基础，是实现智慧水利和河湖健康管理的前提和基础。通过国内外文献检索发现，到目前为止尚未见到一本全面感知河道管理要素的专著，为此山西省河道与技术中心和河海大学等国内著名高校合作，开展了一系列研究，为解决山西省河道管理问题奠定了基础。

　　本书就是系列研究中有关河道全要素感知及其方法的专著，本书内容在分析国内河道管理研究背景的基础上，通过分析山西省主要河流概况，从而明确研究对象、确定研究目标，从河岸排污口流速流量及水质监测要素和方法、堤防工程监测要素和方法、穿河跨河建筑物安全监测要素和方法、水面交通监测要素和方法、河道上建筑物撞击振动监测要素和方法、落水人监测要素和方法、水面漂浮物监测要素和方法、岸线侵蚀及水土保持监测要素和方法、区域内生物多样性及稳定性监测要素和方法、采砂监测要素和方法、崩岸及水下淘刷监测要素和方法、冰情监测要素和方法等方面全面对河道监测要素和监测方法进行了深入研究，最后以滹沱河典型河段为例，给出了相关河段的监测要素与监测方法，为下一步工程实施提供了有益参考。

　　本书是新时代治水新思路条件下的一本专业性很强的学术专著，打破了原来专业之间的隔离，从系统论的观点对河道要素感知方法进行系统研究，相信本书的出版必将有力促进河道管理水平的提升。

作者

2020 年 4 月

目 录

第 1 章　绪　　论

1.1　研究背景

为了贯彻落实党的十九大、十八大、十八届三中全会精神和 2011 年中央一号文件《中共中央国务院关于加快水利改革发展的决定》（中发〔2011〕1 号），全面提升河湖管理水平，促进河湖休养生息，维护河湖健康生命，推进水生态文明建设，水利部印发了《关于加强河湖管理工作的指导意见》（水建管〔2014〕76 号），文件提出"加强河湖管理，实现河畅、水清、岸绿、景美，是建设美丽中国、建立生态文明制度的迫切需要"，明确了加强河湖管理的指导思想、总体目标、主要任务和保障措施。2016 年，中共中央办公厅、国务院办公厅印发了《关于全面推行河长制的意见》（厅字〔2016〕42 号）和《水利部、环境保护部贯彻落实〈关于全面推行河长制的意见〉实施方案》（水建管函〔2016〕449 号）等有关文件，提出要"加强河湖管理保护，加快全面推行河长制，提高河湖水域岸线管理水平"。

河道作为水系统的动脉，它承负着供水、防洪、通航等功能，在维护水安全和生态安全方面起着不可替代的作用。由于山西省特殊的地理位置、气候条件、生态现实、环境条件和经济状况，使得河流承载能力面临严峻挑战。随着水利部智慧水利工作的逐步推进，工程水利正向生态水利和智慧水利的方向发展。信息感知是实现智慧水利和河湖健康管理的前提和基础。为解决山西省复杂水问题、维护河湖健康生命，有必要建立河道及其岸线健康监测系统，从而为进一步加强河湖管理保护、落实相关责任、健全长效机制奠定基础。根据《中华人民共和国水法》《中华人民共和国防洪法》《中华人民共和国水土保持法》《中华人民共和国河道管理条例》等法律法规以及《水政监察工作章程》《堤防工程管理设计规范》等要求，为全面推行河长制提供基础信息，加强不同监测体系整合，克服信息孤岛，有必要从河道健康角度，全方位、全要素、全过程明确需要监测要素，并根据国内外科技发展选择相应的监测方法，明确相应的监测指标。

1.2 山西省主要河流概况

山西河流众多，其中流域面积在 $100km^2$ 以上的河流全省有 240 多条。在这些河流中，流域面积大于 $4000km^2$ 的有汾河、沁河、涑水河、三川河、昕水河、桑干河、滹沱河、漳河等 8 条。前 5 条向西、向南流，属黄河水系；后 3 条向东流，属海河水系。

汾河是山西省最大的河流，全长 710km，也是黄河的第二大支流。汾河发源于宁武县东寨镇管涔山脉楼山下的水母洞，周围的龙眼泉、支锅奇石支流，流经东寨、三马营、宫家庄、二马营、头马营、化北屯、山寨、北屯、䯄通关、宁化、坝门口、南屯、子房庙、川湖屯等村庄出宁武后，流经 6 个地市，34 个县市，在河津市汇入黄河。汾河流域面积 $39741km^2$，约占山西省总面积的 1/4，养育了山西省 41% 的人口。

沁河发源于沁源县西北部绵山东麓的二郎神沟，流经郭道镇境后与北源赤石桥河、东源紫红河汇合。沁河南流经交口村由白狐窑河从东汇入，在河西村由狼尾河从西汇入，在中峪乡龙头村由西川河从西汇入，故曰："又南汇三水"。同时又有两岸溪涧不断注入，故曰"左右近溪，参差翼注之也"。最后流经大南村出沁源县境。沁河又南经安泽县、沁水县、阳城县后，切穿太行山流入河南省境。最后经济源、沁阳，在武陟县西营附近注入黄河。沁河全长 456km，流域面积 $12900km^2$；在山西境内长 363km、流域面积 $9315km^2$。沁河是山西省内仅次于汾河的第二大河流。

涑水河发源于山西省绛县横岭关陈村峪。涑水河向西南流经山西省的闻喜县、夏县、运城市区、临猗县至永济市伍姓湖，在弘道园村附近汇入黄河，全长 196km，流域面积 5548 多 km^2。涑水河主要支流为姚暹渠，605—607 年（隋大业年间）都盐吏姚暹为保护盐池重修而得名。姚暹渠源于闻喜，流经夏县、运城，绕盐池东侧和北侧至永济入伍姓湖，为季节性河流。

三川河由北川、东川、南川汇流而成，故名三川河。干流在山西省离石市以上称北川，发源于吕梁山北段西麓方山县的赤坚岭，流经方山县城，在离石市纳支流东川后始称三川河。三川河是晋西汇入黄河北干流左岸诸多支流中第二大支流，流域面积 $4161km^2$。据实测资料统计，三川河多年平均径流量 1.99 亿 m^3，若加上柳林县泉水 1.07 亿 m^3 共为 3.06 亿 m^3，地下水年可开采量 0.16 亿 m^3，合计水资源量 3.22 亿 m^3。年最大径流量 4.93 亿 m^3，最小年为 1.64 亿 m^3，最大最小比值为 3。多年平均输沙量 2908 万 t，输沙量的年际变化大，最大年输沙量达 8350 万 t，最小年只有 461 万 t，最大最小比值达 18。水沙年内分配集中，汛期（7—10 月）水量占全年水量的 60% 左右，汛期沙量则占到 95% 左右。沙量往往又多集中在几次暴雨洪水中，造成大量的水土流失。

昕水河流域位居黄河中游的东岸，山西省吕梁山南端，为我国黄土高原主要残塬沟壑分布区。发源于山西省境内的蒲县摩天岭，昕水河全长 134km，在大宁县西注入黄河。全流域包括蒲县、隰县、大宁、吉县、永和 5 县的 40 个乡（镇）和乡宁、交口的个别自然村，流域面积为 $4326km^2$。昕水河流经黄土残塬区，水量不大，含沙量高，大宁站多年平均天然径流量 1.84 亿 m^3，年平均含沙量 $55kg/m^3$，年输沙量 2830t。

桑干河是海河的重要支流，其上游有源子河、恢河两条河流。主流恢河发源于山西省宁武县的管涔山分水岭村，源子河发源于山西省左云县的截口山。两河在朔县与邑村会合后始称桑干河。桑干河流经朔县、山阴、应县、怀仁、大同至阳高县尉家小堡村进入河北省境内。桑干河在山西境内的长度为 252km，流域面积达 17142km²。桑干河上的主要支流有黄水河、浑河、御河等。

滹沱河发源于繁峙县泰戏山，向西南流经恒山与五台山之间，至界河折向东流，切穿系舟山和太行山，东流至河北省献县臧桥与子牙河另一支滏阳河相会，全长 587km，流域面积 25168km²。主要支流有阳武河、云中河、牧马河、清水河、南坪河、冶河等，呈羽状排列，主要集中在黄壁庄以上，以下无支流汇入。流域内地势自西向东呈阶梯状倾斜，西部地处山西高原东缘山地和盆地，地势高，黄土分布较厚；中部为太行山背斜形成的山地，富煤矿；东部为平原。流域内天然植被稀少，水土流失较重。流经山区、山地和丘陵的面积约占全流域面积的 86%，河流总落差达 1800 余 m。瑶池以上为上游，沿五台山向西南流淌于带状盆地中，河槽宽一二百米至千米不等，水流缓慢。瑶池至岗南为中游，流经太行山区，河谷深切，呈 V 形，宽度均在 200m 以下，落差大，水流湍急。黄壁庄以下为下游，流经平原，河道宽广，最宽可达 6000m，水流缓慢，泥沙淤积，渐成地上河或半地上河，两岸筑有堤防。

漳河分浊漳河与清漳河两支，均发源于山西境内。浊漳河有南、北、西三源，南源出于长子县发鸠山，西源出于沁县西北漳源村，北源出于榆社县柳林河。浊漳河南源全长 134km，向北流至襄垣县的甘村附近西源汇合；西源长 81km，与南源汇合后继续向北，至襄垣县合村口与北源汇合；北源长 130km，三源汇全后称浊漳河，经黎城，从平顺县下马塔营村出境入河南。山西境内河段全长 231km，流域面积 11311km²。年均径流量石梁站为 8 亿 m³，年均输沙量为 1730 万 t。清漳河东源长 104km，西源长 101km，东、西二源在左权县上交漳村会合后，称清漳河，至黎城县东北的下清泉村注入河北省。清漳河全长 142km，流域面积 4159km²，每年平均天然径流量 4 亿 m³。清浊两源在河北省西南边境的合漳村汇合后称漳河。向东流至馆陶入卫河。长 466km（至南陶），流域面积（至蔡小庄）万 km²。

黄河流经晋陕峡谷间，纵贯山西南北。由于河床比较大，流水急，航运困难，灌溉用水不便，但水力资源丰富，是山西可资利用的最大水源。

第2章 研究对象与技术路线

　　本书研究对象为山西省典型自然河流的河道管理范围，包括相应的水文、水力、生态、人类活动、工程安全和水土保持等相关要素。水文、水力要素可以借助气象资料，而流速、流量监测由水文部门负责，因此本书重点是工程安全、水质安全、防洪安全等要素的确定及其监测方法的研究。

2.1　研究目标

　　总结国内外河流健康研究进展，探讨河流健康综合评价的理论和方法基础，根据山西省典型自然河流的自身特点，特别是河道功能区划，以问题为导向，明确不同河段的监测要素、监测方法和相应的技术指标，为构建涵盖河岸带状况、河流形态指标、水质理化指标和水生生物各方面的河流健康综合评价体系提供理论依据。

2.2　研究内容

　　首先研究河道的监测要素和监测方法，然后以滹沱河为实例，研究其不同典型河段的监测要素和监测方法。

2.2.1　监测要素与监测方法研究

　　(1) 河岸排污口流速流量及水质监测要素和方法。

　　(2) 堤防工程监测要素和方法。

　　(3) 穿河跨河建筑物安全监测要素和方法。

　　(4) 水面交通监测要素和方法。

　　(5) 河道上建筑物撞击振动监测要素和方法。

　　(6) 落水人监测要素和方法。

　　(7) 水面漂浮物监测要素和方法。

　　(8) 岸线侵蚀及水土保持监测要素和方法。

　　(9) 区域内生物多样性及稳定性监测要素和方法。

（10）采砂监测要素和方法。

（11）崩岸及水下淘刷监测要素和方法。

（12）冰情监测要素和方法。

2.2.2 工程实例研究

为检验上述方法的实用性，以滹沱河为实例，分成不同典型河段，确定监测要素，明确相应监测方法。

2.3 技术路线

采用文献查阅和现场调研相结合的方式开展研究，具体技术路线见图2.3-1。

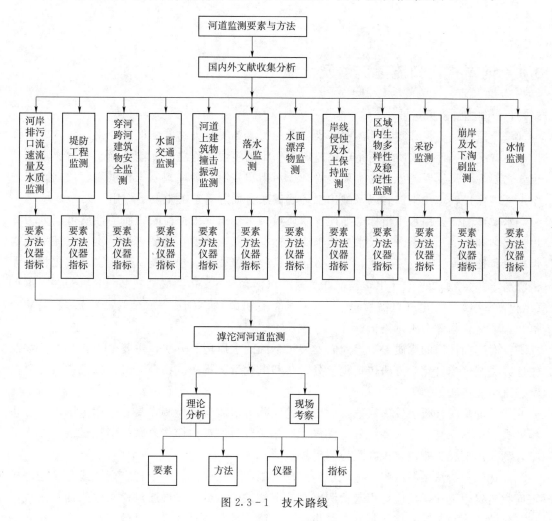

图 2.3-1 技术路线

第3章 监测要素与监测方法

3.1 河岸排污口流速流量及水质

3.1.1 国内外研究进展

水质监测是监视和测定水体中污染物的种类、各类污染物的浓度及变化趋势，以及评价水质状况的过程。水质监测是环境监测工作中的主要工作之一，能准确、及时、全面地反映水质现状及发展趋势，为水环境管理、污染源控制、环境规划等提供科学依据，对整个水环境保护、水污染控制以及维护水环境健康方面起着至关重要的作用。

水质监测需要用水质指标来描述水质质量，水质指标根据检测物质的性质可以分为物理、化学和生物三大类。比较常见的水质指标：水温、浊度、色度、悬浮物、电导率等物理指标；铬、铜、汞、铅、镉、砷等金属污染物；氰化物、氯化物、硫化物、氟化物等无机阴离子污染物；COD（化学需氧量）、DO（溶解氧）、高锰酸盐指数（$KMnO_4$）、BOD（生化需氧量）、TOD（总需氧量）、TOC（总有机碳）、NO_3 - N（硝酸盐氮）、亚硝酸盐氮、含磷化合物等有机污染指标等。

针对不同性质的水质参数，人们发展了不同的水质检测方法，主要分为化学、生物及物理方法三大类。化学方法包括化学分析法和电化学分析法。物理方法包括色谱法、质谱法、直接光谱法等。

传统的化学分析法较为成熟，适用于绝大部分水质参数检测，具有适用范围广、分析精度高、可靠性高、可重复性好等优点。但化学分析法存在操作复杂、消耗试剂、二次污染且测量周期长、难以实现在线检测等缺点[1]。

电化学分析法主要依赖于电化学传感器的制备，主要依据水中特定离子或分子与电极表面物质发生电化学反应，引起检测电路的电流或电压变化，再通过检测电路的电压或电流变化的大小来反映水体的特定参数指标[2]，该法具有选择性好、灵敏度高、仪器小巧等优点。但电化学分析法同时存在使用寿命短、检测指标单一、多参数需要多个传感器、需要不同的检测电路匹配以及电化学传感器的制备复杂等问题[3]。

色谱法主要应用于水中苯系物、农药残留等物质的测试，具有分析精度高、重复性好等优点。但色谱法存在分析仪器昂贵、维护成本高、样品需前处理、测试周期长、需专业人员操作等问题[4]。质谱法通常与色谱法联合用于水质检测，与色谱法相似，同样存在设备昂贵、分析复杂等缺点，且其分析范围有限，仅适用于分析水中多环芳烃等工业有机物的量，或应用于测定水中农药残留的量[5]。

生物传感技术基于免疫学反应、酶促反应、微生物反应以及生物反应中发生的物理量的变化，具有快速、低成本、高选择性等优点。但由于其检测主要依赖于生物传感器与待检水样的反应，存在传感器的再生性问题，即许多待测物与识别部分产生不可逆的化学反应，进而降低传感器的灵敏度或严重时导致其无法重复使用[6]。

荧光光谱法依据物质通过较短波长的光进行辐射，同时存储能量，然后缓慢释放较长波长的光，检测该释放出光的能量谱以分析物质成分[7]。作为水质分析的手段之一，由于其具有灵敏度高、选择性好、快速、所需样品少等优点在近年来得到了研究者的认可。荧光光谱法应用于水质检测经历了从实验室的单一元素检测阶段到采用激光诱导荧光法进行远程流域水质检测阶段。但由于荧光光谱法存在荧光淬灭效应、散射光的干扰等问题使其难以适用于更为复杂的水质检测，因此其应用于水质检测的研究大多处于实验论证阶段。相比于荧光光谱法，红外光谱法应用于水质检测较少见诸报道。红外光谱法检测水质主要应用于有国家标准的油类检测，具有特征性强、测量速度快、操作简便等优点。但由于水对红外光谱的吸收，以及其测量需样品纯度较高，难以适应复杂测试环境等，使其虽然在有机物分析中能得心应手，但应用于成分复杂的水质检测前景堪忧。

光纤等离子体法[8]、激光拉曼光谱法[9]等检测方法应用于水质检测近年来也有报道，但由于检测仪器、传感器本身尚不成熟，目前存在稳定性差、难以批量生产等难题。

基于紫外-可见光谱法的水质检测技术，由于其操作简便、检测速度快、无二次污染等优点，近年来被广泛应用于水质检测的各个方面[1]，受到国内外诸多研究者的青睐。紫外-可见光谱法检测系统的核心技术主要包括连续光谱检测技术和化学计量分析方法。目前，紫外-可见光谱法水质检测技术主要应用于 COD、TOC、TURB 和 $NO_3 - N$ 等水质参数的分析测试。按照检测方式的不同，紫外-可见光谱法分析水质参数的方法主要有单波长分析法、双波长补偿法、多波长分析法和连续光谱分析法几种。

紫外-可见光谱分析法的研究以集成电路实现光谱扫描为硬件基础，以化学计量方法的应用为算法基础。国外相关机构开展此项研究相对较早，在技术方面拥有垄断优势。维也纳农业大学的 Langergraber 等[10]研制了浸没（入）式紫外-可见光谱水质分析仪，结合化学计量方法监测污水处理过程，可同时测量 COD、TSS（Total Suspended Solid，总悬浮固体量）和 $NO_3 - N$ 等参数，具有较好的重复性和测量精度。国内赵友全等[11]研制了投入式光谱法紫外吸收水质监测系统，可测量光谱范围为 $200 \sim 720nm$，采用开放流通池设计，使仪器可以直接投入待检测水体中。该仪器具有无线传输功能，测量时无需工作人员在现场操作值守，只需在操作软件上设定工作时间间隔和待测量参数等，系统即可自动完成 COD 和 $NO_3 - N$ 的测量以及数据传输、存储和分析。王晓萍等[12]以基于平面光栅的光谱仪为核心，研制了基于紫外-可见连续光谱技术的水质分析样机。该样机运用反相传播神经网络（Back - Propagation Artificial

Neural Network，BP - ANN）建立紫外吸光度和 COD 的数学模型。在实际使用时，利用该模型的快速算法，根据实际水样的吸光度值可以快速推算出水样的 COD 值。温志渝等[13,14]主持研发了基于连续紫外光谱分析的工业水污染监测微系统，该系统采用 MEMS（Micro - Electro - Mechanical Systems）技术研制的微型光谱实现水质光谱测量，可实现水质 COD 的在线测量和 NO_3 - N 的测量。

由于检测机理上的限制，紫外-可见光谱法无法对大部分无机污染物以及饱和有机物进行检测，且容易受温度、浊度、搅拌、曝气、光散射等环境因素影响。所以，目前紫外-可见光谱法主要用于监测水体有机污染程度，以替代 COD，BOD_5 和 TOC 的标准测量方法。

在水质检测仪器生产方面，主要以双波长补偿分析法、多波长加权分析法以及连续光谱分析法为技术基础，结合化学计量算法进行参数解算。其中，国外以美国 HACH、日本 SHIMADZU、法国 Tethys、德国 WTW、德国 E＋H 和奥地利 SCAN 等公司为主；国内以北京东西分析仪器、杭州聚光科技等公司为代表。

获得各种水质参数的信息主要采用基于实时实地的常规水质监测，通过各种高精度仪器和化验分析技术对水样数据进行水质参数提取。但常规水体采样监测具有时空局限性，不适用于长时间序列的水质变化和污染物迁移分析，很难满足大量的水质监测应用要求。遥感技术具有快速、大范围、低成本和周期性的特点，可以有效地监测水体表面水质参数在空间和时间上的变化状况，还能发现一些常规方法难以揭示的污染源和污染物迁移特征，具有不可替代的优越性。对水体的遥感监测以污染水与清洁水的反射光谱特征研究为基础。清洁水体对光有较强的吸收性能，反射率比较低，较强的分子散射性仅存在于光谱区较短的谱段上。这种现象使清洁水体的一般遥感影像表现为暗色调，在红外谱段上尤其明显[15]。自 20 世纪 70 年代以来，内陆水体遥感水质监测从简单定性分析发展到定量反演，从具有时空局限性的经验模型到广泛适用的生物光学模型，不断地拓宽了遥感水质监测的应用前景。此外，随着各种遥感数据源特别是高光谱遥感数据的涌现以及对各种水质参数光谱的了解不断深入，遥感水质监测的参数不断增加，反演的精度也不断提高。遥感可监测的水质参数也不断丰富，包括悬浮物含量、水体透明度、叶绿素 a 浓度、溶解性有机物、水中入射与出射光的垂直衰减系数以及一些综合污染指标，如营养状态指数等[16-19]。

常规水质监测难以获取深层水质数据，无法对水下尤其是深水区生物进行监测，不易监测水库闸坝水下部分。融合现代电子、传感、通信和计算机等技术于一体的多功能潜水器成为开展江河湖库水环境监测、样品采集、生物观测和闸坝勘查等工作的新的技术和手段。当前美国、英国、日本、加拿大及俄罗斯等国家成立了专门的科研机构，致力于多功能潜水器技术和产品研发。国际上较先进的水下潜水器有：美国海军研制的 AUV - AUSS 水下自走潜水器[20]、欧盟 "Ferry Box" 技术开发的自动水质测量系统、德国弗劳恩霍夫系统技术应用中心 Fraunhofer ISOB - ASTB 开发的多功能潜水器及监测与分析系统等。

目前国内研究水下机器人的单位较多，主要有：哈尔滨工程大学研制的智能水下机器人 AUV，中国科学院沈阳自动化所研制的无人无缆水下机器人 UUV，上海交通大学研制的遥控式水下机器人 ROV 和中船重工 715 所研制的拖曳式水下机器人 TUV 等。

多功能水下潜水器由硬件系统和软件系统两大部分组成，之间通过光纤、电缆联系，集水下观测、水质监测分析与水样采集多功能于一体，可全方位、立体展示水域的水温和水质等的分布情况。多功能潜水器能够满足河湖江库的水下环境监测、调查和样品采集、生物监测及水下闸坝安全监测等需求，为河湖江库水生态环境保护和闸坝的安全运行提供技术支撑。通过二次开发能够拓展很多新的功能，构建适合湖库的水环境监测系统。

水质污染自动监测系统（WPMS）是一套以在线自动分析仪器为核心运用现代传感技术、自动测量技术、自动控制技术、计算机应用技术以及相关的专用分析软件和通信网络组成的一个综合性的在线自动监测体系。WPMS 可尽早发现水质的异常变化，为防止下游水质污染迅速做出预警预报，及时追踪污染源，从而为管理决策服务。

水质污染自动监测系统目前使用的都是在线式检测仪器，常见的水质在线检测仪器生产商有美国 HACH、法国 SERES、德国 WTW、德国 E＋H、德国 KUNTZE、日本岛津、日本 Horiba、奥地利 SCAN 等。目前应用广泛，技术成熟的仪器有水质五参数（pH 值、水温、浊度、溶解氧和电导率）、COD_{Mn}、COD_{Cr}、TOC、氨氮、总磷、总氮、BOD 等。其他的还有生物毒性、六价铬、VOC、水中油、蓝绿藻和重金属等共 23 个检测项目。我国水质自动监测站目前的主要监测项目有水质五参数、COD、氨氮、高锰酸盐指数、总有机碳（TOC）、总氮以及总磷等。

水质自动监测是新形势下环境管理的重要技术支撑。利用新兴的物联网技术、云技术、大数据分析技术等，自动监测网络平台将更加智能化，功能更强大。基于此杨旭东等[21]设计了基于 Android 平台，通过在选定地点由检测仪收集并处理数据，实现了对选定地点水质数据的实时分析与预测的系统。其可以在 Android 终端上查看，以帮助水质管理。其主要监测项目为 pH 值、导电性、水温、氨氮、溶解含氧量、浊度、磷等。冀庆恩等[22]开发了基于 MSP430 的无线水质监测系统，该系统分为水质检测下位机子系统和数据监测上位机子系统。水质检测下位机子系统以 MSP430 单片机为核心控制器，以水温、pH 值和浊度为检测对象，借助传感器、无线串口通信模块及蓝牙模块实现对数据的采集、处理、显示、报警、传输等功能。基于 LabVIEW 平台开发的电脑客户端上位机子系统，实现采集数据的接收、存储、实时显示，超过预设值即报警。基于 Android 平台开发的手机 APP，将蓝牙模块传输回来的数据实时显示在手机屏幕上。虽然该系统已经实现了上述各功能，但是离真正现场实用还有一定距离，需要进一步完善。针对江河流域氨氮等水质参数含量超标，传统水质检测方法存在预处理过程复杂、检测设备体积庞大、检测周期长、不能实现连续自动检测等问题，李随群等[23]提出采用纳氏试剂分光光度法检测水质参数，并结合西门子 PLC、组态软件（MCGS）、4G 移动通信等技术，设计出基于物联网的水质在线监测系统，并分别对检测系统、PLC 控制程序和 4G 通信程序进行了测试。系统测试结果表明，该系统自动化程度高、检测周期短、能够检测 0～300mg/L 范围的样品。

3.1.2 流速流量监测要素

河岸排污口监测中有两项重要污染指标，即污水入河量和污染物总量。污水流量和排放时间乘积为污水入河量，污水流量和污染物浓度乘积为污染物入河总量。污水流量是确定污水入河量和污染物入河总量的基础，污水流量实测的准确性直接影响污水入河量和污染物入河总量计算的准确性。监测要素包括流速、流量。

3.1.3　监测方法

根据入河排污口的具体条件，可选择下列方法之一进行入河排污口流量监测。但在选定方法时，应注意各自的测量范围和所需条件。

1. 水文测验法

（1）流速仪法。流速仪法是用流速仪测量污水流速，并由流速与排污渠道的过水断面面积的乘积来计算流量的方法。流速仪法多用于渠道较宽的污水测量，平直过水段宽 3～5m，且较顺直，无较大坡降，水位高度不小于 10cm，测量断面底部不应有大的坑洼或淤泥。

测量时需要根据测流断面深度和宽度确定点位垂线数和起点距。垂线上布设测点，流速仪测定流速，起点距上施测水深，计算断面面积，根据断面流速和断面面积求得断面流量。水文上称之为面积-流速法。流速仪法施测流量时，根据断面的特殊性，流速仪有铅鱼和手持杆等不同的悬挂方式。根据水深不同，可采用大桨叶或小桨叶的流速仪；根据流速大小不同，可采用高速、低速等不同流速仪。

（2）圆管流速仪法。这是一种特殊的用流速仪法测定流量的方法，主要在于断面形状和断面面积的特殊性，圆管的过水面为弓形，圆管排污口通常为污水处理厂的污水排放口和较大企业铺设的污水管道，市政管网排污口也多为圆管。圆管流速仪法操作简单，断面规则，断面流速均匀，施测时布设点位少，测量准确度高。

施测流量时，测量圆管直径和过水面与管壁形成的弓形水面高度，求出弧度。根据弧度和半径计算扇形面积、弦长和三角形面积，扇形面积与三角形面积之差即为弓形面积，即圆管过水断面面积。在过水断面中泓垂线（其高度即为弓形弦高）上，布设测速垂线，测量流速，流速与圆管过水断面面积之积，即为圆管流量。

圆管流量施测时，要根据水面高度和水的流速选用合适的流速仪。不能超出流速仪的测量范围，以免影响测量准确性。

2. 容积法

将污水引入已知体积的容器中，测定其引入容器所需要的时间，从而计算污水量的方法。在一段时间内，将渠道内的污水引入体积经过率定的容器中，用引入的污水量净体积除以引入污水的历时时间，结果即为污水流量。重复测量数次，取平均值。

容积法简单易行，测量精度较高，适用于污水量较小的连续、间歇排放或排污渠道不规范的污水排放口。污水排放口与接纳污水容器不易引入时，可用导水管或其他可替代物品间接引入。

3. 化学法

化学法又称稀释法、溶液法，指将一定浓度已知量的指示剂注入水中，由于扩散稀释后的浓度与水流的流量成反比，测定水中指示剂的浓度，就可算出流量。化学法常用的溶液指示剂有重铬酸钾、颜色燃料和荧光燃料等。化学法适用于乱石壅塞、水流湍急、不能使用流速仪测流的地方，而且不需要测量断面面积，只需观测水位。

4. 污水流量计法

流量计是一种体积流量测量仪表。污水处理厂常用智能电磁污水流量计。电磁流量计是一种根据法拉第电磁感应定律来测量管内导电介质体积流量的感应式仪表。污水流量计的输出只与被测介质的平均流速成正比，是用来测量管道内和渠道内各种污水体积流量的仪表，在测量过程中，它不受被测介质温度、黏度、密度以及电导率的影响。因此，只需经水标定后，污水流量计就可用来测量其他导电性液体的流量。电磁污水流量计安装、维护方便，无机械惯性，反应灵敏，特别适合渠道、小型河道的流量测量以及环保处理方面的污水计量。

5. 三角形、矩形薄壁堰法

堰口角为 $90°$ 的三角形薄壁堰是废污水测量中最常用的测流设备，适用于水头 $H = 0.05 \sim 0.035\text{m}$、流量 $Q \leqslant 0.1\text{m}^3/\text{s}$、堰高 $P > 2H$ 的污水流量的测定。矩形薄壁堰法适用于较大污水流量的测定。

6. 超声波流量计法

超声波流量计是通过检测流体流动对超声束（或超声脉冲）的作用以测量流量的仪表。超声流量计和电磁流量计一样，因仪表流通通道未设置任何阻碍件，均属无阻碍流量计。超声波流量计适用于含微量杂质、颗粒和气泡的满流管道流量的测量。与液体介质不接触，无定期清洗、管路堵塞、腐蚀等问题，适用于复杂管道，且介质的导电性、酸碱度等物理性质不影响超声波流量计的测量准确度。

排污口的监测断面布设和采样应符合《水环境监测规范》（SL 219—2013）中第 8 章的相关要求。

流量计算方法如下：

（1）在某一时间间隔内，入河排污口的污水排放量计算公式为

$$Q = Vat$$

式中：Q 为污水排放量，t/d；V 为污水平均流速，m/s；a 为过水断面面积，m^2；t 为日排污时间，s。

（2）装有污水流量计的排污口，排放流量从仪器上读取。

（3）经水泵抽取排放的污水量，由水泵额定流量与开泵时间计算。

当无法测量污水量时，可根据经验公式计算污水排放量：

$$Q = qwk$$

式中：Q 为污水排放量，t/d；q 为单位产品污水排放量；w 为产品日产量；k 为污水入河量系数。

入河排污口污水量测量结果要采用水量平衡等方法进行校核。对有地表或地下径流影响的入河排污口，在计算排污量时，要予以合理扣除。入河排污口排污量应按入河各测次分别计算，取加权平均值；根据调查的入河排污口周期性或季节性变化的排放规律，确定排污天数，计算年排放量。

3.1.4　水质监测要素

（1）入河排污口水质。入河排污口水质监测项目见表 3.1-1。

表 3.1－1　　　　　　　　　　　　入河排污口水质监测项目表

污水类型	常 规 项 目	增测项目
工业废水	pH 值、色度、悬浮物、化学需氧量、五日生化需氧量、石油类、挥发酚、总氰化物等	相应的行业类型国家排放标准和 GB 8978 中规定的其他监测项目
生活污水	化学需氧量、五日生化需氧量、悬浮物、氨氮、总磷、阴离子表面活性剂、细菌总数、总大肠菌群等	GB 8978 和有关排放标准中规定的其他监测项目
医疗污水	pH 值、色度、余氯、化学需氧量、五日生化需氧量、悬浮物、致病菌、细菌总数、总大肠菌群等	有关排放标准中规定的其他监测项目
市政污水（含城镇污水处理厂）	化学需氧量、五日生化需氧量、悬浮物、氨氮、总磷、石油类、挥发酚、总氰化物、阴离子表面活性剂、细菌总数、总大肠菌群等	GB 8978 和有关排放标准规定的其他监测项目
农业废水	pH 值、五日生化需氧量、悬浮物、总氮、总磷、有机磷农药、有机氯农药	除草剂、灭菌剂、杀虫剂等

（2）地表水质。地表水质监测项目应根据监测目的、水功能区的类别确定。常规的监测项目有 pH 值、水温、溶解氧、化学需氧量、五日生化需氧量、氨氮、总磷、总氮、高锰酸钾指数、阴离子表面活性剂等。对于潮汐河流常规项目还应增加盐度和氯化物，饮用水源区监测项目应符合《地表水环境质量标准》（GB 3838—2002）中常规项目的要求。除了常规项目外还应根据排入水功能区的主要污染物种类增加其他监测项目。

3.1.5　水质监测分析方法

如果选用传统的化学检测方法，其分析方法应选用国家标准分析方法、行业标准分析方法或统一分析方法。对于特殊监测项目尚无国家或行业标准分析方法或统一分析方法时，可采 ISO 等标准分析方法，但应进行适用性检验，验证其检出限、准确度和精密度等技术指标均能达到质控要求。当规定的分析方法应用于基体复杂或干扰严重的样品分析时，应增加必要的消除基体干扰的净化步骤等，并进行适用性检验。

水质监测分析方法的选择可参考《地表水环境质量标准》（GB 3838—2002），表 3.1－2 为部分水质监测项目的分析方法。分析方法的具体实施步骤可以参考相应的国家标准。对于没有相应标准的监测项目，分析方法可以参考《水和废水监测分析方法》第四版。其中污水手工监测的方案制定、监测准备、监测采样、样品保存、运输和交接、监测分析、监测数据处理、质量保证与质量控制等技术要求可以参见《污水监测技术规范》（HJ 91.1—2019）。

表 3.1－2　　　　　　　　　　　　水和污水监测分析方法

序号	监测项目	分析方法	方法来源
1	水温（℃）	温度计法	GB/T 13195—1991
2	pH 值（无量纲）	玻璃电极法	GB 6920—1986
3	溶解氧	碘量法	GB 7489—1987
		电化学探头法	HJ 506—2009

序号	监测项目	分析方法	方法来源
4	高锰酸盐指数	高锰酸盐指数	GB 11892—89
5	化学需氧量（COD）	重铬酸盐法	HJ 828—2017
		快速消解分光光度法	HJ/T 399—2007
6	五日生化需氧量（BOD₅）	稀释与接种法	HJ 505—2009
7	氨氮（NH₃-N）	纳氏试剂分光光度法	HJ 535—2009
		蒸馏-中和滴定法	HJ 537—2009
		流动注射-水杨酸分光光度法	HJ 666—2013
		连续流动-水杨酸分光光度法	HJ 665—2013
8	总磷（以 P 计）	流动注射-钼酸铵分光光度法	HJ 671—2013
		连续流动-钼酸铵分光光度法	HJ 670—2013
9	总氮（湖、库以 N 计）	碱性过硫酸钾消解紫外分光光度法	HJ 636—2012
		气相分子吸收光谱法	HJ/T 199—2005
		流动注射-盐酸萘乙二胺分光光度法	HJ 668—2013
		连续流动-盐酸萘乙二胺分光光度法	HJ 667—2013

根据《地表水环境质量评价办法（试行）》中的方法对水质和营养状态进行评价。水质评价采用单因子评价，根据《地表水环境质量标准》（GB 3838—2002）（见表 3.1-3），将实测值与国家标准值进行比较，做出水质类别的评价。

当水质为"优"或"良好"时，不评价主要污染指标。当水质超过Ⅲ类标准时，先按照不同指标对应水质类别的优劣，选择水质类别最差的前三项指标作为主要污染指标。当不同指标对应的水质类别相同时计算超标倍数，将超标指标按其超标倍数大小排列，取超标倍数最大的前三项为主要污染指标。当氰化物或铅、铬等重金属超标时，优先作为主要污染指标。在确定了主要污染指标的同时，应计算出该指标浓度超过Ⅲ类水质标准的倍数，即超标倍数。对于水温、pH 值和溶解氧等项目不计算超标倍数。

超标倍数计算公式为

$$B_i = \frac{C_i}{S_i} - 1$$

式中：B_i 为某水质超标倍数；C_i 为某水质项目浓度，mg/L；S_i 为某水质项目的Ⅲ类标准限值，mg/L。

湖泊、水库营养状态评价指标为叶绿素 a（chla）、总磷（TP）、总氮（TN）、透明度（SD）和高锰酸盐指数（COD_Mn）。营养状态评价方法采用综合营养状态指数法，计算公式如下：

$$TLI(\Sigma) = \sum_{j=1}^{m} W_j \cdot TLI(j)$$

式中：$TLI(\Sigma)$ 为综合营养状态指数；W_j 为第 j 种参数的营养状态指数的相关权重；$TLI(j)$ 为第 j 种参数的营养状态指数。

以 chla 作为基准参数，则第 j 种参数的归一化的相关权重计算公式为

$$W_j = \frac{r_{ij}^2}{\sum\limits_{j=1}^{m} r_{ij}^2}$$

式中：r_{ij} 为第 j 种参数与基准参数 chla 的相关系数；m 为评价参数的个数。

表 3.1-4 给出了中国湖泊（水库）部分参数与 chla 的相关系数 r_{ij} 值。

表 3.1-3　　　　　　　　　　　　　地表水环境质量标准

序号	项　　目		I 类	II 类	III 类	IV 类	V 类
1	水温/℃		人为造成的环境水温变化应限制在：周平均最大温升≤1；周平均最大温降≤2				
2	pH 值（无量纲）		6～9				
3	溶解氧	≥	饱和率90%（或7.5）	6	5	3	2
4	高锰酸盐指数	≤	2	4	6	10	15
5	化学需氧量（COD）	≥	15	15	20	30	40
6	五日生化需氧量（BOD$_5$）	≤	3	3	4	6	10
7	氨氮（NH$_3$-N）	≤	0.15	0.5	1.0	1.5	2.0
8	总磷（以 P 计）	≤	0.02（湖、库0.01）	0.1（湖、库0.025）	0.2（湖、库0.05）	0.3（湖、库0.1）	0.4（湖、库0.2）
9	总氮（湖、库，以 N 计）	≤	0.2	0.5	1.0	1.5	2.0
10	铜	≤	0.01	1.0	1.0	1.0	1.0
11	锌	≤	0.05	1.0	1.0	2.0	2.0
12	氟化物（以 F$^-$ 计）	≤	1.0	1.0	1.0	1.5	1.5
13	硒	≤	0.01	0.01	0.01	0.02	0.02
14	砷	≤	0.05	0.05	0.05	0.1	0.1
15	汞	≤	0.00005	0.00005	0.0001	0.001	0.001
16	镉	≤	0.001	0.005	0.005	0.005	0.01
17	铬（六价）	≤	0.01	0.05	0.05	0.05	0.1
18	铅	≤	0.01	0.01	0.05	0.05	0.1
19	氰化物	≤	0.005	0.05	0.2	0.2	0.2
20	挥发酚	≤	0.002	0.002	0.005	0.01	0.1
21	石油类	≤	0.05	0.05	0.05	0.5	1.0
22	阴离子表面活性剂	≤	0.2	0.2	0.2	0.3	0.3
23	硫化物	≤	0.05	0.1	0.2	0.5	1.0
24	粪大肠菌群/（个/L）	≤	200	2000	10000	20000	40000

表 3.1-4 中国湖泊（水库）部分参数与 chla 的相关系数 r_{ij} 值

参　数	chla	TP	TN	SD	COD_{Mn}
r_{ij}	1	0.84	0.82	-0.83	0.83

各项目营养状态指数计算公式为

$$TLI(\text{chla}) = 10 \times (2.5 + 1.086\ln\text{chla})$$
$$TLI(\text{TP}) = 10 \times (9.436 + 1.624\ln\text{TP})$$
$$TLI(\text{TN}) = 10 \times (5.453 + 1.694\ln\text{TN})$$
$$TLI(\text{SD}) = 10 \times (5.118 - 1.94\ln\text{SD})$$
$$TLI(\text{COD}_{Mn}) = 10 \times (0.109 + 2.661\ln\text{COD}_{Mn})$$

式中：chla 的单位为 mg/m^3，SD 的单位为 m；其他指标的单位均为 mg/L。

3.1.6 水质自动监测系统

水质自动监测系统是一套以在线自动分析仪器为核心，运用现代传感器技术、自动测量技术、自动控制技术、计算机应用技术以及相关专用分析软件和通信网络组成，实现从水样的采集、水样预处理、水样测量到数据处理及存储的综合性系统。实施水质自动监测，可以实现水质实时连续监测和远程监控，达到及时掌握主要流域重点断面水体的水质状况、预警预报、重大或流域性水质污染事故、解决跨行政区域的水污染事故纠纷、监督总量控制制度落实情况、排放达标情况等目的。水质监测系统拓扑如图 3.1-1 所示。

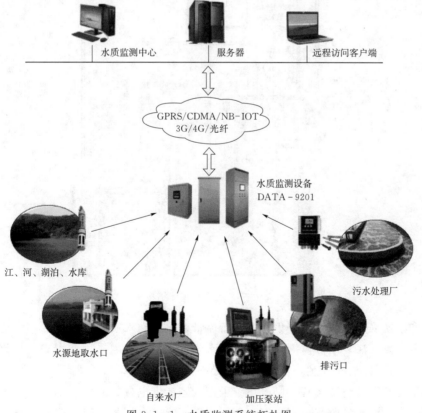

图 3.1-1 水质监测系统拓扑图

中心站软件平台主要负责接收各个子站系统上传的数据，并对这些数据进行处理。每个子站为一个独立完整的水质自动检测系统，主要组成为采水系统、配水系统、仪器分析系统、控制及数据采集传输系统和配套设施部分。子站的构成方式大致有三种：①由一台或多台小型的多参数水质自动分析仪（如：YS1 公司和 HYDROLAB 公司的常规五参数分析仪）组成的子站（多台组合可用于测量不同水深的水质）。仪器可直接放于水中测量，系统构成灵活方便。②固定式子站。监测项目的选择范围宽。③流动式子站。流动式子站的仪器设备全部装于一辆拖车（监测小屋）上，可根据需要迁移场所，是一种半固定式子站，其组成成本较高。

箱式水量水质自动监测站是一种新式的自动监测站，以野外遥测站为设计模板，具有建站灵活、适应性强、投资低等特点[24]。整体采用一体化野外机箱，设备集成在箱体中，除箱体安装所必需的基座外，基本不涉及土建。监测站箱体结构如图 3.1-2 所示。箱式水量水质自动监测站可实现水量水质参数的自动分析、处理、采集、控制等功能，按功能分为水质和流量监测子系统。流量监测子系统结构如图 3.1-3 所示。箱式水量水质自动监测站结构如图 3.1-4 所示，为全天候野外监测站点。

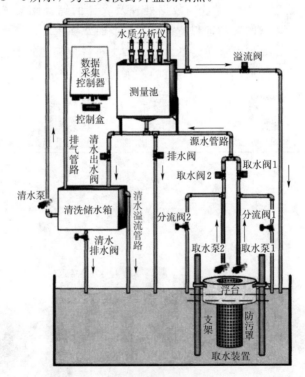

图 3.1-2　监测站箱体结构图

水量和水质采用在线数据采集方式进行流量、水位和水质参数的监测。流量监测采用超声波多普勒侧视法，水位监测采用浮子式水位计，水质监测采用抽水式多参数水质分析仪（监测参数：水温、pH 值、溶解氧、电导率），配置氨离子（钾离子自动补偿）电极、小型化测量池及简易清洗装置，供电系统采用太阳能供电方式。

根据《水资源水量监测技术导则》（SL 365—2015），流量实时在线监测设备可以选择

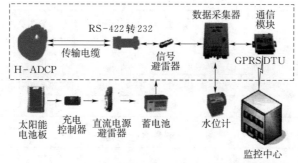

图 3.1-3 流量监测子系统结构图

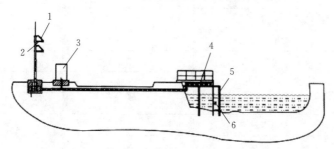

图 3.1-4 箱式水量水质自动监测站结构图

1—60W 太阳能板(方向要朝南);2—太阳能板固定支架;3—流量水质监测站机箱;4—栈桥;

5—栈桥防撞桩;6—H-ADCP 流速仪

用于河流和明渠流速、流量实时监测的声学多普勒仪器 H-ADCP 和浮子式水位计。H-ADCP 和浮子式水位计通过电缆与电脑连接即可以作为一个独立的流速、流量实时监测系统,其主要技术指标见表 3.1-5 和表 3.1-6。水质分析仪表可以选用电极式水质测量传感器及主机,其主要性能指标见表 3.1-7。

表 3.1-5　　　　　　　　　　H-ADCP 主要技术指标

频　　率	1200kHz,600kHz
最小单元长度	0.25m
最大剖面宽度	20m
声束角	20°
声束扩散角	1.5°
流速量程	±5.0m/s(默认),±20.0m/s(最大)
环境要求	工作温度-5~45℃,存放温度-30~75℃
电源	12V

表 3.1-6　　　　　　　　　　浮子式水位计主要技术指标

测量范围	0~40m(可选 10m,20m 量程)
最大水位变率	100cm/min
分辨力	±1cm

续表

测量精度	不超过 10m 时，全量程范围内 95％测点的允许误差为±2cm，99％测点的允许误差±3cm
平均无故障工作时间	≥40000h
工作环境	温度−30～600℃，空气相对湿度不限
输出接口	RS 485

表 3.1－7　　　　　　　　　　　　　水质分析仪表性能指标

pH智能电极	量程	0～14
	精度	0.02
	分辨力	0.01
	温度测量范围	0～100℃
电导率数字电极	电极量程	0～2000μS/cm
	分辨力	0.01μS/cm
	温度测量范围	0～100℃
	电极材质	钛材
溶解氧数字电极	电极量程	4mg/L，0.05％～300％ 氧气/空气饱和度
	分辨力	0.1mg/L
	温度测量范围	−10～100℃
	电极材质	316L 不锈钢
氨氮数字电极	测试量程	0.1～100mg/L
	分辨力	1 或 0.1mg/L
	周边条件操作温度	0～40℃
	贮存温度	0～40℃
	准确度	±5％测试值或±0.2mg/L 标准液
	功耗	0.2W

　　除了整体式监测站，还有多种水质分析仪用于现场水质快速检测，亦称水质检测仪或水质测定仪。水质分析仪按功能分为单参数水质分析仪、多参数水质分析仪、便携式重金属测定仪、基于气相色谱法的便携式快速分析仪、水质毒性分析仪等。单参数水质分析仪是主要检测一个水质参数的分析仪，如便携式浊度仪、pH 计、溶解氧仪、单参数比色计等。基于电化学原理的多参数水质分析仪，一个分析仪可选择安装不同的检测模块，测定不同的水质指标。连接不同的电极，测量 pH 值、电导率、溶解氧、BOD、氨、氟、硝酸盐、氯等。基于阳极溶出伏安法的便携式重金属测定仪使用三电极系统，检测模块为多模块设计，检测项目可根据需要定制。可同时测量水中铜、镉、铅、锌、汞、砷、铬、镍、铁等。基于气相色谱法的便携式快速分析仪是基于快速毛细管色谱技术与高灵敏度的声学传感器相结合的一种高科技产品，能对数百种挥发性、半挥发性有机物进行定性定量分析。便携式水质毒性分析仪有发光细菌法和化学发光法两种毒性检测方法。

　　我国目前也已经有几种常用的简易的水质环境现场监测技术和仪器，例如：PASTEL－

UV 多用途快速 COD 分析仪（图 3.1－5）是一款专门用于快速检测水中多种有机参数的仪器，只要把水样倒入比色池中，不到 1min 就可以得到 6 个参数（COD、BOD、TSS、TOC、NO_3 以及阴离子表面活性剂浓度）的测试结果，其技术参数见表 3.1－8。车载型 GC 能够准确地测量出水资源中的有机物污染，但是我国目前该技术的发展程度还不够成熟，尚未得到广泛的应用。国外对车载（便携式）GC－MS 的应用研究较多，车载（便携式）GC－MS 经历了从最初的 MM1、EM640 等到 SpectraTrack、Viking572、Viking772 及 Hapsite 等多个型号的更新换代，在仪器性能、重量及耗电量等方面得到了充分改进。

图 3.1－5 PASTEL－UV
多用途快速 COD 分析仪

表 3.1－8 PASTEL－UV 多用途快速 COD 分析仪技术参数

测 试 量 程			
COD	1～350mg/L	TSS	5～100mg/L
BOD	1～350mg/L	NO_3	0.5～40mg/L
TOC	2～300mg/L	阴离子表面活性剂	0.1～60mg/L
稀释系数	1：1～1：250，自动稀释，扩展测试范围最大 250 倍		
光 学 系 统			
光源	脉动氙灯，可提供更强劲的紫外光		
比色皿	5×10mm 石英比色皿（标配）		
检测器	紫外光阵列连续波长，200～350nm，没有机械移动件		
校 正			
系数	线性系数调节范围：0.2～2.0		
软件校正	可通过 UV－PRO 软件自定义光谱曲线，扩展应用范围，测试各种工业污水		
轻 便 手 提 箱			
外形尺寸	320mm×170mm×350mm		
重量	约 5kg		
电源	充电电池，一次充电可用 100 次		
数据存贮	可存贮 200 组数据		
显示屏	64×128 点阵图表液晶显示屏		
数据输出	RS 232C 双向接口		

3.1.7 无人船技术

无人船技术是一种新型的自动化监测平台，依托小型船体，利用 GPS 定位、自主导航和控制设备，根据监测工作的需要可搭载多种水质监测传感器，以人工遥控或者全自动自主导航的工作方式，在航行过程中可到达水体的绝大部分区域，对水体进行连续性原位监测。可应用于城市内河、近海岸、水库甚至海洋等各种类型水体中的多项水质参数的同步监测，尤其在突发环境事件处置时，应急采样监测无人船尺寸小、重量轻，可随时装载于车辆后备箱，随车辆在第一时间赶往事发区域，深入污染禁区，按规定的路线和坐标，实现连续多个监测点的在线水质检测和水样采集。在执行任务过程中，无人船能够自动探测并规避遇到的障碍物，并将取得的水质参数实时传输到基站软件中，工作人员则随时通过实时数据和视频画面，对无人船的航行状态、任务进程进行掌控。任务完成后，无人船会自动生成工作报告，如实记录采样工作的时间、地点、内容和同步的气象水文参数。无人船监测系统基本构成如图 3.1-6 所示。

云洲智能科技有限公司生产的无人船是这方面的佼佼者。SS30 小型自动采样船和 MS70 中型自动采样船可以标准化水质采样并生成采样报告，小巧轻便。ESM30 全自动采样监测船如图 3.1-7 所示，主要指标见表 3.1-9，可以标准化采样并在线监测水质，追踪污染源，监测水质富营养化，对水污染事故快速反应。MM700 全自动采样监测船，相比 ESM30 在续航时间、速度等方面都有所提升。

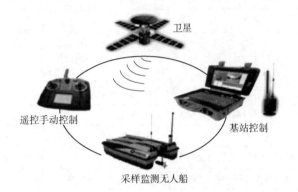

图 3.1-6　无人船监测系统基本构成

图 3.1-7　ESM30 全自动采样监测船

表 3.1-9　　　　　　　　　ESM30 全自动采样监测船主要指标

船体尺寸	尺寸	1150mm×750mm×430mm
	重量	26kg
	材质	高强度碳纤维增强型玻璃钢
电气或通信指标	供电电池	高功率锂聚合物电池；电压 14.8V
	通信系统	RF 无线射频点对点双向通信/WiFi
	通信距离	（SS30 不含视频传输功能）2km/5km/10km
推进系统	动力系统	舷外马达 TJ30
	最大速度	2m/s
安全性	防盗	GPS 防盗追踪
	避障	全自动避障
操控性能	续航时间	6h（2m/s）
	导航模式	自动/手动遥控
	控制模式	遥控器/地面控制基站

续表

水质采样	最大采样量	8L
	采样箱	2L×4
	采样深度	0.3~0.5m
水质监测	水质测量与监测	多探头实时水质监测 水质报告自动生成，显示水质参数分部轮廓图或 Excel 文件 监测输入数据接口：RS 232×3

3.1.8 参考文献

[1] 侯迪波，张坚，陈泠，等．基于紫外-可见光光谱的水质分析方法研究进展与应用 [J]．光谱学与光谱分析，2013，33 (7)：1839 – 1844.

[2] 黎洪松，刘俊．水质检测传感器研究的新进展 [J]．传感器与微系统，2012，31 (3)：11 – 14.

[3] Hsieh K. Development of Advanced Electrochemical Sensors for DNA Detection at the Point of Care. 2012.

[4] Liu S, Ying G G, Zhao J L, et al. Trace analysis of 28 steroids in surface water, wastewater and sludge samples by rapid resolution liquid chromatography – electrospray ionization tandem mass spectrometry [J]. Journal of Chromatography A, 2011, 1218 (10)：1367 – 1378.

[5] 陈慧，黄要红，蔡铁云．固相萃取-气相色谱/质谱法测定水中多环芳烃 [J]．环境污染与防治，2004，26 (1)：72 – 74.

[6] Traina C A, Bakus II R C, Bazan G C. Design and synthesis of monofunctionalized, water – soluble conjugated polymers for biosensing and imaging applications [J]. Journal of the American Chemical Society, 2011, 133 (32)：12600 – 12607.

[7] 钱原铭，赵春江，陆安祥，等．X 射线荧光光谱检测技术及其研究进展 [J]．农业机械，2011 (16)：137 – 141.

[8] Zeng J, Liang D. Surface Plasmon Resonance Spectral Based Fiber Optic Sensor for Detection of Total Dissolved Solids in Water Quality Analysis [J]. Spectroscopy and Spectral Analysis, 2012, 32 (11)：2929 – 2934.

[9] 王燕，李和平，陈娟，等．拉曼光谱在水质分析中的应用进展 [J]．地球与环境，2014，42 (2)：260 – 264.

[10] Langergraber G, Fleischmann N, Hofstaedter F. A multivariate calibration procedure for UV/VIS spectrometric quantification of organic matter and nitrate in waste water [J]. Water Science & Technology, 2003, 47 (2)：63 – 71.

[11] 顾建，赵友全，郭翼，等．一种投入式光谱法紫外水质监测系统 [J]．安全与环境学报，2012，12 (6)：98 – 102.

[12] 王晓萍，林桢，金鑫．紫外扫描式水质 COD 测量技术与仪器研制 [J]．浙江大学学报：工学版，2007，40 (11)：1951 – 1954.

[13] 廖海洋，杜宇，温志渝．嵌入式多参数微小型水质监测系统的设计 [J]．电子技术应用，2011，37 (1)：35 – 37.

[14] 曾甜玲，温志渝，温中泉，等．基于紫外光谱分析的水质监测技术研究进展 [J]．光谱学与光谱分析，2013，33 (4)：55.

[15] 尹改，王桥，郑丙辉，等．国家环保总局对中国资源卫星的需求与分析（上）[J]．中国航天，1999 (9)：3 – 7.

[16] Cairns SH，Dickson KL，Atkinson SF. An examination of measuring selected water quality trophic indicators with SPOT satellite HRV data [J]. Photogrammetric Engineering and Remote Sensing，1997，63（3）：263-265.

[17] Gitelson A，Garbuzov G. Quantitative remote sensing methods for real-time monitoring of in and waters quality [J]. International Journal of Remote Sensing，1993，14（7）：1269-1295.

[18] Han LH，Rundquist DC. The response of both surface reflectance and the underwater light field to various levels of suspended sediments：prelim inary results [J]. Photogramm Engin Remote Sens，1994，60（12）：1463-1471.

[19] Buckton D，OM'ongain E. The use of neural networks for the estimation of oceanic constituents load on the MERIS instrument [J]. International Journal of Remote Sensing，1999，20（9）：1841-1851.

[20] 贾丽. 深水 AUV 检测系统甲板监控技术研究 [D]. 天津：天津大学，2012.

[21] 杨旭东，王欣悦，马超治，等. 基于 Android 平台的移动水质监测系统 [J]. 计算机时代，2018（6）：38-41.

[22] 冀庆恩，葛立明，李宗刚，等. 基于 MSP430 的无线水质监测系统 [J]. 工业仪表与自动化装置，2018（2）：23-28.

[23] 李随群，蔡郡倬，高祥，等. 基于物联网的水质在线自动监测系统研究与实现 [J]. 四川理工学院学报（自然科学版），2018（4）：56-62.

[24] 张健，隆威，杜红娟，等. 箱式水量水质自动监测站的设计与应用 [J]. 水利信息化，2017（3）：46-50.

3.2 堤防工程安全

3.2.1 研究进展

在堤防工程的运行过程中，由于其受到地震、降雨、水压力、温度和其他作用等变化的影响，堤防工程会出现老化和损坏等，存在安全隐患。对堤防工程进行监测，不仅是为了验证设计和施工质量，也是为了确保堤防的运行安全，以便发现问题并及时处理。堤防监测的主要项目包括变形监测、渗流监测、水文监测，其中变形监测和渗流监测是重点。

在 20 世纪 80 年代及以前，变形监测工作主要采用包括经纬仪、水准仪、测距仪和全站仪等常规大地测量方法。这些常规大地测量方法虽然技术成熟、精度较高，但其对施测环境要求高。此外，常规大地测量方法在抗干扰、实时性和自动化程度等方面也越来越难以满足大坝变形监测的要求。进入 90 年代以后，以 GPS 为代表的卫星定位技术的发展为边坡监测提供了一种先进的有效手段。GPS 变形监测方法较常规大地测量方法主要有如下优势：①监测网的布设自由；②不受气候条件限制；③可方便地实现数据采集、传输、处理、分析、报警到入库的实时自动化；④能够获得监测点的三维变形。正由于这些优越性，GPS 精密定位技术成为一种新的很有前途的变形监测手段，在国内外水利工程的大坝和边坡监测中得到了应用[1-3]。

现阶段堤防形变监测多是在重点部位布设分散、不连续的单个监测点，利用全站仪、GPS 等测量手段按以点代面、以局部代替整体的方法采集地面离散点形变信息并进行数据处理，这种方式难免会遗漏一些重大的安全隐患。合成孔径雷达干涉测量（Interferometric Synthetic Aperture Radar，InSAR）作为近年来得到迅速发展的极具应用价值的空间大地测量新技术，能够全天时、全天候、大面积同步、连续、高精度、高空间分辨率地获取地形信息[4]，与传统测量手段相比，有效缩短了观测周期、扩大了空间范围、提高了监测精度。由 InSAR 扩展而来的差分干涉测量（Differential InSAR，DInSAR）技术利用传感器系统参数、轨道姿态参数和成像几何关系精确测定地球表面微小形变，在大范围地表形变监测中取得了成功的应用。为了打破时间、空间失相干及大气延迟对 DInSAR 技术应用的限制，同时改善 DInSAR 测量的可靠性和精度，基于时间序列分析方法的微小形变高精度差分干涉测量得到了广泛发展，研究人员将注意力由高相干区域转移到在长时间序列上保持稳定的个别散射体目标，在 SAR 图像上选取高质量、具有稳定散射特性的像素，通过对其相位变化进行时间序列分析以提取形变信息，避免其他低质量点的影响，从而提高形变探测的精度和可靠性[5,6]。

利用干涉测量方法对水利工程建筑物进行形变监测由来已久。早在 1997 年，Doyle 等[7]就尝试应用差分干涉测量技术对 Katse 大坝进行形变监测的探索性研究。Rott 等[8]利用雷达差分干涉测量阿尔卑斯山脉中一个水电站的边坡形变，指出崩坏作用对整个边坡产生影响。Qiao 等[9]利用 ERS 卫星 SAR 数据对仍在施工中的三峡工程进行监测，利用实地 GPS 数据验证了干涉测量的精度。Xia 等[10]利用基于人工角反射器 InSAR 技术对三峡库区新滩、链子崖滑坡体进行监测，得到了三峡库区的地形信息并成功获取了新滩滑坡体在 12 个月内的稳定性状况。Perissin 等[11]利用 PSI 技术对三峡地区进行了实验研究，利用微波遥感特有的振幅信息对 PS 目标的寿命期限进行了分析，其监测结果与实际情况吻合。Liao 等[12]利用高分辨率 TerraSAR - X 数据获取三峡库区滑坡体形变时间序列，指出相比于 C 波段的 ENVISAT ASAR 影像，具有更高时空分辨率的 TerraSAR - X 数据能够更好的描述滑坡体形变状况。刘洪一等[13]将 IBIS - L 地基 SAR 监测系统应用堤防表面位移的监测，结果表明 IBIS - L 地基 SAR 监测系统可以很好的获取堤防表面位移变化信息，具有不受时间影响、采样周期短，监测精度高等特点。Hanssen 等[14]利用 PSI 方法提取了荷兰海堤工程的形变时间序列。Lv 等[15]将联合像元时序 InSAR 分析方法应用于美国新奥尔良州防洪堤的健康评估，指出星载 InSAR 技术可与地面 GPS 及空隙压力测量仪一起构成了防洪堤的完整监测体系。Michoud 等[16]利用 SBAS 技术探测阿根廷 Potrerillos 大坝大型边坡及库岸的形变情况，获得了地表形变的详细信息。Tomás 等[17]利用小波工具分析三峡库区黄土坡滑坡的时序 InSAR 形变监测结果，从而分离其中的季节性变化部分，研究发现此季节性变化项与水库蓄水位及降雨存在相关关系。国内外众多学者对利用星载雷达干涉测量技术进行水库库区形变监测主要集中在 DEM 建模，坝体、库岸变形及滑坡体形变分析等方面，证实了其有效性和可行性。

分布式光纤传感技术具有覆盖区域大、分布式数据采样点、连续数据采集、环境兼容性强和使用寿命长等特点，可以弥补堤防点式监测盲区的数据空缺，提高堤防变形和渗漏监测的精度。葛捷[18]研究了分布式布里渊光纤传感技术在海堤沉降监测中的应用，断面沉降分布趋势和现场情况以及水准测量结果吻合。李国臣[19]利用分布式光纤传感技术监测黄河堤防渗漏，得到了渗漏流量与土体温度变化的关系。利用分布式光纤温度测量技术监测水工建筑物及其基础集中渗漏通道是近年来发展起来的一项新方法，国外已有将该项技术应用于渠道、大坝及堤防等监测的实例[20]。李端有等[21]研究了基于分布式光纤测温的渗流监测技术在长江堤防渗流监测中的应用，与堤防传统的渗流监测方法相比具有成本低、在空间上可连续测量、灵敏度高等优势。

武汉中岩测控技术有限公司研制了 RSM - MPS（SP）边坡自动化监测系统，可实现自动上传、报告推送，24 小时实时监测，分别采用土压力盒、锚索计、测缝计、拉线式位移计、测斜仪机器人、雨量计、GNSS 监测土压力、锚杆内力、裂缝、表面位移、土体深层水平位移、雨量、表面位移。采用振弦采集仪进行数据采集。美国 AGI 边坡监测系统可实现边坡的自动化监测与远程传输，但存在传感器价格过高、后处理软件操作不便、自动化程度较低等问题。黄河水利科学研究院和武汉易控特公司联合开发了自动化程度高、使用方便的 AGI 边坡监测二次开发系统。AGI 边坡监测二次开发系统已成功从边坡自动化监测工程转型为堤防工程自动化监测。

无人机（UAV）和摄影测量是近几年来发展起来的两个领域。使用航空手段，人们可以很容易地获取空中数据，并产生高分辨率密集的表面模型、正射影像等。在法国已开展从无人机获取的图像监测堤坝的研究，希望利用其便利性在 Z 轴上获取厘米精度。Tournadre 等[22]研究了无人机摄影监测堤防的地面激光雷达的标定与比较。

三峡船闸工程的自动化监测系统于 2010 年 4 月建成[23]，确保整个三峡船闸枢纽的安全运行。陈亮等[24]以杨家湾船闸为工程背景，分析了船闸结构的主要病害与安全要素，进行了船闸结构安全监测系统设计研究，包括监测项目的选择、监测测点布置以及传感器的选择、数据采集与传输系统的构成等内容。孙振锋等[25]为富春江船闸建立了一套安全监测的自动化系统。整个自动化监测系统利用高性能计算机网络，针对船闸的渗流、钢筋应力、锚杆应力、土压力、水位等监测项目，动态反映船闸环境和结构动力响应状态的信息，实时监测船闸的工作性能，以保证船闸的安全运营。Bugaud 等[26]采用光纤光栅传感器对英国的一个通航水道船闸闸门进行了应力监测。尹东[27]围绕葛洲坝 3 号船闸，在对船闸人字门门体应变发生状况进行详细分析的基础上，将光纤光栅传感器应用于船闸人字门水下应变监测系统，实现了对船闸人字门应力/应变状况的远程实时在线监测。肖国强等[28]将声波法用于三峡工程永久船闸边坡岩体卸荷松弛监测中，不仅能提供岩体力学性质，还能准确划分卸荷松弛层厚度。刘祖强等[29]介绍了长江葛洲坝 3 号船闸安全监测改造布设并对于船闸变形数据进行了分析。基于无线传感器网络（WSN）[30,31]可以实现多座通航梯级的船闸远程监测，马楠[32]针对船闸监测系统的实际需求，设计了水文监测节点、船闸现场监测节点、闸门状态监测节点和 sink 节点作为船闸监测的 WSN 节点。何建新等[33]将 GPS 监测系统运用到施桥三线船闸变形的实时监测。宋占璞等[34]基于 DFOS 对船闸水工结构监测研究，研发了适用于船闸结构损伤和破坏监测的分布式光纤感测技术。孙振勇等[35]将测量机器人用于草街大坝船闸变形监测，所获得的数据具有良好的可靠性，实现了监测过程的自动化。

3.2.2 监测要素

目前尚无专门的堤防工程安全监测的设计规范和成熟的经验可供参考，只能参照《堤防工程设计规范》（GB 50286—2013）、《堤防工程管理设计规范》（SL 171—96）、《堤防工程安全监测技术规程》（SL/T 794—2020）及《土石坝安全监测技术规范》（SL 551—2012）进行设计。监测项目实施中力求做到技术先进、经济合理、适用耐久，达到监视工程安全、验证设计的目的。堤防监测系统应主要包括三项：①堤基堤身的安全监测；②穿堤建筑物（穿过堤防工程的水闸、交通闸口涵管、泵站管路等建筑物，也包括分、蓄洪区水闸工程）及水闸安全监测；③护岸工程安全监测。

堤基堤身的安全监测要素包括堤基渗透压力和渗漏量、堤身浸润线、堤身变形（外部变形及内部变形）。

穿堤建筑物及水闸安全监测要素包括：穿堤建筑物与基础及堤身接触面的渗流渗压、建筑物与堤身结合部位的不均匀沉降（垂直位移）、建筑物的变形；次要监测要素是建筑物的结合应力、地基反力、土压力等。

闸首和闸室为船闸安全监测的重要水工建筑物，船闸安全监测要素包括外部变形监测、内部变形监测、渗流监测、应力应变及温度监测。按照水工建筑物级别不同监测要素见表3.2-1。此外，监测过闸船只航线轨迹、船闸检测修理状况、水文状况、泥沙状况、通航水流状况、船闸是否阻塞或其他事故情况，可以方便管理人员、技术人员以及维修人员对船闸工程的关键部位运行状况进行查看，同时也能对关键的结构部位和埋设的传感器进行查验，查看船闸闸门开启关键部位的运行情况，以及重要部位的结构外观及其位置处埋设传感器的运行情况。

表 3.2-1 船闸安全监测要素分类表

序号	监测要素	建筑物级别与要素设置			
		1	2	3	4～5
1	垂直位移	必设	必设	必设	可选
2	水平位移	必设	必设	可选	
3	基岩变位	必设	可选		
4	结构缝相对变形	必设	可选		
5	渗流	必设	必设	可选	可选
6	应力应变	必设	可选		
7	土压力	必设	必设	可选	
8	混凝土温度	必设	可选		

护岸工程安全监测要素包括位移、水文。

对于强震区，还需要增加堤身地震反应监测。在国内外大地震中，土（石）坝震害大致有坝体裂缝、坝身滑坡、渗漏管涌、塌陷等，见图3.2-1～图3.2-3。依据这四种震害形式所对应的物理因素，结合土坝震害等级划分标准和当前的监测技术水平，确定堤防发生震害的监测要素：①地震峰值加速度；②坝顶下游侧测点的位移；③坝体孔隙水压力；④防渗墙处拉应变；⑤坝顶最大塌陷位移。

3.2.3 监测方法

3.2.3.1 堤基堤身

堤基渗透压力监测和堤身浸润线监测的常规做法是埋设测压管或渗压计的方法。堤基埋设测压管时，测压管应伸入至堤基的透水层内；埋设渗压计时，所选用渗压计的量程

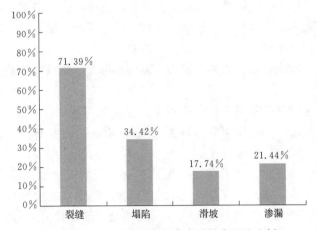

图 3.2-1 汶川地震期间水库震损类型及比例

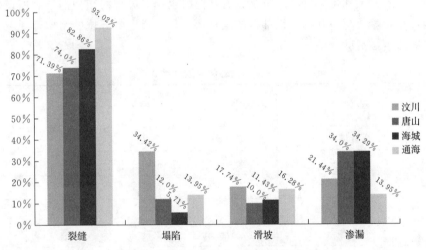

图 3.2-2 四次大地震中水库震损类型对比

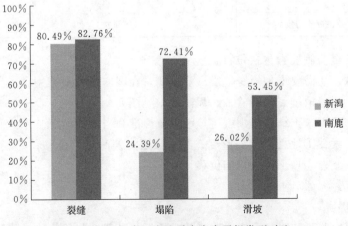

图 3.2-3 日本两次地震中水库震损类型对比

和精度应满足渗透压力水头变幅和精度要求。需要监测渗漏量的堤段较长时，宜分段量测，必要时每个排水孔或集水沟（槽）进行单独量测。排水沟的渗漏水一般用量水堰量测，排水孔的渗漏水可用量杯等容积法进行量测。凡设有减压井的堤段，应利用这些减压井进行渗漏量监测。对减压井进行水位的涌水量监测时，应尽可能进行单井流量测量，监视减压井的工作状态。堤身测压管的埋深，应根据堤高、渗流场特征等因素确定，一般应伸入到建基面附近，但不可伸入到堤基透水层。必要时可选择典型减压井、测压管、冒水出逸点等取水样进行水质分析。水质分析的项目包括色度、水温、浑浊度、悬浮物等。有关水质采样、分析方法等技术要求按水利行业监测规范执行。堤防渗流监测新技术主要有温度示踪法和同位素示踪法。

利用分布式光纤温度测量技术来监测水工建筑物及其基础集中渗漏通道是近年来发展起来的一种新方法。堤防渗漏会形成渗漏通道，这为水从堤防表面渗透到内部提供了通路。由于水温和堤防的土体温度存在差异，渗透水流经土体时水和土体之间会发生热量交换，土体内温度会发生变化。渗漏流速越大，渗透力度越强，引起土体温度变化的区域越广。将传感光纤布设在渗漏通道周围，通过不同长度范围的光纤所感应的温度变化，可以得知渗透水所涉及的土体区域大小，从而间接估算出渗漏流速的大小。在堤坝的温度测量中，采用光纤温度传感技术可在长距离内同步进行多个温度测量；探测特定的渗透路径和出露点，特别是在汛期和洪水期间，可对堤坝进行在线测量；同时，可利用安装在钻孔中的传感光缆探测和测量堤坝上水渗漏的垂直分布情况等。与传统的渗流监测方法相比，基于分布式测温的渗流监测技术具有在空间上可连续测量、灵敏度高、施工方法简单、成本低等优势。

利用同位素示踪法对防洪堤坝的渗漏隐患进行有效测量是一项服务于实际工程需要的新方法。其基本原理是将微量的放射性同位素均匀地标记在被测量的井孔水中，示踪同位素浓度随地下水运动而逐渐减少，井中同位素的浓度与分布将发生变化，通过这些变化过程的测定，可以得到与之相关的地下水的流速、流向、渗透系数、垂向流以及渗漏层的分布等参数，进而通过测定渗流场的空间变化来判断渗漏集中或管涌可能发生的通道。目前，在堤防工程中已实施的部分薄而深的防渗墙还没有十分有效的检测手段情况下，采用同位素示踪技术对类似防渗墙两侧的渗流场进行监测不失为一种新的途径。

堤身水平位移监测是指堤身沿堤高度分布的水平相对位移（相对于基础），可反映堤身水平位移趋势及堤身稳定状态，一般采用 GPS 法和钻孔测斜仪法。堤身垂直位移采用精密水准测量的方法进行。对于软弱基础的堤段，若监测堤身分层垂直位移时，可布设分层沉降仪量测。位移也可以采用光学位移计进行测量。现阶段堤防形变监测多是在重点部位布设分散、不连续的单个监测点，利用全站仪、GPS 等测量手段按以点代面、以局部代替整体的方法采集地面离散点形变信息并进行数据处理，这种方式难免会遗漏一些重大的安全隐患。以全球卫星导航系统 GNSS 和合成孔径雷达干涉测量 InSAR（InSAR 技术具有监测精度高、范围大、空间覆盖连续等优点）为代表的空间对地观测大地测量新技术，是解决地表形变监测时空连续性问题的有力手段。

GPS 是由美国国防部于 20 世纪 70 年代开始研制，并于 1994 年全面建成的全球卫星导航定位系统，也是目前发展和应用最成功的系统，被成功应用于大地测量、航空摄影测量、运载工具导航和管制、地壳运动监测、资源勘察和地球动力学等领域。BDS 是我国自主研制的卫星导航定位系统，2012 年 12 月 27 日起正式提供卫星导航服务。截至 2012 年 10 月 25 日，已经发射 16 颗北斗卫星（14 颗在轨运行），实现亚太地区无源服务能力。

图 3.2-4（a）给出 BDS 与 GPS 一天 24 小时可见卫星数。在城市、峡谷等极端观测环境下（此实验中卫星截止高度角设为 45°），GPS 平均可视卫星数为 3 颗左右，多数情况下不能满足实现导航功能的最少 4 颗可视卫星的要求；BDS 卫星的可跟踪数要好于 GPS，平均为 5 颗左右。单独利用 GPS 和 BDS 进行导航，定位精度很难得到保证。如果对两个系统集成，则可视卫星数平均为 8 颗左右，能够为城市、峡谷等极端观测环境提供导航服务，如图 7.2.4（b）所示。此外，GPS 与 BDS 的组合还能解决复杂监测环境下 GNSS 可视卫星不足情况，提高复杂环境监测结果的精度和可靠性。

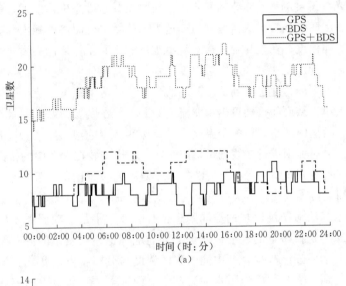

（a）

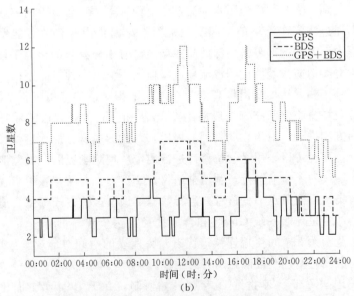

（b）

图 3.2-4　测站 A 的可跟踪卫星数

（a）卫星截止高度角为 15°；（b）卫星截止高度角为 45°

　　利用 BDS 和 GPS 进行组合可以有效提升在各时刻的可见卫星数。此外，在一些比较极端的观测环境下，可视卫星数不能满足卫星定位的必要要求时，利用 BDS 和 GPS 的组合可以实现定位功能，且提高定位的可靠性。图 3.2－5 给出了在卫星截止高度角为 15°时，单独利用 GPS 和 BDS 进行基线解算和利用 GPS 和 BDS 组合进行基线解算的误差时间序列。对图 3.2－5 的误差时间序列进行统计分析，结果表明，在北、东和高程方向 GPS 的精度要好于 BDS。比较 GPS、BDS 单独定位结果和利用 GPS、BDS 组合定位结果（图 3.2－6），可以看出，GPS、BDS 组合结果误差时间序列接近 0 的历元多于单独系统定位结果，表明组合系统在北、东和高程方向的精度都得到了明显的提高。

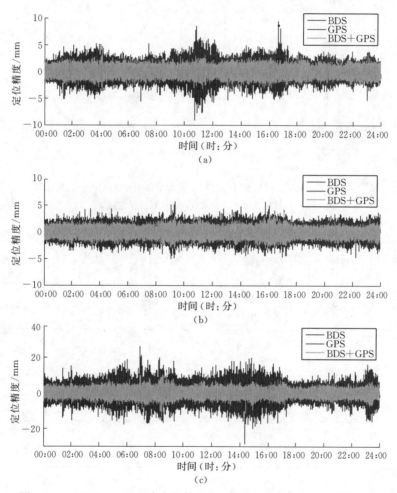

图 3.2－5　GPS、BDS 组合定位精度与 BDS 和 GPS 单独定位精度比较

(a) 北方向；(b) 东方向；(c) 高程方向

　　表 3.2－2 给出了常用 SAR 卫星平台及其主要产品参数信息。随着数十年来传感器硬件和相关数据处理技术的发展，利用合成孔径雷达开展多模式空间对地观测愈发成熟和完善。基于 GPS 和 BDS 组合定位的形变监测方法，可以获得水平和垂直方向毫米级的监测精度。时序 InSAR 与 GNSS 综合测量方法充分利用了 InSAR 高空间分辨率和 GNSS 高时间分辨率的特点，实现了地表形变的时空连续监测。推荐采用基于 GPS 和 BDS 组合定位法监测变形。

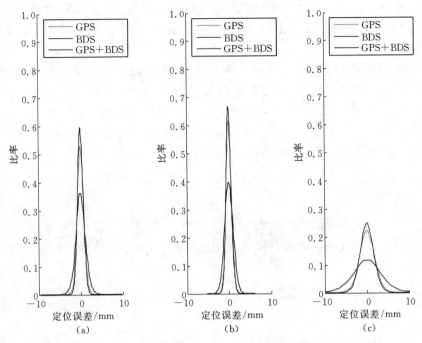

图 3.2-6　GPS、BDS 组合定位与 BDS 和 GPS 单独定位误差分布
（a）北方向；（b）东方向；（c）高程方向

表 3.2-2　　　　　　　　　　　　常用 SAR 卫星平台及其主要产品参数

卫星平台/ 传感器	机构	在轨时间	重访周期 /d	波长（波段） /cm	分辨率
SEASAT	NASA	1978 年 6 月至 1978 年 10 月	3	23.44（L）	25m×25m
ERS-1	ESA	1991 年 6 月至 2000 年 3 月	3，35，168	5.66（C）	30m×30m
JERS-1	JAXA	1992 年 2 月至 1998 年 10 月	44	23.53（L）	18m×18m
ERS-2	ESA	1995 年 11 月至 2010 年 11 月	35	5.669（C）	30m×30m
RADARSAT-1	CSA	1995 年 11 月至 2010 年 11 月	24	5.66（C）	Fine 9m×（8，9）m Standard 28m×（21~27）m Wide 28m×（23，27，35）m
ENVISAT/ASAR	ESA	2002 年 3 月至 2012 年 5 月	35/30	5.63（C）	AP mode 30m×（30~150）m Image 30m×（30~150）m Wave 10m×10m GM 1km×1km WS 150m×150m

卫星平台/传感器	机构	在轨时间	重访周期/d	波长（波段）/cm	分辨率
ALOS/PALSAR	JAXA	2006 年 1 月至2011 年 4 月	46	23.62（L）	Fine 10m×（7，14）m Polarimetric 10m×24m ScanSAR 100m×100m
TerraSAR - X	DLR	2007 年 6 月至今	11	3.125（X）	HR SL 1m×（1.5～3.5）m Spotlight 2m×（1.5～3.5）m Stripmap 3m×（3～6）m ScanSAR 26m×16m
COSMO - SkyMed	ASI	2007 年 6 月至今	16	3.125（X）	Spotlight ＜1m Stripmap ＜3～15m ScanSAR ＜30～100m
RADARSAT - 2	CSA	2007 年 12 月至今	24	5.55（X）	Fine 8m×8m Standard 26m×25m Wide 26m×30m
TanDEM - X	DLR	2010 年 6 月至今	11	3.125（X）	HR SL 1m×（1.5～3.5）m Spotlight 2m×（1.5～3.5）m Stripmap 3m×（3～6）m ScanSAR 26m×16m
Sentinel - 1A	ESA	2014 年 4 月至今	12	5.55（C）	Stripmap 5m×5m Wide - Swath 5m×20m ExtraWide - Swath 20m×40m Wave 5m×5m
ALOS - 2	JAXA	2014 年 5 月至今	14	23.86（L）	Spotlight 1m×3m Stripmap 3/6/10m ScanSAR 60/100m

注 NASA 为美国国家航空航天局；ESA 为欧洲空间局；JAXA 为日本宇宙航空研究开发机构；CSA 为加拿大空间局；DLR 为德国宇航中心；ASI 为意大利空间局；HR SL 为 High Resolution Spotlight 模式。

3.2.3.2 穿堤建筑物及水闸

渗流和变形监测方法前面已给出，推荐采用温度示踪法进行堤防渗流监测和采用基于GPS 和 BDS 组合定位进行形变监测。

堤坝土压力的观测包括堤坝体内土压力和接触土压力观测。堤坝体内土压力的观测包括土体总土压力、垂直土压力、水平土压力，以及大、小主应力等的观测。采用土压力计可以测得土压力。土压力计的结构比较简单，主要由压力盒、压力传感器和电缆等组成。当土压力作用于压力盒的承压膜上时，使压力盒内的油腔体积发生变化而产生压力，通过连接管将此压力传递到传感器上，传感器信号通过电缆传输到采集仪表，从而可以量测出土的压力。堤坝的土压力计，应优先选用"振弦式"土压力计，其相应的测量读数仪器依其类型来选用。

建筑物应力、应变一般采用压应力计和应变计等进行监测。用应变计观测混凝土应力时，需要安装无应力计。推荐使用光纤光栅传感器进行测量。光纤光栅是利用紫外光曝光的方法将入射光的相干场图形写入纤芯，满足布拉格衍射条件的入射光在光栅处被反射，其他波长的光全部穿过而不受影响，反射光谱在FBG中心波长处出现峰值。纤芯的折射率发生周期性变化，从而在单模光纤的纤芯内形成永久性空间相位光栅，实现被测结构应变和温度的绝对测量。

水闸安全监测技术方案归纳如下：

（1）水平位移、垂直位移基准点宜采用倒垂或双标倒垂，水平位移观测可采用引张线法、视准线法等，垂直位移观测可采用精密水准法、静力水准法。外部变形也可以采用GPS进行监测。推荐采用基于GPS和BDS组合定位进行外部形变监测。

（2）内部变形监测，应根据建筑物地质情况布置基岩变位计和结构缝测缝计，重点部位、地质不良部位重点监测。

（3）渗流监测主要包括上、下闸首的顺水流方面监测断面和闸室段垂直水流方向断面。推荐采用温度示踪法等新方法进行水闸渗流监测。

（4）应力应变监测应根据结构计算成果，布置在拉应力较大的部位，如闸首（室）底板、闸首边墩、重力式闸室墙前趾等，并根据需要埋设混凝土温度计。基于布里渊光时域分析和拉曼散射光时域反射的分布式感测技术是近年来国际上在光电信息领域兴起的尖端光纤感测技术，除了具有一般光纤感测技术耐腐蚀、抗电磁干扰的优点，还具有分布式（超高密度连续测点）、实时在线测量、可直接测量光纤上任意点的应变和温度信息等优点，同时根据钢筋混凝土变形的特点，还可以计算得到应力、位移等多项物理指标。运用以布里渊光时域分析和布拉格光栅光纤光栅应变感测技术对船闸闸首、闸室结构在施工中的应力应变过程进行监测；运用以光时域反射和拉曼散射光纤感测技术为原理的ROTDR系统对船闸闸首底板浇筑过程中混凝土水化热的释放进行监测。

（5）对于墙后需要进行回填的结构物，应布置土压力计进行观测，推荐采用光纤光栅传感器。

（6）视频监控可以监测过闸船只航线轨迹、船闸检测修理状况、水文状况、泥沙状况、通航水流状况、船闸是否阻塞或其他事故情况。

（7）一般采用水位计测量水位。推荐采用星载激光雷达系统监测水位。遥感图像建立的水位-面积模型和卫星雷达测高的结果数据精度不高，对于精确获取水文数据具有一定的局限性。激光雷达测高系统的传播介质、频率和分辨率不同于微波测高。激光测高数据联合微波卫星数据，可以监测长时间序列水位变化，其精度在厘米级。

3.2.3.3　护岸工程

推荐采用基于GPS和BDS组合定位进行位移监测。

降水量观测是水文要素观测的重要组成部分，是关系形成河道水流流量大小的决定性物理量。在《降水量观测规范》（SL 21—2015）中，对降水量的观测有具体规定。推荐采用称重降水监测站（ZXCAWS600）监测降雨，该设备可自动测量降雨和降雪。ZX-

CAWS600 称重降水监测站（图 3.2-7）由测量传感器部件、支架和防风圈、采集器以及计算机终端组成。其中传感器部分包括带雨（雪）入口的保护罩、盛雨（雪）的集水桶和传感器系统。产品特点为：全自动，野外工作，防腐密封设计，防护等级达到 IP65 级；可远程升级程序与配置参数；支持多种加密方式，最密间隔为 1min；固态、液态和混合态全类型降水精确测量；传感器符合最新 WMO 气象标准；太阳能或交流供电，可长期无须维护保养；分钟和整点数据存储实时采集，大容量存储；RS 485/RS 232 有线直连和 GPRS 通信；内置雪深仪扩展接口，即插即用；分析软件可生成降水

图 3.2-7 ZXCAWS600 称重降水监测站

过程的细化量分析。ZXCAWS600 称重降水监测站的技术指标见表 3.2-3。

表 3.2-3 ZXCAWS600 称重降水监测站技术指标

类 别	技 术 指 标
测量指标（测量参数）	降水类型：固体、液态、混合态 测量口径：$200cm^2$ 和 $400cm^2$ 采集容积：1500mm 和 750mm 测量原理：密封式称重传感器
测量范围	降水：0，…，50mm/min 或 0，…，3000mm/h 累计降水阈值：0.05mm/h 强度阈值：0.1mm/h 或 6mm/h 分辨率：脉冲输出：0.1mm；SDI-12 和 RS 485：0.01mm/min 精度：±0.1mm；±1%FS
供电方式与通信接口	通信接口：RS 232/RS 485，以太网 通信方式：以太网、RS 232、USB、Modbus 供电方式：交流 220V/太阳能＋蓄电池 功耗：3～5W
运行环境	工作环境温度：−50～＋80℃ 工作相对湿度：0～100%RH
可靠性与维护周期	防护等级：IP65 可靠性：免维护，防盐雾，防尘
机械指标	主体材质：铝钛合金 表面处理：热镀锌、电泳漆工艺处理白色为主色调 安装方式：固定式

一般利用水尺和水位计测定水位，建议采用激光测高计监测水位。

河道水流流速的观测方法很多，实际中常用的有浮标法、流速仪法、超声波法和毕托

管法等，推荐采用流速仪法。美国 Global Water 直读式便携式流速仪 FP111、FP211、FP311 是高精度水流速度仪，用于测量明渠和非满管的流速，其技术参数为：测量范围为 0.1~6.1m/s，精度为 0.03m/s。

测量流量的方法很多，常用的方法为流速面积法，其中包括流速仪测流法、浮标测流法、坡降面积法等。推荐采用流量计。OTT SLD 固定式声学多普勒流量计使用两束水平超声波通过多普勒原理进行测量流速。表 3.2-4 为 OTT SLD 固定式声学多普勒流量计的技术参数。

表 3.2-4　　　　　　　　　OTT SLD 固定式声学多普勒流量计技术参数

项　目		技　术　参　数
流速	量程	±10m/s
	精度	读数的 1% 或 ±0.5cm/s
	超声波频率	600kHz、1MHz、2MHz
	超声波扩散角	2.0°（600kHz）、2.3°（1MHz）、1.8°（2MHz）
	超声波传输范围	典型 80m（600kHz）、25m（1MHz）、10m（2MHz）
	最小盲区	0.5m（600kHz）、0.3m（1MHz）、0.1m（2MHz）
	盲区	30m（600kHz）、15m（1MHz）、8m（2MHz）
	最小测量单元大小	2m（600kHz）、1m（1MHz）、0.2m（2MHz）
	测量单元大小	10m（600kHz）、4m（1MHz）、2m（2MHz）
	测量单元数目	9 个
	水平超声波夹角	135°
水位	超声波水位量程	0.15~10m
	精度	3mm
温度	量程	-4~30℃
	精度	0.1℃

对于强震区，还需要增加堤身地震反应监测。采用地震仪实时监测峰值加速度；基于 GPS 和 BDS 组合定位监测坝顶下游侧测点的位移和坝顶最大塌陷位移；采用孔隙水压力计监测坝体孔隙水压力；光纤光栅传感器监测防渗墙处拉应变。

3.2.4　分布式光纤振动传感器

分布式光纤振动传感器是一种基于光纤定位探测振动的传感技术，它的空间分辨率高、探测范围远、抗电磁干扰、沿线无需供电、敷设灵活（埋地或者围栏），是一种非常实用的探测技术，周界入侵探测领域展现了独特的魅力。

相位敏感的光时域反射仪（Phase-Sensitive Optical Time Domain Reflectometer，F-OTDR）是一种分布式光纤振动探测的技术手段，它利用光时域反射进行定位，利用后向 Rayleigh 散射的相干效应探测振动。经典的光时域反射仪 OTDR 应用于光链路的故障诊断，它利用时域反射技术定位，利用非相干的 Rayleigh 散射效应诊断光链路的健康状态（损耗）。在 OTDR 技术中，相干 Rayleigh 散射是一类重要的噪声，通常采用非相干的光源来克服相干效应。

相位敏感的光时域反射仪 Φ-OTDR 利用了 Rayleigh 散射的相干效应来探测振动，它的结构与 OTDR 类似，但是采用了高相干的激光光源，如图 3.2-8 所示。连续的激光光源经电光调制器（Electro-optical Modulator，EOM）转化为光脉冲，随后经掺铒光纤放大器（Erbium-doped Fiber Amplifier，EDFA）放大入射到光缆中，返回的散射光经环形器 C2 入射到光电探测器 PD2。最后，信号经 AD 高速采样传输到计算机中处理。

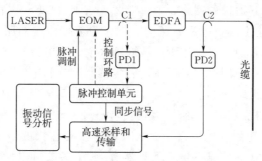

图 3.2-8 Φ-OTDR 的系统框图

随着对 Φ-OTDR 技术研究的逐步深入，其传感距离长、反应灵敏、具有极强抗干扰能力、对振动定位精确的特点显得越发突出。许多研究人员开始在周界入侵监测系统中使用基于 Φ-OTDR 技术的分布式振动传感技术。美国、澳大利亚等发达国家都在积极开展此方面的研究。来自澳大利亚的未来光纤科技公司（Future Fiber Technology）已经实现了数千公里的周界入侵监测系统的安装，其最新的技术可以实现对 50km 输油管道的监测，且能够将误报率控制在每三个月一次。国内基于 Φ-OTDR 分布式周界入侵监测，也有部分公司制备了成品仪器。例如上海广拓信息科技有限公司发布的最新产品 FS 系列分布式多防区振动光纤探测器，该探测器的振动监测频率范围为 1～100kHz，灵敏度极高且加入云警平台可通过手机 APP 远程查看和控制，但是监测距离仅为 50～300m，仍无法实现真正意义上的长距离周界入侵监测。北京诺可电子科技发展有限公司的新一代产品 NK-PID-SL 在探测距离上有了新的突破，在保持 50m 定位精度的同时该系统能够实现 60～120km 的探测距离上的振动探测，且频率响应范围能达到 10Hz～100kHz，但是其传感单元对温度变化要求太高，要求温度变化不超过 1℃/min，这一苛刻条件在稍微恶劣的外界条件下都无法得到保证。

近年来，国内外针对光纤围栏传感原理的研究主要有三个方面：利用后向散射光的光时域反射（Optical Time Domain Reflectometry，OTDR）技术、马赫-曾德尔（Mach-Zehnder，M-Z）干涉及光纤布喇格光栅（Fiber Bragg Grating，FBG）准分布式传感技术。OTDR 和 M-Z 干涉技术主要应用于监测范围达几十公里至上百公里的长距离分布式安防系统，且其定位准确度较低，易受环境的干扰，不适用于短距离小范围监测区域的安防系统。

应用于光纤围栏的技术主要有：①利用后向散射的光时域反射定位技术（OTDR）；②利用前向传输的光在光纤的两个正交偏振模受到扰动时，模式间产生耦合；③利用逆向传输的探测光和泵浦光之间的非线性效应；④利用 Sagnac、Mickelson、M-Z 等干涉仪对扰动定位。

澳大利亚未来光纤科技有限公司（FFT）具有世界领先的周界安防的光纤传感技术，主要指先进的安全检测和定位入侵系统。目前已经安装了数千公里的周界入侵检测，系统主要由微应变传感器和定位装置组成，根据实验环境，系统的精度也不一样，通常在±100m左右，误报率比较高。FFT Secure Fence工作原理及系统组成如图3.2-9所示。

美国Fiber Sensys公司生产的光纤安全防护网络（FSN）是一个用光纤连接的允许多个安全防护设备彼此相互通信的网络，如图3.2-10所示。FSN由主机模块和最多127个报警处理单元及输入/输出模块组成。通信光纤作为数据传输通路，把所有的模块连接起来。信息通过光纤传输，而不是利用铜线或同轴电缆通过电传输。FSN的网络中最多可以接入127个光纤传感器；使用一根光纤将所有传感器与控制中心连接，可以大大减少有多个传感器系统的线路架设时间和经费开支；可以发送信息至报警中心、报警显示板、警报器、警示灯、视频摄像机或其他类似报警装置，通过自动拨号装置通知警察或其他人员、远端计算机，光纤不会受到其他电气干扰，网络连接的总长度最多可达160km；FSN可遥控调整传感器、复位报警信息。报警处理器有35个参数可以调整，分别对灵敏度、信号强度、信号频率、信号持续时间、对风的处理、频率过滤、事件定义、事件记数等消除误报。缺点是配件不能通用，误报率高，维护难，价格高昂。

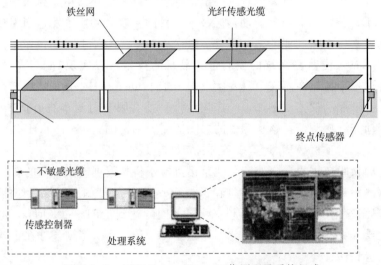

图3.2-9　FFT Secure Fence工作原理及系统组成

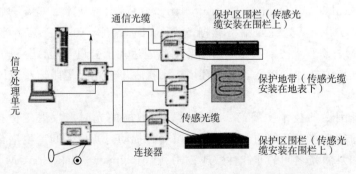

图3.2-10　美国Fiber Sensys的光纤安全防护网络

基于 FBG 传感器的准分布式光纤围栏安防系统的灵敏度高、定位准确度高，且抗干扰能力强，非常适合于小区、大型设施、机场等几十公里以内的中小型区域的安防监控系统。但是现有的基于 FBG 传感原理的光纤围栏系统仅能实现对入侵的告警，无法对入侵事件进行具体目标识别。无法消除强风、暴雨等对系统造成的干扰，具有较高的误报率。

基于 FBG 传感技术的周界安防方法，是近年才开始兴起的，研究机构数量不多。目前，在国外只有新加坡信息通信研究所的研究员 BO Dong 研究了一种铠装电缆基于 FBG 的安全围栏周界入侵检测。在国内，电子科技大学饶云江教授课题组研制的基于 FBG 传感器的超长距离光纤围栏报警系统提出了利用 TDM 和 OTDR 技术实现超长距离光纤围栏的解调，实现了 275km 的超长距离。武汉理工大学光纤中心从 2009 年起自主研发了基于 FBG 传感技术的具有国际先进水平的光纤 FBG 周界安防新方法，属国内首创，它填补了 FBG 传感技术在安防领域的空白，是安防技术中的一支新兴力量。

基于 FBG 振动传感器的高灵敏光纤围栏入侵监测系统主要包含三个部分：传感光缆、波长解调仪、信号处理终端，系统结构如图 3.2-11 所示。其中，传感光缆中串联有多个 FBG 振动传感器，用于感知围栏的振动状态。波长解调仪与 FBG 振动传感光缆相

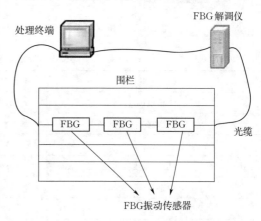

图 3.2-11　入侵监测系统结构

连接，支持多通道扫描，用于将振动信号转换为传感器的波长变化信号，并对入侵事件的信号进行模数转换。最后，信号处理终端装置对波长解调仪输出的采样信号进行处理，对入侵事件类型进行识别，并决定是否报警。

3.2.5　仪器设备

堤基堤身的安全监测设备：光纤/光栅传感器、GPS/GNSS 等设备。

穿堤建筑物及水闸安全监测设备：光纤/光栅传感器、GPS/GNSS、土压力计、视频监控系统、电视成像系统、激光测高计。

护岸工程安全监测设备：GPS/GNSS、激光测高计、流速仪、称重降水监测站、流量计。地震强度采用强震仪进行观测，强震仪包括强震加速度仪和峰值记录加速度仪等。采用动孔隙水压力仪监测孔隙水压力。地震动力监测推荐采用 EDAS-24GN3 强震记录仪（图 3.2-12）和 BBAS-2 加速度计（图 3.2-13）。

EDAS-24GN3 强震记录仪具有高分辨率、大动态范围、输出低延迟实时数据流的特点，适合地震预警研制的通用地震数据采集，能将多道模拟电压量和频率量的输入转换成数字量输出，具有网络、串口数据传输功能，支持大容量数据存储。主要技术参数为：50 次/s 的高速数据输出速度，可同时测量 15 路数据信号，可实现电压、频率多种采样率数据同时输出，内置线性相位和最小相位特性的 FIR 数字滤波器，24 位高精度 AD 转换，动态范围大于 135dB，采用等精度测量频率，保证测量精度一致性，IRIG-B 码授时系统，同步系统时钟精度小于 0.1ms，并具有环路自检功能。BBAS-2 型加速度计具有专门

的水平调整螺栓和水平泡，用于安装时调整水平，机箱的中心设计有安装孔，只需一个螺栓即可固定整个加速度计，安装简单方便；另外，内置有标定电路，可以很方便地通过记录仪从远程对仪器的检查和标定，其技术参数见表3.2-5。

图 3.2-12　三通道强震记录仪（型号 EDAS-24GN3）　　图 3.2-13　加速度计（型号 BBAS-2）

表 3.2-5　　　　　　　　　　BBAS-2 加速度计的技术参数

结　　构	三分向一体，力平衡电子反馈
测量范围	$\pm 2g$，$\pm 4g$
满量程输出	$\pm 20V$
灵敏度	1.25V/g 或 2.5V/g 可设定
横向灵敏度	<1%
动态范围	>135dB（0.01Hz 以上）
频带宽度	DC-100Hz
线性度	0.1%
零点漂移	0.0005g/℃
标定输入	$\pm 5V$（最大值）
阻尼控制参数	0.7
供电电压	8～30V，单电源供电
静态电流	35mA，供电电压 12V 时
外形尺寸	120mm×120mm×120mm
重量	约 2kg
运行环境温度	-20～60℃
相对湿度（RH）	<90%

3.2.6　参考文献

［1］　徐勇，何秀凤，杨光，等．浦东海塘 GPS 位移监测系统 ［J］．工程勘察，2004（1）：43-44，50.

［2］　刘树民．全球定位系统堤坝变形监测 ［J］．哈尔滨理工大学学报，1999，4（2）：28-30.

［3］　Ding X L，Chen Y Q，Huang D F，Zhu J J，Tsakiri M，Stewart M．Slope Monitoring Using GPS：A Multi-antenna Approach，GPS World，March，2000.

［4］　刘国祥．永久散射体雷达干涉理论与方法 ［M］．北京：科学出版社，2012.

［5］　Ruya Xiao，Xiufeng He．Real-time landslide monitoring of Pubugou hydropower resettlement zone using continuous GPS ［J］．Natural Hazards，2013，69（3）：1647-1660.

［6］　Ruya Xiao，Xiufeng He，et al．PS InSAR processing methodologies in the detection of ground surface deformation-A case study of Nantong City ［C］．Proceedings of the International Symposium on Lidar and Radar Mapping 2011: Technologies and Applications, 26 – 29 May, 2011, Nanjing, China.

[7] Doyle G S, Inggs M R, Hartnady C J H. The use of interferometric SAR in a study of reservoir induced crustal deformation [C]. Proceedings of the Southern African Conference on Communications and Signal Processing, 1997.

[8] Rott H, Scheuchl B, Siegel A, Grasemann B. Monitoring very slow slope movements by means of SAR interferometry: A case study from a mass waste above a reservoir in the Otztal Alps, Austria [J]. Geophysical Research Letters, 1999, 26 (11): 1629 – 1632.

[9] Qiao X J, Li S S, You X Z, Du R L, Logan T. Monitoring crustal deformation by GPS and InSAR in the three gorge area [J]. Wuhan University Journal of Natural Sciences, 2002, 7 (4): 451 – 457.

[10] Xia Y, Kaufmann H. Landslide monitoring in the Three Gorges area using D – InSAR and corner reflectors [J]. Photogrammetric engineering and remote sensing, 2004, 70 (10): 1167 – 1172.

[11] Perissin D, Wang T. Time – series InSAR applications over urban areas in China [J]. IEEE Journal of Selected Topics in Applied Earth Observations and Remote Sensing, 2011, 4 (1): 92 – 100.

[12] Liao M S, Tang J, Wang T, Balz T, Zhang L. Landslide monitoring with high – resolution SAR data in the Three Gorges region [J]. Science China Earth Sciences, 2012, 55 (4): 590 – 601.

[13] 刘洪一, 黄志怀, 邓恒, 等. 地基合成孔径雷达在堤防位移监测中的应用 [J]. 人民珠江, 2017, 38 (4): 90 – 94.

[14] Hanssen R F, Van Leijen F J. Monitoring water defense structures using radar interferometry [C]. Proceedings of the IEEE Radar Conference 2008, Rome, 26 – 30 May, 2008.

[15] Lv X, Yazici B, Bennett V, Zeghal M, Abdoun T. Joint pixels InSAR for health assessment of levees in New Orleans [C]. Proceedings of the 2013 Congress on Stability and Performance of Slopes and Embankments Ⅲ (Geo – Congress 2013), San Diego, United States, 3 – 7 March, 2013.

[16] Michoud C, Baumann V, Lauknes T R, Penna I, Derron M – H, Jaboyedoff M. Large slope deformations detection and monitoring along shores of the Potrerillos dam reservoir, Argentina, based on a small – baseline InSAR approach [J]. Landslides, 2015.

[17] Tomás R, Li Z, Lopez – Sanchez J M, Liu P, Singleton A. Using wavelet tools to analyse seasonal variations from InSAR time – series data: a case study of the Huangtupo landslide [J]. Landslides, 2015.

[18] 葛捷. 分布式布里渊光纤传感技术在海堤沉降监测中的应用 [J]. 岩土力学, 2009, 30 (6): 1856 – 1860.

[19] 李国臣. 基于光纤监测技术的堤防渗漏试验研究 [J]. 人民黄河, 2010, 32 (9): 111 – 112.

[20] 马库什弗, 伦格尔. 用光纤测温监测大坝的温度 [C] //第二十届国际大坝会议论文集. 北京: 科技出版社, 2000: 1235 – 1259.

[21] 李端有, 陈鹏霄, 王志旺. 温度示踪法渗流监测技术在长江堤防渗流监测中的应用初探 [J]. 长江科学院院报, 2000, 17 (增): 48 – 50.

[22] Tournadre V, Pierrot – Deseilligny M, Faure PH. UAV photogrammetry to monitor dykes – calibration and comparison to terrestrial lidar [C] // The International Archives of the Photogrammetry, Remote Sensing and Spatial Information Sciences, Volume XL – 3/W1, 2014 EuroCOW 2014, the European Calibration and Orientation Workshop, 12 – 14 February 2014, Castelldefels, Spain.

[23] 罗孝兵, 刘冠军, 汤祥林, 等. 三峡船闸安全监测自动化系统建设 [J]. 水电自动化与大坝监测, 2011 (1): 46 – 50.

[24] 陈亮, 缪长青, 宋华丽. 杨家湾船闸结构安全监测系统设计 [J]. 水利与建筑工程学报, 2010 (5): 103 – 106.

[25] 孙振锋, 刘传新, 万晓峰, 等. 富春江船闸安全监测技术及自动化建设 [J]. 浙江水利科技, 2017

（6）：83-85.

[26] Bugaud M，Ferdinand P，Rougeault S，et al. Health monitoring of composite plastic waterworks lock gates using in-fibre Bragg grating sensors [J]. Smart Materials & Structures，1998，9（3）：322.

[27] 尹东. 基于光纤光栅的船闸人字门应变监测系统设计 [D]. 大连：大连海事大学，2017.

[28] 肖国强，覃毅宝，王法刚，等. 声波法在三峡工程永久船闸边坡岩体卸荷松弛监测中的应用 [J]. 岩土力学，2006（S2）：1235-1238.

[29] 刘祖强，杨奇儒，叶青. 葛洲坝3号船闸安全监测更新改造及变形规律初步分析 [J]. 水电与抽水蓄能，2009，33（1）：60-64.

[30] Wang H，Elson J，Girod L，et al. Target classification and localization in habitat monitoring [C] // IEEE International Conference on Acoustics. IEEE，2003.

[31] Akyildiz I F，Su W，Sankarasubramaniam Y，et al. A survey on sensor networks [J]. IEEE communications magazine，2002，40（8）：102-114.

[32] 马楠. 基于无线传感器网络的船闸监控系统 [J]. 科技信息，2012（26）：255.

[33] 何建新，孔繁龙，梁邦军. GPS监测系统在施桥三线船闸工程测量中的运用 [J]. 交通科技，2012（6）：78-81.

[34] 宋占璞，方海东，张丹，等. 基于DFOS的船闸水工结构监测研究 [J]. 水利水电技术，2014（9）：35-38.

[35] 孙振勇，邓荣，荣立，等. 测量机器人在草街大坝船闸安全监测中的应用 [J]. 水利水电工程设计，2017（1）：50-52.

3.3　穿河跨河建筑物安全

3.3.1　研究进展

目前我国已建成各类水库已经有上万座[1]，其中大型水利枢纽工程多以混凝土坝为主。大坝因其自身结构、所处环境和外力作用的复杂性，以及可预期的失事后造成的严重灾难，必须对大坝进行稳定可靠、精确、持续的安全监测工作。随着传感技术、微电子技术、计算机软硬件技术以及网络信息技术的发展，大坝安全监测系统也从最初的离线、集中式系统向实时在线、自动化和分布式系统方向发展。

国外于20世纪60年代末开始研究大坝安全监测自动化系统。日本首先在梓川的3座坝上实现了监测数据的自动化采集[2]。80年代意大利结构和模型试验研究所（ISMES）开发了著名的微机辅助监测系统（MAMS），该系统不仅能自动采集、存储和远传数据，还具有快速分析和自动报警等功能，在实际中得到广泛应用，此后，该实验室相继研发了INDACO、MISTRAL、DAMSAFE等一系列大坝安全监测系统，并在DAMSAFE中运用人工智能技术对大坝安全进行管理[3]。美国于80年代初期开始大坝监测自动化研究，1981年美国垦务局在Monticello拱坝上安装了集中式数据采集系统，随后研制了基美星2300分布式自动化监测系统，该系最大限度地利用了美国自动化、电子计算机等方面的优势并在研制过程中充分考虑了水电工程恶劣的自然环境，具有最先进和完备的远程通信能力，可以使用无线电、电缆、光缆、微波电话网络和卫星通信网络实现数据传输和远程实时监测，成功应用于美国、加拿大等50多个岩土和水电工程[4,5]。目前，国际上有代表性的大坝安全监测系统主要有美国Campbell Scientific公司的CR-10系统、澳大利亚Datataker公司的数据采集仪、美国Geomation公司的2380系统以及意大利ISMES研究所的 GPDAS 系统。

国内大坝安全监测自动化系统的研究起步于 20 世纪 70 年代末，经过 30 年的发展，在许多方面都取得了不错的成果。21 世纪，大坝安全监测自动化已渐趋成熟，一些科研院校开始研制具有辅助决策、综合评价功能的大坝安全远程监控系统。南京南瑞自控公司研制的 EC2000 分布式自动化监控软件，具有良好的开放性，实现了数据的采集和处理、运行安全监视、设备操作监视与调节控制、人机界面、运行日志及报表、事件统计、数据通信、历史数据库、自诊断和远方诊断等功能，广泛应用于中小型水电站自动化监测[6]。沈振中等研制和开发了大坝安全实时监控和预警系统，并在红水河南盘江平班水电站、长江三峡水利枢纽、龙河藤子沟水电站、资水株溪口水电站等大坝安全监测中应用，使用效果良好[7]。宋子龙等设计了一种集线式水库大坝安全监测系统，具有较好的测量精度、实时性、可靠性和稳定性，应用于仙岭水库、东坑水库、大溪水库、梅埠桥水库等 25 座水库大现现场[8]。

土石坝既可以利用土的黏性，又可利用石料的坚固性，而且土石坝的建造方式成本低、建设时间短、结构性能佳，因此被广泛应用。但是在以往失事的水库大坝中，土石坝也占大多数。变形和渗流是土石坝安全监测中最重要的物理量。长期以来，中小土石坝表面变形监测主要采用全站仪、水准仪等人工作业的方式，如果遇到雷电、暴雨等恶劣天气条件或者洪水期间水位超高水位运行时，该方法则不具有实时性。GPS 在大坝变形连续监测应用开展较早，美国的 Pacoima 大坝就是一个连续监测的成功案例[9]。GPS 技术在我国知名水利工程如隔河岩、小浪底、糯扎渡水电站等大型坝体监测中得到很好的应用，表明该技术可很好地用于坝体表面变形的连续实时监测。单一的 GPS 监测数据不可避免地会产生误差。伴随着我国北斗系统的发展成熟，可结合北斗卫星的接收机和天线，与 GPS 共同监测[10]。最终成果也可融合解算，从而提高了监测数据的可靠性，保证了大坝监测的精度。

合成孔径雷达干涉测量技术（InSAR）是 20 世纪迅速崛起的一项新的测量技术，具有精度高、覆盖范围大、全天时、全天候等明显的技术优势[11, 12]。近些年来，搭载 SAR 传感器的卫星相继升空。伴随着技术的进步，SAR 传感器越来越先进，影像分辨率越来越高，搭载波段、扫描方式、极化方式越来越多样化。与此同时，由多卫星组成的星座模式也逐渐出现，使得卫星的重访周期更短，数据的时间分辨率更高。例如德国 TerraSAR - X[13]、意大利 COSMO - SkyMed、加拿大 RADARSAT - 2、日本 ALOS - 2 及欧空局 Sentinel - 1A[14] 等，为卫星硬件的进步和 InSAR 技术的发展和工程应用的普及提供了有力的保障。除此之外，InSAR 数据处理方法也取得了长足的进步，由最初的 D - InSAR 技术[15] 用于地表形变初步的探测识别，发展到现在普遍使用的 PS - InSAR、SBAS - InSAR[16]、TCPInSAR[17] 以及 CR - InSAR 等时间序列技术，将 DEM 误差、大气效应、轨道误差等进一步剔除从而实现毫米级形变监测精度。

1957 年，美国洛杉矶建成了世界上首座橡胶坝，坝袋尺寸 1.52m×6.1m，坝袋厚度为 3mm，强度 90kN/m。橡胶坝至今已在实际水利工程中应用超过半个世纪的时间，很多国家都建有橡胶坝[18, 19]。日本国内橡胶坝已超过 3000 座之多。橡胶坝主要实现坝袋的充水（气）控制以及排空控制。橡胶坝监控系统也应该能对橡胶坝内袋压力、上游、下游水文数据进行检测。在初期的橡胶坝控制系统中，一般包括水泵、风机、电动机等动力设备。同时，预留有水的进出口以及气的进出口。工作人员在中央控制室对各种设备进行控制，只能实现人工手动控制。在早期的控制系统中，缺乏自动化控制需要的检测设备及控制设备。不能实现无人或者少人值守的控制目标[20-23]。随着电子技术、通信技术、自动控制技术的发展，橡胶坝监控系统越来越向着高度自动化、网络化及信息化的方向发展[24-26]。扬州大学研制出的"橡胶坝袋破损监视系统"采用了自制的矢量水听器，可同时获得坝袋破损程度和破损位置的信息。由于采用了虚拟仪器技术，可同时实现水声信号采集、数字滤波等功能，大大降低了硬件的投资成本，方便了操作使用和维护。刘文贵等[27]设计和开发了王希鲁橡胶坝监测系统，采用组态控制技术和智能模块对王希普橡胶坝工程的渗压、水位等数据进行了实时采集与处理，真实地反映了橡胶坝的实际运行状态。马建伦[28]设计和开发了沂河桃园橡胶坝监控系统，通过实时进行水文信息水位、流量等检测、坝袋内压及大坝渗压监测、闸门和充排水泵状态监控与排水泵的优化调度等，成功实现了橡胶坝的实时数据监测、实时图像监视以及橡胶坝实时控制。张红斌等[29]讨论了橡胶坝高度监测的一些实现方法，并结合工程实例论述不同测量方式的工作原理及实际作用。顾聪[30]结合橡胶坝特性及抚宁洋河口水域现状，制定了监控系统的控制策略与监测方案，根据所指定的监测方案与控制策略，搭建了控制系统。

隧洞安全监测的研究发展主要包括传感器、监测项目和监测方式的发展。传感器是贯穿安全监测系统的中枢设备。传感器技术问世于 20 世纪 50 年代，应用于引水隧洞工程安全监测的传感器的发展大致历经差动电阻传感器、振弦式传感器和光纤光栅传感器三个阶段。传感器正朝质量轻、响应快、集成化与智能化的方向发展，光纤光栅传感器不仅能满足数据采集、处理与分析等基本要求，还能对采集数据进行误差补偿及相应的逻辑思考和结论判断。最初的监测项目主要包括应变、温度、位移等，但随着传感器的发展及相应的传感技术理论的逐渐成熟，近年来在引水隧洞安全监测中的监测项目逐渐增多，如内外水压力、锚杆应力、围岩收敛、水温、水位、裂缝、挠度、流量等。人工测量是安全监测中最早的数据采集方式，人工采集往往费时费力，并且面对长线结构物的监测无法及时对危险情况进行响应。20 世纪 80 年代，国外凭借其在大型计算机、集成电路、通信等技术方面优势，已开始将上述技术大范围应用于安全监测的研究，通过近 20 年的实践以及科学技术的发展与革新，目前主流的安全监测系统包括信息采集、传输、处理三大部分，传输方式更是种类繁多，包括有线传输、无限传输、短波传输、光纤传输等方式。安全监测系统的技术架构也发展迅速，其总体的发展趋势是网络化、智能化、安全化。

FBG（Fier Bragg Grating）传感器在航空航天、船舶、桥梁、堤坝、边坡和隧道等工程结构及岩土工程的监测与诊断中获得广泛应用[31-37]。2002 年，Kado masuo 等将 FBG 传感器应用于隧洞及其他建筑物中进行长期监测；2014 年，Nicola Tondini 等研究了 FBG 传感器在监测地震区域隧洞衬砌混凝土的弹塑性反应。我国起步于 20 世纪 70 年代末，近些年发展迅速。2007 年，赵星光等采用 FBG 传感技术对昆明白泥井 3 号隧洞的二次衬砌进行应变监测；2008 年，魏广庆等总结 FBG 传感器在建隧洞工程监测中常遇的一些问题，并将 FBG 传感器应用于某在建隧洞的安全监测，实现在隧洞开挖期间对喷射混凝土的拱架内力、混凝土应变与温度的实时监测,从后期的监测数据来看,FBG 传感器性能稳定,系统误差小。FBG 传感器在引水隧洞的安全监测只是小范围的应用[38],而 FBG 传感器在有压引水隧洞的安全监测的应用更是鲜见。潘恒飞[39]研究了有压引水隧洞内各型 FBG 传感器的布设方案及尾缆保护措施,并结合实际工程以成熟的 J2EE 技术为安全监测系统的技术架构,构建了有压引水隧洞安全监测系统。杨正宏[40]设计了一套基于无线传感网络的隧洞围岩位移监测系统,从而实现了对水工隧洞不稳定围岩进行实时监测。目前主要有压力、流量、温度、位移等光纤传感器;光纤传感器与传统传感器相比有许多优点,如灵敏度高、结构简单、体积小、耐腐蚀、电绝缘性好、便于实现遥测等。曹曦等[41]提出一种基于地面激光扫描数据的精确监测与直观管理隧洞体形变的方法:运用高精度地基三维激光扫描技术对隧洞体进行多次扫描;计算、分析多时相激光扫描数据;检测定位隧洞体的形变。

国外最早建立的结构健康监测系统的研究可以追溯到 20 世纪 80 年代。1987 年,英国首先在总长 522m 的连续钢箱梁 Foyle 桥[42]上布设了各种传感器,实时监测桥梁在车辆荷载和风荷载下的振动加速度、挠度和应变,并监测了桥址处的风速和温度。这是较早的建立桥梁健康监测系统的实例。挪威对主跨 530m 的 Skarnsunder 斜拉桥[43]进行了长期监测,其安装的信号采集系统实现了对各种响应信号的在线自动采集。美国对一些桥梁进行了健康监测系统的安装,如 Sunshine Skyway 斜拉桥[44]、Gold Gate 悬索桥[45]等,而其在仪器设备制造业的领先水平以及软件开发方面的经验优势,使得其研究出了较好的健康监测软件平台和无线网络传输技术。加拿大、瑞士、韩国和泰国在其一些重要的桥梁上安装了健康监测系统。Brownjohn 等[46,47]对 SHM 系统进行了大量的总结,并研究了环境振动测试对构建长期健康监测系统的作用以及结构有限元模型修正方法,代表性的工程有Humber 桥、一些高层建筑和人行桥的健康监测。国内的桥梁健康监测的研究相对较晚,大部分工程项目始于 2000 年左右。香港在主跨 1337m 的公路、铁路两用悬索桥青马大桥上安装了 800 多个永久性传感器,对大桥所处环境、荷载、振动响应、几何变位等进行了一系列的监测。秦权等[48,49]在国内较早地开展了桥梁健康监测系统的研究,并给出了健康监测的概念,系统设计原则等。孙利民等[50,51]在健康监测方面也做了一些研究,尤其体现在健康监测系统设计、模态参数识别和损伤诊断方面。李惠[52]、贺淑龙等[53]长期从事健康监测的研究,基于 LabView 平台开发了智能健康监测软件,代表性的工程有滨州黄河公路大桥、东营黄河公路大桥和哈尔滨松花江大桥等。

北斗 GNSS 由我国独立自主开发和运行,并与已有 GNSS 兼容,为 GNSS 技术应用于桥梁健康监测提供了新机遇,特别是高采样率接收机的出现,使其在桥梁结构变形监测方面展现了独特的优越性[54]。王里等[55]提出了一种将北斗与 BIM 技术相结合的方法,并开发了一套高精度三维桥梁监测管理系统,实现了三维桥梁动态在线监测和管理,并通过工程示范应用进行了应用效果验证。无线传感器网络由于安装方便、维护成本低和部署灵活等特点,已被广泛地应用于桥梁健康监测系统中[56,57]。三维激光扫描技术作为新兴测绘科技,通过关注目标的无接触扫描,实现点云空间数据的高效获取,在实体建模、滑坡变形监测、古建筑保护等方面发挥重要作用。三维激光扫描技术应用于桥梁变形监测,在特定工作条件下获取传统方法难以获得的数据[58,59]。地基雷达(Ground Based radar GB -

radar) 是当今建筑物变形观测领域的一项新型监测设备，它使用微波信号对监测目标非接触式扫描测量，主要用于对桥梁、建筑物、高塔等易发生微小变化的物体进行精确的监测，能够得到被测物每部分的位移变化量，分析建筑物或桥梁上每一个点的变形、振动情况[60]。刘永伟等[61]研究了探地雷达技术在桥梁检测中的应用。宗宇杰[62]开展了光纤传感技术在桥梁检测中的应用研究。戴靠山[63]开展的近场遥感技术在桥梁检测中的应用研究。雷欣钰[64]研究了无人机高光谱遥感技术在桥梁安全监测的应用。

3.3.2 跨河建筑物安全监测

3.3.2.1 混凝土坝

3.3.2.1.1 监测要素

混凝土坝安全监测范围包括坝体、坝基、坝肩、对大坝安全有重大影响的近坝区岸坡以及与大坝安全有直接关系的其他建筑物和设备。根据《混凝土坝安全监测技术规范》(SL 601—2013)，混凝土大坝安全监测主要内容包括变形、渗流、应力、应变及温度、地震反应监测等。

3.3.2.1.2 监测方法

1. 变形监测

变形监测项目应包括坝体变形、裂缝、接缝，坝基变形以及近坝区岩体、高边坡、滑坡体和地下洞室的位移等。大坝变形监测又分为水平位移监测和垂直位移监测。水平位移监测常用视准线、引张线、激光准直、正倒垂线及精密导线等方法。垂直位移监测方法主要有几何水准和流体静力水准法。这些监测方法获取了不同时间段的水平位移和垂直位移，降低了监测成果的实效性、同步性和科学性，无法实时获取大坝的变形信息。新的变形监测技术主要有以下几种：

(1) 基于时序 InSAR 与 GNSS 的变形监测。长期以来，大坝变形监测主要采用全站仪、水准仪等人工作业的方式，如果遇到雷电、暴雨等恶劣天气条件或者洪水期间水位超高水位运行时，该方法则不具有实时性。以全球卫星导航系统 GNSS 和合成孔径雷达干涉测量 InSAR 为代表的空间对地观测大地测量新技术，是解决地表形变监测时空连续性问题的有力手段。GNSS 技术具有全天候、实时、高精度的特点，能够实现自动化、连续获取三维变形结果，在变形监测领域中得到了广泛应用。

InSAR (Interferometric Synthetic Aperture Radar) 技术具有监测精度高、范围大、空间覆盖连续等优点，已被广泛应用于地表形变监测。随着近些年的发展进步，PS - InSAR 已经可以实现毫米级的形变监测，这使得 InSAR 能用于大坝的形变监测。尤其是欧空局 Sentinel - 1A 卫星升空后，其较高的空间分辨率和时间分辨率可以更加有效地对大坝进行形变监测。

基于时序 InSAR 与 GNSS 的变形监测，充分利用了 InSAR 高空间分辨率和 GNSS 高时间分辨率的特点，实现了地表形变的时空连续监测。在大坝变形监测时，受监测环境影响，单一地采用北斗或 GPS 无法保证定位可靠性。北斗和 GPS 融合定位则能够有效解决上述问题。推荐采用基于 GPS 和 BDS 组合定位法监测变形，详见堤防工程变形监测。

(2) 三维激光扫描。三维激光扫描能够快速准确获取大坝的完整几何信息，实现对大坝整体变形监测，打破传统单点和局部监测的局限，实现真三维大坝整体变形监测。利用大坝完整点云数据，通过基于自适应体元的大坝三维表面构建算法构建大坝表面模型，重建大坝精确三维表面模型，利用不同时期采集的点云数据与参考模型进行对比分析来获取大坝变形信息。三维激光扫描系统利用了激光具有单色性、高亮度、方向性强、相干性等特性，对给定区域目标进行高效、动态、实时的数据获取。三维激光扫描技术具有其他技术手段所不具备的优点：①数据采集效率高，点云密度大；②全数字特征，几何信息丰富；③扫描精度高；④全天候作业；⑤小型便捷，易于操作。

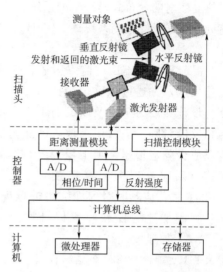

三维激光扫描由激光发射器、旋转棱镜、接收器、距离和时间模块以及计算机等组成，如图3.3-1所示。首先由激光发射器发射激光脉冲，再由高速均匀旋转的棱镜将脉冲信号发射出去。同时控制器中的距离和时间模块，记录激光脉冲信号，按照从左到右、从上到下的信号接收方式

图3.3-1 三维激光扫描工作原理

对信号进行记录，这些信号中包含了脉冲信号的水平角度和垂直角度。通过脉冲信号的斜距和时间差，以及扫描仪空间坐标，计算得出扫描物体表面的每一个扫描点的空间坐标。

2. 渗流监测

渗流监测项目包括扬压力、渗透压力、渗流量、绕坝渗流和水质监测。

坝体渗流压力的测点应根据水库的重要性和规模大小、坝型、断面尺寸、坝基地质情况以及防渗、排水结构等进行布置。一般应选择最重要、最有代表性，而且能控制主要渗流情况以及预计有可能出现异常渗流的横断面作为坝体渗流压力观测断面，布置孔隙水压力计或测压管。对于混凝土坝坝基渗流观测，通常沿着坝轴线方向选择一个纵断面和垂直于坝轴线方向选择若干个横断面布置测压管或孔隙水压力计。孔隙水压力计的品种多样，目前在国内使用较多的是差动电阻式和振弦式等。坝体和坝基渗流量监测，对于单孔渗流量仍然普遍采用量杯和秒表，集中后的渗流量使用量水堰法和测速法。

上述的传统渗流监测方法是最基本的方法，大多数工程均采用这些方法进行渗流观测。近年来，国内外发展了渗流监测新技术，如温度示踪法和同位素示踪法，详见堤防工程渗流监测。

3. 应力、应变及温度监测

建筑物应力、应变一般采用压应力计和应变计等进行监测。用应变计观测混凝土应力时，需要安装无应力计。温度采用温度计监测。推荐使用光纤光栅传感器进行应力、应变及温度测量。光纤传感器系统由光源、入射光纤、出射光纤、光调制器、光探测器以及解调器组成，其基本原理是将光源的光经入射光纤送入调制区，光在调制区内与外界被测参数相互作用，使光的光学性质发生变化而成为被调制的信号光，再经出射光纤送入光探测

器、解调器而获得被测参数。当前，光纤监测系统主要是一种时域分布式光纤监测系统，它的技术基础是光时域反射技术。时域分布光纤检测系统按光的载体可分为三种形式：基于拉曼散射的分布式光纤检测系统、基于瑞利散射的分布式光纤监测系统和基于布里渊散射的分布式光纤检测系统。

4. 地震反应监测

混凝土坝地震反应监测应监测强震时坝址地面运动的全过程及其作用下混凝土坝的结构反应，并通过强震记录的处理分析对大坝作出震害评估。监测物理量主要是加速度。设计烈度为 7 度及以上的 1 级大坝，或设计烈度为 8 度及以上的 2 级大坝，应设置结构反应台阵，主要记录地震动加速度，对 1 级高混凝土坝，可增加动水压力监测。结构反应台阵应根据大坝工程等级、设计烈度、结构类型和地形地质条件进行布置。地震反应监测应与现场调查相结合。当发生有感地震时或坝基记录的峰值加速度大于 0.025g 时，应及时对大坝结构进行现场调查。地震强度采用强震仪进行观测，强震仪包括强震加速度仪和峰值记录加速度仪等。推荐采用 EDAS - 24GN3 强震记录仪和 BBAS - 2 加速度计。

3.3.2.1.3 混凝坝安全监测仪器

变形监测：真空激光、垂线坐标仪/引张线仪、测量机器人、GPS/GNSS、激光扫描仪、DInSAR。

渗流监测：测压管、渗压计、光纤传感器、液相闪烁计数仪或稳定同位素质谱分析仪。

应力、应变及温度监测：差动电阻式、振弦式或光纤传感器。

地震强度监测：强震仪（包括强震加速度仪和峰值记录加速度仪）。

3.3.2.2 土石坝

3.3.2.2.1 监测要素

根据《土石坝安全监测技术规范》（SL 551—2012），土石坝的安全监测方法包括巡视检查和仪器监测，仪器监测应和巡视检查相结合。土石坝的安全监测，应根据工程等级、规模、结构型式及其地形、地质条件和地理环境等因素，设置必要的监测项目及其相应设施，定期进行系统的监测。各类监测项目及其设置，详见《土石坝安全监测技术规范》（SL 551—2012）。

土石坝监测要素包括变形监测、渗流监测、环境量监测、地震监测等。

3.3.2.2.2 监测方法

（1）变形监测。土石坝变形监测项目主要包括坝体（基）的表面变形和内部变形，防渗体变形，界面、接（裂）缝和脱空变形，近坝岸坡变形以及地下洞室围岩变形等。推荐采用基于 GPS 和 BDS 组合定位法监测土石坝变形，详见堤防工程变形监测。

（2）渗流监测。土石坝浸润线和渗压监测的常规做法是采用埋设测压管或渗压计的方法进行监测。测压管主要包括单管式、多管式和 U 形测压管。测压管适用于作用水头小于 20m 的坝、渗透系数大于或等于 10^{-4} cm/s 的土体、渗透压力变幅小的部位。渗压计有差动电阻式渗压计和钢弦式渗压计。它们适用于作用水头大于 20m 的坝、渗透系数小于 10^{-4} cm/s 的土体、观测不稳定渗流及不易埋设测压管的部位。相比测压管，它能够实现遥控观测、无需专门的廊道、精度高、无时间滞后等优点，便于实现自动化监测。

渗流量观测一般采用量水堰进行测量，在观测过程中需要排除降水对渗流量观测的干扰。筑坝材料在渗水的长期作用下会产生相应的物理化学变化，根据这种变化通过将渗水水质与库水水质进行比较分析，以确定渗漏水中是否有溶解的某种材料或者是否发生冲蚀。应选取有代表性的监测孔，定期对渗漏水和库水进行水质分析，有助于及时排除影响土石坝运行的因素。

土石坝渗流监测的新技术还包括温度示踪法和同位素示踪法，详见堤防工程渗流监测。

（3）环境量监测。环境量监测包括水位、降雨、水温监测。推荐采用激光测高计监测水位，其精度已被证实可以稳定在厘米级，详见堤防工程水位监测。推荐采用称重降水监测站（ZXCAWS600）监测降雨，详见堤防工程降水量监测。库水温观测可采用深水温计、半导体温度计、电阻温度计等仪器设备。

（4）地震监测。地处地震基本烈度7度及其以上地区的1级、2级土石坝，还需要增加坝身地震监测。采用地震仪实时监测峰值加速度；基于GPS和BDS组合定位监测坝顶下游侧测点的位移和坝顶最大塌陷位移；采用孔隙水压力计监测坝体孔隙水压力。

3.3.2.2.3　仪器设备

变形监测：GPS/GNSS、全站仪或测量机器人、测斜仪、倾角传感器。

渗流监测：测压管、渗压计、光纤传感器、液相闪烁计数仪或稳定同位素质谱分析仪。

环境量监测：激光测高计、称重降水监测站（ZXCAWS600）、深水温计或半导体温度计或电阻温度计。

地震监测：强震仪（包括强震加速度仪和峰值记录加速度仪）。

3.3.2.3　橡胶坝

3.3.2.3.1　监测要素

橡胶坝的监测要素包括渗压、坝袋内的水压、坝袋高度、上下游水位、闸门开度、环境监测、冲刷淤积、状态监测。

3.3.2.3.2　监测方法

（1）渗压。渗压观测采用渗透压力传感器进行数据采集，为减少输出信号的阻抗干扰，采用振弦式压力传感器，传感器信号由巡检仪进行采集处理，然后通过计算机串口与上位机进行通信。通过对渗压进行监测，能够及时准确地反映坝基、左右岸绕渗情况，对工程的运行管理非常重要。

（2）坝袋内的水压。将传感器埋入橡胶坝顶端即可测量它的内部压力。传感器由探头和变送器两部分组成，探头测量的电信号与坝内的压力成比例关系，经变送器变换后送出4～20mA电流信号给计算机的数据采集板。

（3）坝袋高度。①坝袋的顶部和底部分别各放置一个水压传感器，坝袋的高度＝（传感器1的压力－传感器2的压力）×换算系数。②使用多个红外传感器，或使用GNSS或（GPS）进行测量。③压力换算高度。静压式水位计在蓄水池、罐体、水库等的水位监测中广泛应用，根据液体的压强公式换算成高度。通过放入坝袋底部的压力传感器实时监测坝袋底部压力变化，从而计算出坝袋高度。④拉绳式位移测量。这种测量方式的灵感来自于闸门的开度监测，通过测量钢丝的位移变化计算出闸门的位移变化，位移变化即闸门开度的变化，最后通过拉绳式位移传感器的旋转编码器将位移变化数据转化成标准的电流信号或者电压信号，从而实现远程监测功能。由于橡胶坝本身会随着内部充水（气）的变化而改变高度，就像闸门提升或下降过程一样，而且橡胶坝充起后坝顶基本是平行的，因此，可考虑将橡胶坝看作一道闸门，通过拉绳式位移传感器测量橡胶坝高度的实时变化。

（4）上下游水位。①在河的上、下游适当位置，设置两根钢筋混凝土桩柱，作为不锈钢管的支承架。在不锈钢管内放置压力传感器（浮子式、液位变送器式和超声波型），为防止管内杂物缠绕传感器，设置一过滤网。②星载激光雷达系统监测水位。遥感图像建立的水位-面积模型和卫星雷达测高的结果数据精度不高，对于精确获取水文数据具有一定的局限性。激光雷达测高系统的传播介质、频率和分辨率不同于微波测高。激光测高数据联合微波卫星数据，可以监测长时间序列水位变化，激光测高计提取的水位高程数据的精度为厘米级。

（5）闸门开度。无论闸门是否在动作中，安装在闸门启闭机上的位置传感器及安装在钢缆上的张力测量仪都应实时地检测闸门的开度以及钢缆的受力情况。

（6）环境监测。设置环境温度传感器，当冬季来临，气温较低时，为吹冰操作提供温度依据。

（7）冲刷淤积。采用经纬仪、水准仪、探测仪及多波束测深系统进行蓄水区及上下游管理范围内河槽冲刷淤积情况的观测，以便为运行和管理橡胶坝提供科学决策的依据。

（8）状态监测。在船闸控制和坝袋充排水时，通过视频可监视其工作状态。

3.3.2.3.3 监测仪器

监测仪器包括渗压计、液位计、压力传感器、位置传感器、环境温度传感器、高清摄像头、经纬仪、水准仪、探测仪、多波束测深系统、红外传感器、GPS、拉绳式位移传感器、激光测高计。

3.3.2.4 跨河桥梁

3.3.2.4.1 监测要素

依据《建筑与桥梁结构监测技术规范》（GB 50982—2014），跨河桥梁使用期监测项目包括变形与裂缝监测、应变监测、索力监测和环境及效应监测。变形监测包括基础沉降监测、结构竖向变形监测及结构水平变形监测；环境及效应监测包括风及风致响应监测、温湿度监测、地震动及地震响应监测、交通监测、冲刷与腐蚀监测。

对于桥梁主跨跨径不小于150m的梁桥、200m的拱桥、300m的斜拉桥、500m的悬索桥等结构复杂和重要桥梁的结构，应当按《公路桥梁结构安全监测系统技术规程》（JT/T 1037—2016）进行监测。监测内容应包括荷载与环境监测、结构整体响应监测与结构局部响应监测：①荷载与环境监测内容包括车辆荷载、风、地震、温度、湿度、降雨量和船舶撞击力等；②结构整体响应监测内容包括结构振动、变形、位移、转角等；③结构局部响应监测包括构件局部应变、索力、钢构件疲劳、支座反力、裂缝、腐蚀、基础冲刷深度等。

3.3.2.4.2 监测方法

跨河桥梁使用期间监测工作流程如图3.3-2所示。其中变形监测是最为重要的监测内容之一。

1. 变形监测

桥梁变形监测的方法主要有光学测量法、全站仪法、连通管和引张线法、视频测图法、加速度仪测量法、激光干涉仪法、应变仪法、位移传感器法、GNSS 全球导航卫星系统法等。推荐变形监测的四种新方法如下：

（1）基于 GPS 和 BDS 组合定位法监测变形。基于 GPS 和 BDS 组合定位的形变监测方法，可以获得水平和垂直方向毫米级的监测精度。时序 InSAR 与 GNSS 综合测量方法充分利用了 InSAR 高空间分辨率和 GNSS 高时间分辨率的特点，实现了地表形变的时空连续监测。关于 GPS 和 BDS 详细介绍参见 3.2。

（2）采用三维激光扫描仪进行桥梁的变形监测。该技术可高精度、高效率地获取桥梁表面周期性点云数据，在桥梁变形监测方面应用前景广阔。

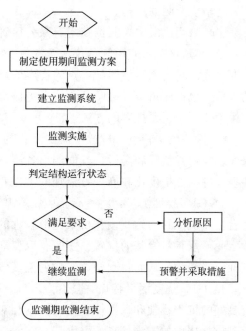

图 3.3-2 跨河桥梁使用期间监测工作流程图

（3）采用地基雷达 IBIS-S 进行桥梁的变形监测。该技术具有测量精度高、非接触性、大范围监测的优点，适用于对易发生微小变化的物体进行精确的监测，能够得到被测物每部分的位移变化量，分析建筑物或桥梁上每一个点的变形、振动情况。

地基雷达 IBIS-S 硬件系统包括雷达传感器、天线、三脚架、IBIS-S 缆线、电池、数据采集处理电脑。

地基雷达 IBIS-S 软件系统包括 IBIS-S Controller 采集软件和 IBIS-S DATA VIEWER 数据实时分析软件。

IBIS-S 仪器测量参数见表 3.3-1。

表 3.3-1　　　　　　　　　　　　　IBIS-S 仪器测量参数

主频	KU 波段	重量	30kg
雷达类型	SF-CW 步进频率连续波	工作温度	-20～55℃
平台	地面	最大监测距离	2000m
干涉测量	YES	空间分辨率	0.5m
安装时间	15min	动态测量精度	0.01mm
供应能量	12V DC	静态测量精度	0.1mm
设备大小	50cm×100cm×40cm		

主频为 KU 波段电磁波，优点主要有国际法律保护、频率高不易受微波辐射干扰、天线小便于安装、KU 频段宽、功率大、能量集中等；雷达类型为步频连续波（SF - CW），该技术能够保证雷达波在这个波段适应不同气候环境，保证长距离监测；干涉测量技术是实施高精度监测的前提。

（4）采用武汉中岩测控技术有限公司研发的挠度自动测试方法监测挠度变形。

1）倾角仪法：使用倾角仪法测量桥梁的挠度，并不同于传统的方法（如百分表法、水准仪法）直接测得桥梁某一点的挠度值，而是首先使用倾角仪测得桥梁变形时几个截面的倾角，根据倾角拟合出倾角曲线，进而得到挠度曲线。倾角仪法实际上是一种间接地利用倾角仪测量桥梁挠度的方法。

2）倾角仪法特点：桥梁不需要静止的参考点，适用于测量跨河桥，跨线桥，大型的跨海、跨峡谷桥梁和高桥；其能测出各测点的角度变化进而拟合出桥梁的挠度曲线，但是要换算各测点挠度比较麻烦，体现的数据并不直接。

3）GPS 挠度测量：将一台接收机（基准站）安装在参考点（岸基）上固定不动，另一台接收机（移动站）设在桥梁变形较大的点，两台接收机同步观测 4 颗或更多卫星，以确定变形点相对岸基的位置。实时获取变形点相对参考点的位置，可直接反映出被测点的空间位置变化，从而得到桥梁结构的挠度值。

4）GPS 挠度测量特点：具有全球性、全天候、连续的精密三维导航与定位能力，具有良好的抗干扰性和保密性，但是成本相对较高，挠度采集仪可和 GPS 设备配合使用，以得到桥梁挠度的三维信息。

5）设备仪器：RSM - DDS 动扰度采集器、RSM - BAS1016 桥梁动挠度多通道采集仪、三维激光扫描仪、地基雷达 IBIS - S。表 3.3 - 2 和表 3.3 - 3 分别给出了 RSM - DDS 动扰度采集器参数和 RSM - BAS1016 桥梁动挠度多通道采集仪参数。

表 3.3 - 2　　　　　　　　　RSM - DDS 动扰度采集器参数

型　号	RSM - DDS
过程介质	液体、气体、蒸汽
输出信号	两线制 4～20mA，符合 NAMUR NE43 规范，叠加数字信号（HART 协议）
电源	最小电源电压 15V DC，最大电源电压 45V DC
防爆性能	防爆、防水密封外壳；本质安全（符合 FM、CSA、NEPSI 和 KEMA）
零点与量程调整	通过数字通信或本地按键调整，互不影响
环境温度	-40～85℃
数显温度	-20～70℃
过程温度	-40～100℃（硅油），-40～85℃（氟油），-29～149℃（远传装置充普通硅油），15～300℃（远传装置充高温硅油）
故障警告	如果传感器或电路出现故障，自动诊断功能将自动输出 3.6mA 或 21.0mA（用户可设定）
阻尼调整	0～32s 通过数字通信或就地按键调整
组态	数字通信（HART 协议）或本地按键调整
测量范围	差压 0～0.1kPa～3MPa，压力 0～0.6kPa 至 0～40MPa

精度	±0.075%FS，±0.1%
稳定性	0.1%/3 年
量程比	100：1

表 3.3-3   **RSM-BAS1016 桥梁动挠度多通道采集仪参数**

型号	RSM-BAS1016
采样方式	16 通道同步连续采集
操作方式	有线或无线连接电脑操作；或远程平台操作
存储模式	内置 SD 卡或外置 U 盘
通信方式	内置有线通信，433 无线通信、GPRS 无线传输、GPS 定位
工作电压	外接 12V 直流或 220V 交流适配
可测传感器类型	压差式传感器，输出电流或电压信号的传感器
测量范围	4~20mA 或者 0~10V
最大采样频率	有线 200Hz，有线 10Hz
测量误差	电流 0.01%，电压 0.005%
分辨率	24 位高精度 AD，可测得 0.1μV
通道数	16 通道或可扩展
数据存储模式	本地：内置 SD 卡或外接 U 盘；扩展：电脑保存或平台保存
工作温度	-20~+70℃
供电模式	内置锂电池工作时间≥48h，或外接电长期工作
外壳	工程塑料，配套防水箱可以长期野外使用
体积	24cm×12cm×6cm
重量	1.0kg（含锂电池）

2. 应变监测

应变监测可选用电阻应变计、振弦式应变计、光纤类应变计等应变监测元件进行监测。应变计宜根据监测目的和工程要求以及传感器技术、环境特性进行选择。三类应变计的技术特性见表 3.3-4。光纤光栅传感器具有抗电磁干扰、抗腐蚀、高分辨率等优点，近年来被广泛采用，比如品傲 PI-FBG-E3000-A/B 型光纤光栅表面式应变计，其性能指标见表 3.3-5。

表 3.3-4   **三类应变计的技术特性**

特性	应变计类型		
	振弦式应变计	电阻式应变计	光纤类应变计
时漂	小，适宜长期测量	较高，可通过特殊定制适当减小	小，适宜长期测量
灵敏度	较低	高	较高（与解调仪精度有关）
对温度的敏感性	需要修正	通过电桥实现温度补偿	需要修正
信号线长度影响	不影响测量结果	需进行导线电阻影响的修正	不影响测量结果

续表

特 性	应 变 计 类 型		
	振弦式应变计	电阻式应变计	光纤类应变计
信号传输距离	较长	短	很好，可达几十公里
抗电磁干扰能力	较强	差	很好
对绝缘的要求	不高	高	光信号，无需考虑
动态响应	差	很好	好
精度	较高	高	较高

表 3.3-5 品傲 PI-FBG-E3000-A/B 型光纤光栅表面式应变计性能指标

项 目	单位	参 考 值
标准量程	με	飞秒光栅传感器：-2500～+2500 普通光栅传感器：-1500～+1500
精度	με	0.5%FS
分辨率	με	1με（飞秒光栅传感器：0.02%FS；普通光栅传感器：0.033%FS）
传感器标距	mm	150（可定制）
光栅中心波长	nm	1525～1565
工作温度范围	℃	-30～+80
单通道传感器数量	支	5
传感器引出线及接头		FC/APC，双端为长度 1m，直径 3mm/6mm 铠装光缆
传感头之间连接方式		串联/法兰盘连接/光缆熔接
过载能力		1.15 倍
温度补偿方式		参考光栅：A 型内置温补，B 型外置温补
安装方式		焊接、螺栓固定、粘贴

3. 动力响应监测

（1）振动监测。振动监测方法包括相对测量法（图 3.3-3）和绝对测量法（图 3.3-4）。

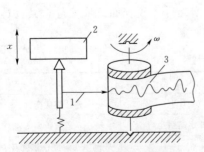

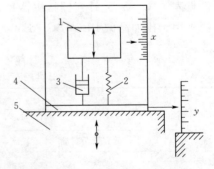

图 3.3-3 相对式测振仪原理
1—测量针；2—被测物体；3—走动纸

图 3.3-4 绝对式测振仪原理
1—质量块；2—弹簧；3—阻尼器；4—壳体机座；5—振动体

（2）地震动及地震响应监测。监测参数主要为地震动及地震响应的加速度，也可按照工程要求监测力及位移等其他参数。

具体仪器如英国 Gralp 公司研制的 40TDE 型一体化数字地震仪和扬州科动电子技术研究所研制的三向加速度传感器。40TDE 宽频带数字地震仪技术指标见表 3.3-6。

表 3.3-6　　　　　　　　　40TDE 宽频带数字地震仪技术指标

技术原理	力反馈（力平衡）速度传感器
速度输出频带	60s，0.017～50Hz（标准）
	30s，0.03～50Hz（可选）
	1s，1～100Hz（可选）
灵敏度	3200V/(m·s)[2×1600V/(m·s)] 差分输出（标准），可定制更高灵敏度（高增益）
传感器自噪声	7s，0.15～4Hz，低于 NLNM
摆锤锁定	无需锁摆
输入阻抗	117kΩ
触发模式	STA/LTA，阈值，按通道和网络投票触发
可扩展存储	可选热插拔式 USB 存储器（多种存储容量可选）
高度	带提手：300mm

新方法有地基雷达 IBIS-S 法，详见本节地基雷达 IBIS-S 的介绍。

4. 基础沉降监测

主要仪器为水准仪及标尺、GPS 仪器、全站仪等；根据项目要求，沉降和变形监测应按二等水准测量精度及以上要求形成闭合水准路线。

相关仪器及技术指标可参考 3.3.3.3 节。

5. 环境及效应监测

（1）风及风致响应监测。风及风致响应监测参数包括风速、风向、风攻角。风速仪一般分超声波式和机械式两种，其特性对比见表 3.3-7。

表 3.3-7　　　　　　　　　风速仪特性对比

类型	基本原理	优点	缺点	适用范围
超声波式	超声波探头发射超声波信息，利用超声传递的时间来推算风速	精度高，分辨率高，采样频率较高，耐久性好，寿命长，免维修	量程相对机械式小，精度受雨雪雾天气影响	脉动风速的测定
机械式	通过转子的转速来推算风速	量程大，技术成熟，应用广泛	精度相对超声波式较低，需要定期维修	雨雪天气较多的桥址

美国 R. M. YOUNG 81000 三维超声波风向风速仪和 M Young 公司生产的 05108 风速风向传感器技术指标分别见表 3.3-8 和表 3.3-9。

表 3.3－8 美国 R. M. YOUNG 81000 三维超声波风向风速仪技术指标

风速	范围	0～40m/s
	分辨率	0.1m/s
	阈值	0.01m/s
	精度	±1 % rms ±0.05m/s，±3 % rms（30～40m/s）
风向	风向范围	0.0～359.9°
	仰角范围	±60°
	分辨率	0.1°
	精度	±2°（1～30m/s），±3°（30～40m/s）
声速	范围	300～400m/s
	分辨率	0.01m/s
	精度	±1% rms，±0.05m/s（0～30m/s）
声场温度	范围	−50～50℃
	分辨率	0.01℃
	精度	±2℃（0～30m/s 风速时）

表 3.3－9 M Young 公司生产的 05108 风速风向传感器技术指标

风　速	0～100m/s（224 英里）
方位角	360°（机械），355°（电气，5°开）
风速度	0.3m/s（0.6 英里）或 1%的读数
风向	±3°
阈值	螺旋桨：1m/s（2.2 英里）的风向标：1m/s（2.2 英里）

（2）腐蚀监测。

1）腐蚀监测方法：物理法和电化学法。物理法包括试验挂片法、目视观测法、红外热谱法、声发射法、X 射线照相法、电阻测量法、涡流法、磁方法、超声法等。化学方法包括腐蚀电位测量法、腐蚀电流测量法和线性极化阻抗法等。

2）常用的腐蚀监测传感器：腐蚀计、阳极梯腐蚀测量单元。

3.3.2.4.3 桥梁结构监测中的传感技术

作为桥梁检测、监测的最前端，传感器提供结构健康监测的最基本、最直观的信息，其性能的优劣直接决定着所采集数据的质量和数量。常用的桥梁监测传感器有加速度计、应变计、光纤传感器、GPS、位移传感器、倾斜仪、温湿度传感器、风速仪及车速车轴仪等。

（1）电学式传感器。这类传感器是非电量电测技术中应用较广泛的一种传感器。常用的有电阻式传感器、电容式加速度传感器、电感式位移传感器、磁电式振动传感器及电涡流式位移传感器，见图 3.3－5。

（a）电容式加速度传感器

（b）电感式位移传感器

（c）磁电式振动传感器

（d）电涡流式位移传感器

图 3.3-5　电学式传感器

（2）磁学式传感器。利用磁铁物质的磁性致伸缩等物理效应制成，主要用于位移、转矩等参数测量，见图 3.3-6。

（3）光学传感器。利用光电器件的光电效应和光学原理制成，主要用于光强、光通量、位移、应变等参数的测量。

（4）电势式传感器。利用热电效应、霍尔效应等原理制成，主要用于温度、磁通、电流、速度、光强、热辐射的参数的测量，见图 3.3-7。

图 3.3-6　磁学式传感器

（a）热电偶温度传感器

（b）霍尔式位移传感器

图 3.3-7　电势式传感器

（5）压电式传感器。利用压电效应原理制成，主要用于力和加速度测量，见图 3.3-8。

(a) 压电式加速度传感器   (b) 压电式力传感器

图 3.3-8 压电式传感器

(6) 半导体式传感器。利用半导体的压阻效应、内光电效应、磁电效应、半导体与气体接触产生物质变化等原理制成，主要用于温度、湿度、压力、加速度、磁场和有害气体的测量。

(7) 谐振式传感器。利用改变电或机械的固有参数来改变谐振频率制成。主要用于测量应力、应变、压力等。

(8) 电化学式传感器。以离子导电为基础制成，主要用于液体的酸碱度、电导率及氧化还原电位等参数测量。

3.3.2.4.4 高光谱遥感技术

采用卫星/航空器将桥梁以及更大范围内影响桥梁安全的因素都作为一个整体进行监测，其中应用较多的是以无人机高光谱遥感系统信息和桥梁传感器网络信息作为桥梁监测的信息基础，全面综合和关联影响桥梁安全的相关信息，全面掌握桥梁本体变化和影响因素的动态变化。

无人机遥感系统在桥梁监测方面具有以下特点及优势：

(1) 针对桥梁的监测内容多，可获取的信息较为全面。可以以空中视角对桁梁、桥面、梁柱、桩基等进行观测，能够对桥梁监测传感器信息进行有效补充，同时可以大量减少对现有监测系统的建设内容，降低因系统失效而出现安全隐患的概率。

(2) 无人机遥感系统监测范围广，可以快捷地进行大区域监测，获取桥体以外与其安全相关联的信息，包括周边山体、护坡、大型岩体、植被、水体、水流、冰坝等动态变化以及更大范围的关联性信息。

(3) 获取的遥感信息清晰直观。高光谱遥感具有较高的空间分辨率及光谱分辨率，能够获取和分析目标地物的具体位置、形态，并以图像的方式表达不同时间段该目标地物与周边地物相对应的形态变化程度及演变过程。高光谱成像设备能够以数以百计的谱段同时对地表地物成像，获得连续的光谱信息，能同步获取地物的空间信息、辐射信息和光谱信息。实用化的小型成像光谱仪能够获得多波段狭窄且连续的影像，光谱分辨率达到纳米级。利用高光谱图像数据，可以得到物质的光谱特征，能够对物体的种类、成分、含量以及存在的形态、空间分布、动态变化进行分析。同时，借助于遥感和摄影测量的相关成果，可以对地物的位移、形体变化等参数进行精确测量。

3.3.2.4.5 监测系统的结构

要想实现结构监测的实用功能，必须构建完整的结构健康监测系统。一个完整的结构健康监测系统主要包括：①传感器系统；②数据采集与传输系统；③数据处理与控制系统；④结构健康诊断评价系统。结构健康监测系统结构如图 3.3-9 所示。

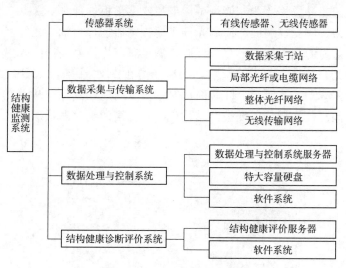

图 3.3-9　结构健康监测系统结构图

3.3.3 穿河建筑物

3.3.3.1 安全监测要素

穿河建筑物为隐蔽工程，其安全监测的主要任务就是预报或发现安全隐患，以便及时处理。此处以穿河隧道为例说明其安全监测的要素和方法。监测要素为：①沉降监测；②横向差异位移监测；③扭转变形监测；④断面变形监测；⑤变形缝间差异位移监测；⑥衬砌应力、应变、裂缝；⑦衬砌外渗压。

3.3.3.2 安全监测方法

（1）沉降监测。

1）从隧道的一端基准点开始至另一端基准点返回，构成附合水准测量线路，沿途测设各沉降测点的高程。

2）底部测线通过水准仪测量；顶部测线通过全站仪测量（顶部安设单棱镜或微型棱镜）。

3）两端基准标采用Ⅰ等水准精度纳入城市Ⅰ等水准网同步观察整体平差。

4）基于 GPS 和 BDS 组合定位法监测沉降。

（2）横向差异位移监测。采用观测点设站法进行测量。将仪器架在位移点上，通过测得测站上两端固定目标的夹角变化，就可以计算测站点的位移量。或采用基于 GPS 和 BDS 组合定位法监测位移。

（3）扭转变形监测。分别测定 C 点、D 点的沉降量，通过沉降量之差与两点间水平距离之比来确定扭转角度。

$$\tan\varphi = \frac{\Delta_{CD}}{L}$$

式中：φ 为扭转角度；Δ_{CD} 为测点 C、测点 D 间的沉降差；L 为测点 C、测点 D 之间的水平距离。

（4）断面变形监测。

1）横向形变监测，前后两次测量所得值（横向）相减即为变形量。

2）竖向形变监测，前后两次测量所得值（竖向）相减即为变形量。

（5）变形缝间差异位移监测。使用游标卡尺或三角板进行测量。

（6）衬砌应力、应变、裂缝。使用光纤光栅传感器进行测量。光纤光栅是利用紫外光曝光的方法将入射光的相干场图形写入纤芯，满足布拉格衍射条件的入射光在光栅处被反射，其他波长的光全部穿过而不受影响，反射光谱在 FBG 中心波长处出现峰值，光谱图和布拉格光栅如图 3.3-10 所示。纤芯的折射率发生周期性变化，从而在单模光纤的纤芯内形成永久性空间相位光栅，实现被测结构应变和温度的绝对测量。

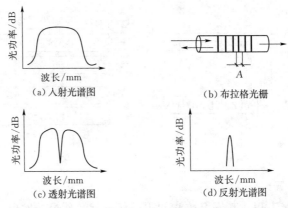

图 3.3-10　光纤光栅传感器原理

光纤光栅传感器一般采用双端（首、尾）出纤方式，双端均可通信测量；其中一端尾纤因折断、污染等不能正常工作时，另一端尾纤可代替测量。光纤光栅与光纤之间存在良好的兼容性，根据工程实际情况，一般采用串联和并联两种方式组网。大多数光纤光栅传感器工作波长在 1520～1570nm 窗口范围内，因此组网过程中特别要注意避免各传感器量程范围内的波长重叠，一旦发生重叠，解调仪将不能收到重叠传感器的反射光，造成该传感器的数据无法读取，因此串并联光纤光栅传感器的数量一般不超过 6 个。光纤光栅传感器串联波长分布如图 3.3-11 所示。

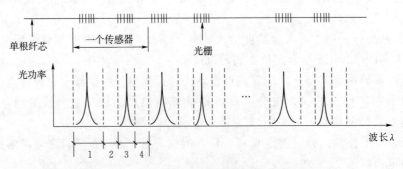

图 3.3-11　光纤光栅传感器串联波长分布

1—应变波长区；2—缓冲区；3—温度波长区；4—缓冲区

（7）衬砌外渗压。采用渗压计观测渗透水压力。渗压计由振弦、磁芯和不锈钢外壳等部件组成。进场的渗压计必须经过严格的验收和率定并妥善保管。渗压计埋设前取下透水石在沸水中煮 30min 左右，然后将透水石装回渗压计上，再把渗压计装入砂袋中并浸泡在盛水容器内 24h 以上。在设计确定的渗压计埋设的位置钻孔，钻孔的深度和孔径按设计要求实施。钻孔验收合格后，依次填入砾石、中砂，从容器内取出渗压计立即置入钻孔内，然后依次填入砂子、满足设计要求的砂浆或混凝土封孔。

3.3.3.3 穿河建筑物安全监测仪器

（1）沉降监测。隧道底部测点采用精密水准仪和精密铟钢水准尺进行测量。

Topcon AT-G2 自动安平水准仪的望远镜是全密封的防水结构，特别适合在隧道环境中使用，其镜筒内密封干燥的氮气可以有效防止雾气或水珠凝结；仪器在 360°范围内任意位置均可水平微动使照准目标的速度大大提高，其参数见表 3.3-10。

表 3.3-10　　　　　　　　　Topcon AT-G2 自动安平水准仪参数

标准名称	型号规格	精度/(mm/km)	自动安平精度	放大倍数
水准仪	AT-G2	±0.7	±0.3	32X

隧道顶部测点采用全站仪和单棱镜或微型棱镜进行监测。

Topcon GPT-7501 全站仪采用 WinCE 操作系统，彩色触摸屏，TopSURV 测量软件，无棱镜距 1200m。具有双光学系统，模式一为无棱镜模式下的窄光束测量，模式二为有棱镜模式下的宽光束测量；即使在热闪烁条件下，长距离测距时该光束仍很稳定，可提供精密测量，其参数见表 3.3-11。

表 3.3-11　　　　　　　　　Topcon GPT-7501 全站仪参数

标准名称	型号规格	精度/(″)	补偿方式	最小对数/(″)
全站仪	GPT-7501	1	双轴补偿	0.5/1

（2）横向差异位移监测。采用精密全站仪，GPS 和 BDS 接收机。

（3）扭转变形监测。采用精密水准仪、水准尺。

（4）断面变形监测。采用全站仪及微型棱镜。

（5）变形缝间差异位移监测。采用三角尺、游标卡尺。

（6）衬砌应力、应变、裂缝。全部采用光纤光栅式传感器，包括钢筋计、应变计、无应力计、表面裂缝计、埋入式裂缝计、埋入式测缝计。

（7）衬砌外渗压。采用渗压计进行监测，目前应用较多的是振弦式渗压计。该类型仪器广泛应用于土石坝工程中绕坝渗流（浸润线）的测量以及隧道、路基、边坡等水压力的测量。主要部件均用特殊钢材制造，适合恶劣环境使用，具有很高的精度和灵敏度、卓越的防水性能、耐腐蚀性和长期稳定性，主要技术指标见表 3.3-12。

表 3.3 - 12   **XHX - 7XX 系列振弦式渗压计主要技术指标**

型 号	量程/MPa	分辨率	外型尺寸		特点
			直径/mm	长度/mm	
XHX - 703	0.3				
XHX - 706	0.6				
XHX - 710	1.0	≤0.05%FS	22	160	不锈钢结构
XHX - 720	2.0				
XHX - 7XX	定做	定做	定做	定做	

3.3.4 参考文献

[1] 刘恒. 混凝土坝安全监测分析评价技术研究 [J]. 陕西水利, 2015 (2): 124 - 126.

[2] 缪新颖. 基于无线传感器网络的大坝安全监测系统研究 [D]. 大连: 大连理工大学, 2013.

[3] Marchettini N, Patrizi N, Pulselli F M, et al. The role of a dam in a water management system in Italy: physical and economic implications [C] // Ecosud, 2009.

[4] Loperte A, Soldovieri F, Lapenna V. Monte Cotugno Dam Monitoring by the Electrical Resistivity Tomography [J]. IEEE Journal of Selected Topics in Applied Earth Observations & Remote Sensing, 2016, 8 (11): 5346 - 5351.

[5] Jinping H E, Chuanbin M A, Xie D, et al. Comprehensive Evaluation of Dam Safety Monitoring System: (Ⅳ) Example [J]. Hydropower Automation & Dam Monitoring, 2011.

[6] 毛梅君. 小水电自动化监控系统的应用实例分析 [J]. 浙江水利科技, 2006 (6): 86 - 88.

[7] 沈振中, 陈允平, 王成, 等. 大坝安全实时监控和预警系统的研制和开发 [J]. 水利水电科技进展, 2010, 30 (3): 68 - 72.

[8] 宋子龙, 魏永强, 陈金干, 等. 集线式水库大坝安全监测系统设计 [J]. 传感技术学报, 2012, 25 (1): 145 - 150.

[9] Hudnut K W, Behr J A. Continuous GPS Monitoring of Structural Deformation at Pacoima Dam, California [J]. Seismological Research Letters, 1998 (4): 299 - 308.

[10] 张伟. 北斗/GPS 土石坝表面变形监测时序分析与建模 [D]. 武汉: 武汉大学, 2018.

[11] Rosen P A, Hensley S, Joughin I R, et al. Synthetic Aperture Radar Interferometry [J]. Proceedings of the IEEE, 2002, 88 (3): 333 - 382.

[12] Massonnet D, Feigl K L. Radar interferometry and its application to changes in the Earth's surface [J]. Reviews of Geophysics, 1998, 36 (4): 441 - 500.

[13] 廖明生, 田馨, 赵卿. TerraSAR - X/TanDEM - X 雷达遥感计划及其应用 [J]. 测绘信息与工程, 2007, 32 (2): 44 - 46.

[14] 杨魁, 杨建兵, 江冰茹. Sentinel - 1 卫星综述 [J]. 城市勘测, 2015 (2): 24 - 27.

[15] Wang G, Xie M, Chai X, et al. D - InSAR - based landslide location and monitoring at Wudongde hydropower reservoir in China [J]. Environmental Earth Sciences, 2013, 69 (8): 2763 - 2777.

[16] Tizzani P, Berardino P, Casu F, et al. Surface deformation of Long Valley caldera and Mono Basin, California, investigated with the SBAS - InSAR approach [J]. Remote Sensing of Environment, 2007, 108 (3): 277 - 289.

[17] Liu G, Jia H, Nie Y, et al. Detecting Subsidence in Coastal Areas by Ultrashort - Baseline TCP InSAR on the Time Series of High - Resolution TerraSAR - X Images [J]. IEEE Transactions on Geoscience and Remote Sensing, 2014, 52 (4): 1911 - 1923.

[18] Chanson H. Use of Rubber Dams for Flood Mitigation in Hong Kong [J]. Journal of Irrigation &

Drainage Engineering，1998，124（2）：73－78.

[19] Graham R. World Environmental and Water Resource Congress 2006：Examining the Confluence of Environmental and Water Concerns [C]. 2006.

[20] 陆雪涛．橡胶坝充排水系统设计 [J]. 江淮水利科技．2006（5）：19－20.

[21] John RG Sehofield. Large Variable Speed Drives for Energy Effieieney [J]. IEE Sym Posium on Design，Operation and Maintenanee of High Voltage（3.3kV to 11kV）Eleetrie Motorsin Proeess Plant，1998，(12)：8/1－8/5.

[22] 朱逢春．超长充水式橡胶坝综合技术研究及其应用 [D]. 北京：中国农业大学，2005.

[23] 孙卓．橡胶坝工程安全研究综述 [J]. 山东水利，2016（9）：16－17.

[24] 李秀娟．充水橡胶坝工程中充排水系统设计 [J]. 水利建设与管理，2012（4）：3－5.

[25] 齐坚．带脊无缝充气式橡胶坝在邕河治理工程上的装设和应用 [J]. 河南水利与南水北调，2012（18）：62－63.

[26] Guo J，Chen Q. An Application of Fuzzy Control Based on PLC in Rubber Dam Monitoring System [C] // International Conference on System Science. IEEE，2010.

[27] 刘文贵，何洪，王希鲁．橡胶坝监测系统的设计和开发 [J]. 水电与抽水蓄能，2006，30（3）：48－49.

[28] 马建伦．沂河桃园橡胶坝监控系统设计与开发 [D]. 济南：山东大学，2008.

[29] 张红斌，岳永红．浅析橡胶坝高度远程监测的实现方法 [J]. 陕西水利，2014（6）：138－139.

[30] 顾聪．抚宁洋河口橡胶坝监控系统设计与开发 [D]. 秦皇岛：燕山大学，2014.

[31] Ecre W，Latka I，Willsch R，et al. Fiber optic sensor network for spacecraft health monitoring [J]. Measurement Science and Technology，2001，12（7）：974－980.

[32] Read IJ，Foote PD. Sea and flight trials of optical fiber Bragg grating strain sensing systems [J]. Smart Materials and Structures，2001，10（5）：1085－1094.

[33] Lee HW，Jin ZX，Song MH. Investigation of fiber Bragg grating temperature sensors for applications in electric power systems [C]. Proceedings of SPIE. Beijing the International Society for Optical Engineering，2005，579－584.

[34] Chan THT，Yu L，Tam HY，et al. Fiber Bragg grating sensors for structural health monitoring of Tsing Ma Bridge background and experimental observation [J]. Engineering Structures，2006，28（5）：648－659.

[35] Bronnimann R，Nellen PM，Anderegg P，et al. Application of optical fiber sensors on the power dam of Luzzone [C]. Proceedings of SPIE. Budapest Hungary the International Society for Optical Engineering，1998，386－391.

[36] Yukimi Y，Yoshiok K，Eiji M，et al. Development of the monitoring system for slope deformations with fiber Bragg grating arrays [C]. Proceedings of SPIE. San Diego USA the International Society for Optical Engineering，2002，296－303.

[37] Nellen PM，Frank A，Bronniman R，et al. Optical fiber Bragg gratings for tunnel surveillance [C] //Proceedings of SPIE. Newport Beach the International Society for Optical Engineering，2000，263－270.

[38] 李大鑫．锦屏二级水电站不同施工方法引水隧洞围岩稳定性研究 [D]. 成都：成都理工大学，2010.

[39] 潘恒飞．基于FBG的有压引水隧洞安全监测技术研究 [D]. 南京：南京理工大学，2016.

[40] 杨正宏．基于无线传感器网络的隧洞围岩位移监测系统 [D]. 太原：太原理工大学，2016.

[41] 曹曦，钟良．基于三维激光扫描技术的隧洞三维可视化监测应用 [J]. 湖北文理学院学报，2016，37（8）：8－11.

[42] Sloan T D, Kirkpatrick J, Boyd J W, et al. Monitoring the inservice behaviour of the foyle bridge [J]. Structural Engineer, 1992, 70.

[43] Kaloop M R, Li H. Monitoring of bridge deformation using GPS technique [J]. Ksce Journal of Civil Engineering, 2009, 13 (6): 423 – 431.

[44] Shahawy MA, Arockiasamy M. Field Instrumentation to Study the Time – Dependent Behavior in Sunshine Skyway Bridge. I [J]. Journal of Bridge Engineering, 1996, 1 (2): 76 – 86.

[45] Kim S, Pakzad S, Culler D. Health Monitoring of Civil Infrastructures Using Wireless Sensor Networks [C] // International Conference on Information Processing in Sensor Networks. 2007.

[46] Brownjohn JMW, Magalhaes F, Caetano E, et al. Ambient vibration re – testing and operational modal analysis of the Humber Bridge [J]. Engineering Structures, 2010, 32 (8): 2003 – 2018.

[47] Brownjohn JMW, Pavic A. Experimental methods for estimating modal mass in footbridges using human – induced dynamic excitation [J]. Engineering Structures, 2007, 29 (11): 2833 – 2843.

[48] 李惠彬, 秦权, 钱良忠. 青马悬索桥的时域模态识别 [J]. 土木工程学报, 2001, 34 (5): 52 – 56.

[49] 秦权. 桥梁结构的健康监测 [J]. 中国公路学报, 2000, 13 (2): 37 – 42.

[50] 淡丹辉, 孙利民. 在线监测环境下土木结构的模态识别研究 [J]. 地震工程与工程振动, 2004, 24 (3): 82 – 88.

[51] 焦美菊, 孙利民, 李清富. 基于监测数据的桥梁结构可靠性评估 [J]. 同济大学学报（自然科学版）, 2011, 39 (10): 1452 – 1457.

[52] 李惠, 欧进萍. 斜拉桥结构健康监测系统的设计与实现（Ⅱ）: 系统实现 [J]. 土木工程学报, 2006, 39 (4): 45 – 53.

[53] 贺淑龙, 胡柏学, 曾威, 等. 矮寨特大桥结构健康监测系统 [J]. 中外公路, 2011, 31 (6): 10 – 13.

[54] 和永军, 缪应锋, 刘华. 基于北斗/GPS高精度位移监测技术在桥梁监测中的应用 [J]. 云南大学学报: 自然科学版, 2016, 38 (S1): 35 – 39.

[55] 王里, 孙伟, 刘玲, 等. 基于BIM和北斗的三维桥梁监测管理研究 [J]. 地理空间信息, 2018, 16 (7): 5 – 7.

[56] 罗莉琼, 范绍国. 无线传感技术在桥梁结构监测中的应用 [J]. 电子技术与软件工程, 2018 (9): 109.

[57] 俞姝颖, 吴小兵, 陈贵海, 等. 无线传感器网络在桥梁健康监测中的应用 [J]. 软件学报, 2015, 26 (6): 1486 – 1498.

[58] 唐均. 三维激光扫描技术在桥梁监测中的应用 [J]. 矿山测量, 2016, 44 (4): 53 – 55.

[59] 王红霞. 三维激光扫描技术在桥梁监测中的应用 [D]. 兰州: 兰州理工大学, 2012.

[60] 金旭辉. 地基雷达在桥梁微变形监测中的应用研究 [D]. 南京: 东南大学, 2015.

[61] 刘永伟, 朱佳. 探地雷达技术在桥梁检测中的应用 [C] //中国地球物理学会第二十八届年会, 2012.

[62] 宗宇杰. 光纤传感技术在桥梁检测中的应用 [J]. 工程技术: 全文版, 2016 (10): 160.

[63] 戴靠山. 近场遥感技术在桥梁检测中的应用 [C] //中国城市工程建设管理协会行业技术交流大会, 2014.

[64] 雷欣钰. 无人机高光谱遥感技术在桥梁安全监测中的应用研究 [C] //2018世界交通运输大会, 2018.

3.4   水面交通

3.4.1   研究进展

随着全球经济社会的发展, 目前的交通工具和以往相比有了很大的改进, 航空, 铁路，公路等交通形式和效率都有了很大的改进与提高。水面交通也同样如此，不仅保留了传统水面交通的优势，还引入了新工具和新方法。水面交通由于其被限制到河流和海洋之中，受水域环境的影响比较大，又由于河流水面较窄，容易产生交通问题，因此以河流的水面交通为例。

对于河流，有以下几个重要的信息：①干流信息（河流概况），主要包括干流的地理位置，流经的区域以及城市，以及一些基本的信息和行政划分等；②水文信息，主要包括流量，季节对流量的影响等；③流域概况，主要包括地质地貌特征，气候特征及其变化，以及经济社会的发展；④治理开发（水利概况），主要包括航道航运，河道治理，水电开发，水利灌溉，水库建设等。

影响水面交通的主要要素有：河流的地理位置以及流经的城市、码头、港口；河流的流量，季节；航道，航运，水电站，水工建筑物等。水面交通监测的主要项目包括航道信息、船舶信息，重点是船舶信息。

通过视频监控获取水面信息可以追溯到 20 世纪中期，研究人员通过航拍获取水面视频，从而进一步进行视频中运动目标的检测和跟踪分析。Smith 等[1]开发了预防船只碰撞的系统，该系统主要是采用统计图像中各个区域波纹的灰度直方图的方法，但是对于多变的水上特殊环境，该方法难以实现，主要表现在两个方面：准确度不够和计算量很大。Dzvonkovskaya 等[2]开发了基于 HF（高频）雷达技术实现船舶的检测及跟踪系统，该系统主要是把 HF 雷达检测到的运动目标的位置信息发送给跟踪滤波器，进而跟踪运动目标。Sanderson[3]首先对图像进行平滑操作，然后使用帧间差分法检测出运动目标。但是该方法有局限性，当运动目标运动比较慢，就会造成运动目标漏检。为了能够实时检测和跟踪运动目标，Meltzer 等[4]提出首先采用波浪频域信息作为模板来匹配海面的运动状态，通过两者的匹配就能区分出运动的目标，然后采用运动目标估计的方法进行目标的跟踪。Badenas 等[5]提出采用目标的边缘特征以及形态学处理来进行运动目标的检测和跟踪方法。该方法首先用背景减除法提取运动目标，然后对运动目标边缘进行形态学处理。

王明芬[6]提出首先通过对水面背景建模检测运动目标，然后计算运动目标特征来进行船舶的跟踪，从而引入了混合高斯背景模型、Camshift 滤波等检测和跟踪方法。郑元洲等[7]开发了用于水上夜间航运安全的系统，该系统的算法是基于红外线成像的船舶检测算法。他们首先采用帧间差分法进行前景和背景的分割；然后通过标定的摄像机拍摄的视频来获取运动目标的信息；最后分析运动目标的状态特征，设计出预防船船、船桥相撞的视频监测系统。王劲松[8]开发了船闸收费管理信息系统，该系统主要是用于运动目标的识别。通过此系统，可以降低船船、船舶碰撞的概率，提高水面交通的安全性。

AIS 是在 20 世纪末期由西欧和北美一些国家提出，在不到 30 年的发展历程中，船舶自动识别系统始终处于一种不断实施不断完善的状态。国际海事组织和国际电信联盟相继发布了 ITU - RM. 825 号建议书，并以该建议书作为 AIS 的技术要求、性能指标、操作规程等一系列标准。为航行安全提供更加有力的保障，AIS 技术不仅应用在船舶间的信息交流，并且被引进到船舶和岸台系统当中。

西方现代航海业的发展较早，因此北美和西欧一些国家在 AIS 技术方面处于全球领先的地位，并且在国际 AIS 设备市场中占霸主地位。在澳大利亚、加拿大、荷兰、西班牙等航海强国 AIS 网络已基本覆盖其全部海域[9]。国外在近 30 年的理论研究和具体实践当中，积累了丰富的 AIS 相关经验，使得 AIS 技术更加精确可靠，同时改善了 VTS 对船舶管理和报警能力，增强了航道安全性，同时通过自动识别的方式缩短了识别时间，而且形成了多国之间 AIS 网络的铺设[10]。

AIS 技术趋于成熟的过程中，其重要性日益凸显，瑞士组建了由多个基站构成的 AIS 信息网络。芬兰实行了"海神"计划，实现了 AIS 网络建设。2001 年荷兰的船舶消息检控系统建设完毕，此中 AIS 网络可覆盖长约 130km 的航道、同时定位 40 多艘船只的船位。英国、新加坡、法国、意大利、冰岛等国相继研制出 AIS 产品并加以应用。自 AIS 设备、技术引进以来，我国开始重视 AIS 的自主研发工作。但由于经验和技术的限制，有自主产权的整套 AIS 系统并未研发成功，目前国内 AIS 技术仍处于发展初期阶段。

在 AIS 发展和开发方面，我国积极参数国际海事组织会议，规划并发展沿海的 AIS 网络，在多个试点企业开发 AIS 设备，争取在国际船舶导航技术领域中拥有更多的话语权[11]。目前国内缺少自主开发的 AIS 设备系统，其主要部件基本依赖进口，导致设备购买和维护费用昂贵，因此我国急需自主研发 AIS 导航设备。国内比较有实力 AIS 设备厂商屈指可数，目前只有埃威航电等厂商有 AIS 设备研发和生产实力，其生产的产品涵盖了 A 类 AIS、B 类 AIS 以及基地台 AIS[12]。在学术研究方面，国内 8511 研究所、电子科技大学、大连海事大学等相关单位已开展了 AIS 技术方面的相关探索和研究，并获得了一定的成果。相信在不断地摸索和探究中，我国会研发出有自主知识产权的 AIS 设备并加以应用[13]。

无人驾驶飞机最早于 1920 年左右出现，是一种由无线电遥控设备或自身程序控制装置操纵的无人驾驶飞行器，当时的主要用途是作为训练使用的靶机。无人机具有成本低、机动灵活、安全风险小、效能高等优点。近年来，无人机在军事上和民用上都得到了空前的发展，使用无人机的三维监管模式已被广泛应用，如森林防火，边防缉私，航空拍照，地面勘探、电网管道巡逻、交通管理、城市安防等领域[14-16]。在海事领域，美国、日本等发达国家将无人机应用于海事三维监管的力度也在不断加大。

从国外先进国家的发展经验来看，海事监管呈现三大趋势：装备现代化、监管立体化、信息综合化。监管立体化的要求则必然涉及航空器，人类对航空器的研究一直在不断地探索，近年来由于无人机具有很多无可比拟的优势，其发展迅速，应用领域也不断扩大，国外发达国家已经成功将无人机应用于海事立体监管工作中[17,18]。

在我国，无人机的发展主要是随着政治和军事的需要不断发展起来的，截至目前我国已公开展示 50 余款军用无人机。

我国海事航空装备的发展尚处于初级阶段[19]。近年来，各海事局将直升机、无人机等空中设备应用到海事搜救、污染监测、应急反应等重点领域中，其反应速度快、监管范围广、任务形式多样化等优点展露无遗[20]。

3.4.2　监测要素

目前尚无专门的水面交通监测规范和成熟的经验可供参考。对于船舶信息，可以参照《中华人民共和国船舶识别号管理规定》（中华人民共和国交通运输部令 2010 年第 4 号）和《交通信息基础数据元　第 5 部分：船舶信息基础数据元》（JT/T 697.5—2013）进行监测。

船舶信息包括以下3个部分：

（1）基本信息。船舶登记，主要包括船舶登记号、船名、航区代号、造船时间地点、船舶的长宽和吨位、船舶上的机器等；船舶基本动态，主要包括航速、乘客数、吃水、安全及救生人员、航线类型、进出港等；相关证书主要包括船舶证书、登记审核、经营人等；最低配员，包括船上各类人员数目。

（2）登记信息。权利登记，主要包括所有权登记、变更登记、抵押权登记、注销登记、租赁登记；停靠地点登记，包括停靠地点名称和停靠港口代码；特殊船舶登记，包括废钢船登记和高速船登记；最低配员，包括国籍证书编号、机舱自动化程度、救生设备装备和操作员配备；各类机构，包括海事机构、船检机构、船舶代理机构。

（3）动态信息。进出口，主要包括国际国内安检、进口岸申请、定期出口许可证、船舶检查、船舶签证、拖载驳船签证、定期签证等信息；船舶动态，主要包括船舶时间、费用金额、位置移动、港内动态、船舶滞留以及港务费等信息；特殊船舶，包括重点跟踪船舶，重点监护船舶和安全诚信船舶。

3.4.3 监测方法

3.4.3.1 船舶自动识别系统

船舶自动识别系统（Automatic Identification System，AIS）由岸基（基站）设施和船载设备共同组成，是一种新型的集网络技术、现代通信技术、计算机技术、电子信息显示技术为一体的数字助航系统。

船舶自动识别系统（AIS）由舰船飞机之敌我识别器发展而成，配合全球定位系统（GPS）将船位、船速、改变航向率及航向等船舶动态结合船名、呼号、吃水及货物等船舶静态资料由甚高频（VHF）频道向附近水域船舶及岸台广播，使邻近船舶及岸台能及时掌握附近海面所有船舶的动静态资讯，得以立刻互相通话，采取必要避让行动，对船舶安全有很大帮助。

1. AIS 的功能

（1）船对船数据交换。AIS 最重要的作用是船对船的自动信息报告。在这种模式中，每条船都向高频信道范围内其他配有 AIS 设备的船舶发送自己的信息，这种独特的通信方式可以使信息传输独立完成，无需主控台的介入。

船舶位置等数据能从船舶的传感器自动传入 AIS 设备中，并在该设备中转换数据形式，然后在专用的 VHF 信道上以一个短的子帧将数据发出。数据在其他船舶上被接收后，将被解码并显示给值班员，值班员可以看到覆盖范围内所有配备 AIS 设备船舶的图示或文本信息。AIS 数据可以被纳入船舶综合航行系统，也可以汇总入雷达标绘系统，为雷达目标提供 AIS "标签"，AIS 数据也可以被记入船舶的航行数据记录中，以便回放和未来分析之用。更新的 AIS 信息每几秒钟就需发送一次以保证信息的时效性，同时需注意是，船舶数据交互自动进行，无需值班员采取任何措施。

（2）岸基监视。在沿岸水域，岸上主管机关可以设置 AIS 站台来监视通过该水域的船舶活动。这些站台不仅可以监听过往船舶的 AIS 信息传输，也可以通过 AIS 短消息主动进行船舶检查，询问船舶的身份、目的港、预计到岗时间、货物类型及其他信息。沿岸不同的国家也可以使用 AIS 信道来进行岸对船舶信息传输,发送潮汐、航行通告和当地气象预报等信息。多个 AIS 岸上站台和转发站可以一起形成一个 AIS 无线广域网,扩大信号覆盖范围。

(3)作为 VTS 工具。AIS 一旦与船舶交通管理系统(Vessel Traffic Services,VTS)整合,即可成为监控通过受限港口和航道的船舶活动的有力工具。AIS 系统能够提升传统的以雷达为基础的 VTS 系统的性能,或者能够在不适宜建雷达系统的地区成为雷达替代品。与雷达整合后,即使雷达照片被强降水等因素干扰,也能够保证 AIS 信号的持续覆盖。

2. AIS 主要设备

AIS 设备分为 AIS VHF 数据链路(VDL)主控台和非主控台两种。两者的区别就是对 AIS VHF 信道的控制能力。除了 AIS 基站外其他所有 AIS 台站均无权发布轮询、指配指令或对信道时隙进行固定操作,而这些权限均为 AIS VHF 主控台所特有。除此之外所有的 AIS 台站在功能和构成上基本一致。AIS 设备包括 AIS 船载台、助航 AIS 台、受限基站、搜救移动航空器设备、转发台、AIS 搜救发射机(AIS-SART 台)、基站。

以埃威航电公司的北斗 AIS 一体机为例。北斗 AIS 一体机兼具 AIS 功能和北斗定位、通信功能,可接收并转发 AIS 信息。具有如下功能特性:BDS/GPS 双模定位;BDS 短消息通信;AIS 功能;AIS 电文北斗转发功能;电子海图显示功能,海图可定期更新;具有潮汐查询功能;支持手写、拼音、笔画、字母等多种输入法;具有航点、航线、罗盘、MOB 等多种导航方式。表 3.4-1 给出了其技术指标。

表 3.4-1　　　　　　　　　　　　　北斗 AIS 一体机技术指标

工作频率	GPS	L1:1575.42MHz
	BDS	B1:1561.098MHz
		L:1615.68MHz
		S:2491.75MHz
	定位精度	±15m
	北斗发射功率	40dBm
AIS 性能	频率范围	156.025~162.025MHz
	工作频率	CH87(161.975MHz)、CH88(162.025MHz)
	频道带宽	25kHz
	频率准确度	≤±500Hz
	发射功率	≥33dBm
	调制方式	GMSK
	数据速率	9600~38400bit/s
电源	供电电源	12~36V
	额定输入电压	24V,高于 36V 自动保护
功耗	北斗定位通信单元	待机功耗≤6W,峰值功耗≤45W
	显控单元	待机功耗≤2W,峰值功耗≤6W

工作温度	北斗定位通信单元	-25～+70℃
	显控单元	-20～+55℃
外壳防护	北斗定位通信单元	IP66
	显控/AIS单元	IP54

3. AIS 岸基网络系统

在 AIS 发展之初，船载 AIS 设备的广泛应用使得船与船之间的信息交换日益顺畅。出于船舶监控需要，建立一个收集并存储沿海所有 AIS 台站信息，实现 AIS 实时动态转发和历史数据回溯的 AIS 空中信道监听和管理系统的需求日益迫切，AIS 岸基网络系统也就出现了。如图 3.4-1 所示，AIS 岸基网络系统是一个基于计算机网络的综合信息系统，主要由 AIS 基站、AIS 船台、信息传输链路、服务器及相关接口等组成。

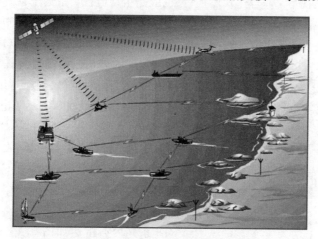

图 3.4-1 AIS 岸基网络系统示意图

4. 国内 AIS 岸基网络系统

（1）中国海事局 AIS 网络系统。交通运输部海事局于 2000 年开始跟踪国际上 AIS 技术的发展，推进 AIS 系统的建设和推广应用。经过充分研究和实验，交通运输部海事局制定了中国 AIS 岸基网络建设的总体规划，从 2002 年开始分阶段、分海区建设沿海 AIS 岸基网络系统。

（2）国家海洋局渔业船舶自动识别系统。国家海洋局渔业船舶自动识别系统建设着眼于渔业船舶安全，用于提高各级政府应对海上渔船突发事件的应急处置能力。渔业 AIS 系统主要使用单接收基站，对于基站的配置管理、短消息的发送方面不作要求。各基站通过租用专线或者 Internet 网络将接收到的船舶 AIS 数据发送至省级渔船安全救助信息中心，省级渔船安全救助信息中心将数据分发至地市级、县区级渔船安全救助信息中心，通过省级渔船安全救助信息中心的应用服务器对外提供服务，并为海区级和国家级的互联预留接口，以实现渔业 AIS 系统的性能扩充。

（3）亿海蓝科技（船讯网）AIS 覆盖系统。亿海蓝科技采用和港口公司合作的方式在国内沿海设置船台设备联网收集近岸 AIS 数据，同时亿海蓝还购买国外 AIS 岸基和卫星数据以实现全球范围内的船舶识别跟踪。亿海蓝以船讯网为载体，提供简洁的船舶查询界面以及 eLane

ECDIS SDK 和数据 API，为用户提供二次开发支持。目前，船讯网已经向平台化方向发展，提供租船、订舱、拖车等体系化需求交互论坛，以及气象、在港船舶查询等增值服务。

3.4.3.2　水面监控系统

水面目标的监视船舶信息主要由采集船舶数据的传感器获得，传感器系统包括雷达子系统、AIS 子系统和视频监控子系统，这些传感器主要是获得船舶的动、静态数据，是形成综合态势图的基础信息。水面监控系统特别设置无人机和无人艇子系统，在无人机和无人艇的载荷系统上设置雷达和摄像头，从而解决了对监控海区盲区的船舶信息采集。系统通过综合以上数据信息对海区内船舶运动状态形成综合态势图，利用智能数据分析技术——数据挖掘技术对海量数据进行处理分析，形成系统的态势感知，监控人员根据综合信息和系统的感知对水域内船舶进行监控。

1. 雷达子系统

雷达对目标的监视是"非合作式监视"，也就是主动监视。雷达子系统应能够利用回波信息对目标进行精确的定位，利用其雷达数据处理功能预算出舰船相遇的最短时间和距离，能尽早发现进出港舰船并预计进出港口时间。系统利用这些信息对目标进行位置检测和航迹检测，通过对目标数据的分析，挖掘出具有异常航行状态的船舶，产生报警。目标的所有数据经过雷达处理器处理后可单独显示在显控终端，也能够显示于电子海图背景的显控终端；通过显控终端，操作员可以对海区内目标进行监控，同时对雷达进行参数设置和基本控制。子系统通过以上功能显示水域内交通状况，监控员应能够通过雷达信息的显示对海域内的交通状况进行监控，对监控海域态势进行初步的判断分析。

图 3.4-2　YR18 系列内河雷达

YR18 系列内河雷达如图 3.4-2 所示，性能指标见表 3.4-2。

表 3.4-2　　　　　　　　　　YR18 系列内河雷达性能指标

工作频率	$9410MHz \pm 30MHz$
峰值功率	4kW、10kW
中频频率	60MHz
脉冲宽度	$0.08 \sim 0.8 \mu s$
天线转速	24r/min
天线波束	1.9°（1.2m）或 4°（圆盘）　　水平
	20°（1.2m）或 25°（圆盘）　　垂直
量程范围	$0.125 \sim 48nm$
AIS 目标	200 个
工作电源	10.0～50V DC
工作温度	15～+55℃（室内）
	-25～+70℃（室外）

2. AIS子系统

与雷达子系统相比，AIS子系统对目标的监视可以看作"合作式监视"，AIS获取的目标信息是由目标自主发送的，AIS主要是用于监控民用船舶；军用舰艇安装一般只接收数据，不向外发送数据，AIS子系统无法识别军用舰艇。由于系统获取的数据是被动的，系统无法获取未装载AIS的舰船以及关AIS关闭或者发生故障的船舶的数据，所以AIS并不能取代雷达。但是，系统设置AIS子系统却是非常有必要的。

3. 视频监控子系统

视频监控子系统应采用视频画面对监控水域内近距离目标进行监视和识别，使监控目标的状态更加直观具体。视频监控子系统摄像机应具备全天候的监视能力，视频信号经过压缩和图像处理传输至视频终端显示给操作员。系统对摄像机的控制应分为手动控制、半自动控制和自动控制。手动控制指操作员根据海上态势手动遥控操作摄像机，完成摄像机的上下左右运动和聚焦运动；半自动控制指操作员在系统综合显控终端根据态势选择目标，当点击综合态势图上的目标，系统能够自动向视频监控子系统发送控制信息目标位置、方位和距离），信息经过编码和解码后实现对摄像机的控制；自动控制指摄像机与雷达跟踪目标联动，对于监控范围内产生报警的目标，由系统控制中心将雷达的目标数据（位置、方位和距离）传输到视频监控系统中进行计算，使摄像机能够自动捕捉目标，具有对目标的自动跟踪功能。

为了实现水面交通全天候无缝监测，视频监控子系统需要具备夜视技术。夜视技术是研究在夜间低照度条件下，用光电子成像的方法以实现夜间隐蔽观察的一种技术。按照监测原理进行分类，夜视技术可分为微光夜视技术、激光辅助照明夜视技术和红外夜视技术。

微光夜视技术是一种利用光电转换器件配合电子光学增强器件对夜晚微弱光照环境下的目标进行亮度提升以供观察的光电成像技术，也称为像增强技术。微光夜视仪是能够在微光环境进行被动成像，因此隐蔽性强，典型应用为军事、刑侦、缉私等领域。不足之处在于曝光量稍大的环境下探测器靶面极易受损，因此无法在昼间及强光照射条件下工作。虽然现有部分产品单独使用微光级图像传感器作为成像器件，但是由于缺少像增强器件，在监测中、远距离的目标时仍会受到照度不足的影响无法成像。微光观察镜典型产品的性能指标见表3.4-3。

表3.4-3   **微光观察镜典型产品的性能指标**

项　目	性　能　指　标
光学参数	放大倍率：1倍（3倍：使用3倍接口镜头） 目镜视度范围：−6～+2个视度 物镜焦距：25cm～∞ 探测距离（使用3倍镜头）：300m（800m）
电子参数	工作电压：1.5V/3V 电池标准：AA 1.5V碱性电池 连续工作时间（3.0V）：48h
工作温度	−51～49℃
产品特性	系统主体防水、防振、防腐蚀

激光辅助照明夜视（简称激光夜视）技术是一种主动夜视技术，它的成像原理是采用红外辐射波段的激光器作为光源，经激光光斑整形匀化后照明被监控目标，反射光通过长焦距变焦系统成像在高灵敏度 CCD 上。这种技术具有照射距离远、使用寿命长、目标光强分布均匀等诸多优点，现已成为中远距离主流监控设备。不足之处在于这种设备相对普通监控视频系统而言价格高，但随着激光技术的发展和普及，激光夜视产品制造成本正在不断下降，因此在民用领域的应用越来越广泛。另外，近年来高清成像设备迅速发展，并已逐步应用于激光夜视仪产品之中，在成像器件选用高清 CCD 或 CMOS 图像传感器后，已实现 200 万像素的标准。激光夜视技术适用于水面交通监测，主要有以下技术特点：齐焦、强光拟制、后焦和透雾。其典型产品的性能指标见表 3.4-4。

表 3.4-4　　　　　　　　　　激光夜视仪典型产品的性能指标

项　目	性　能　指　标
作用距离	夜间 300～1000m，昼间 500～2000m
探测器像素	200 万
基本功能	强光抑制；逆光补偿；红外矫正
照明系统	防红曝激光照明器
照明光斑调节	照明光斑调节随动同步变焦/手动独立调节双重工作模式
工作模式切换	一体化彩色转黑白摄像机，无机械切换动作，切换过程无视频暂断
稳定性	MTBF>50000h

红外夜视技术包含主动红外夜视技术与被动红外夜视技术两大类。主动红外夜视技术是指仪器通过非激光器类的普通红外光源（红外二极管等）主动向外发射红外光束照射目标，并将目标反射的红外辐射图像转化成为可见光图像，从而进行夜间观察。这种技术有 3 方面优点：①成像系统工作不受照度的限制；②在全黑情况下成像效果较好；③价格低廉。结合激光夜视技术的特点可以得知，主动红外夜视技术存在非常明显的缺陷：成像系统受到常规形式光源的准直性及功率的限制，观察距离短（不足 100m），因此该技术目前主要应用在民用近距离监控领域。被动红外夜视技术又称红外热成像技术。该技术是通过一切温度高于绝对零度（−273℃）的物体都会产生红外辐射这一特性，利用目标和背景温度差异所产生的红外辐射差异性进行目标探测，红外热成像仪是目前人类掌握的最先进的夜视观测器材。其优点在于：①不受照度的限制；②在全黑或距离较远的情况下具有较好的成像效果；③具有一定的穿透作用，烟雾等恶劣天气对成像效果影响小。缺点在于成像探测器的价格非常昂贵。典型红外热成像产品的性能指标见表 3.4-5。

表 3.4-5　　　　　　　　　　典型红外热成像产品的性能指标

项　目	性　能　指　标
传感器类型	锑化铟、碲镉汞、氧化钒等
最大图像尺寸	384×288、640×480、640×512、1024×1024

续表

项 目	性 能 指 标
像元尺寸/μm	17，25
工作波段/μm	3～5，8～14
探测距离/m	辨认车船：1800；辨认人：700
空间分辨率/mrad	0.1～0.5
噪声等效温差/mK	15（制冷型），50（非制冷型）

综合分析上述 3 种夜视技术，将其主要特点进行归纳对比，见表3.4-6。从表3.4-6可以看出，水面交通监测夜视技术推荐采用激光辅助照明夜视技术和红外夜视技术。

表 3.4 - 6   3 种夜视技术成像对比

夜 视 技 术	特 点
微光夜视	作用距离很短； 成像质量差； 强光环境下极易损坏器件，昼间无法工作； 不能穿透烟、雾； 价格高
激光辅助照明夜视	作用距离较长； 成像质量好； 难以实现多点监控； 能够抑制过曝光，可全天候工作； 能够穿透烟、雾； 价格适中
红外夜视	作用距离适中； 成像质量一般； 白天成像质量差； 能够穿透烟、雾； 价格高

4. 无人机子系统的主要功能

侦查和监视盲区是无人机的首要任务，对于水面监控系统而言，利用无人机的此项功能主要是对监控水域盲区及监控边界等区域进行监视，此功能增强了系统获取水面信息的能力，使系统获取的信息更加全面、准确。

5. 无人艇子系统的主要功能

对于军港水面监控系统，无人艇子系统实现的功能和无人机子系统基本相同，都能实现对盲区的侦察和监视、对危险目标的监控、驱逐和攻击等功能。无人艇和无人机在完成这些功能上是存在差异的，无人艇是为载荷系统提供一个水上航行平台，无人机是为载荷系统提供一个空中航行平台；它们在获取目标信息的角度和方式有所不同，无人艇更强调对水面目标的近距离观察和监测，无人机更强调对信息获取的准确性和时效性。

3.4.3.3 水面三方联动监控系统

针对水面目标监控的手段有雷达、AIS、北斗、视频等监控技术。水面目标监控过程中，存在 AIS、北斗设备故障或未开启现象，导致目标监控存在盲区。因此，水面目标监控更倾向于选择主动监控手段。但是，雷达监控是采用雷达原始视频和录取跟踪目标与 GIS 结合进行雷达监控，其无法了解目标具体的形态。视频监控是采用视频图像进行监控，无法直观体现目标的具体位置信息。

1. 水面目标监控简要分析

目前水面目标监控的主动跟踪设备为雷达和 CCTV（海事数字电视监控系统）。雷达监控系统利用雷达设备对水面目标进行主动探测、识别和录取跟踪，并通过 GIS 系统进行雷达目标的标绘和目标态势分析，从而监控水面目标安全风险和跟踪目标运动轨迹。CCTV 系统对水面的过往船舶进行视频监控，通过云台相机实现目标的跟踪录像。为了解决雷达目标无法确认目标身份和视频无法跟踪目标轨迹的问题，提出将雷达目标和视频进行融合处理，实现根据雷达目标导引视频实现目标联动跟踪，提高水面目标的监控能力。

2. 联动监控方案

利用雷达能够主动探测、识别跟踪水面目标位置、方位、速度的特点，通过地理信息处理技术对目标的运动轨迹进行风险分析，从而评估重点区域的存在风险的水面目标。针对风险目标，系统利用雷达目标联动视频跟踪，实现风险目标图像确认和可视化跟踪，从而提高水面目标风险的识别能力。

3. 水面三方联动监控系统

水面三方联动监控系统利用雷达、视频和 GIS 技术，实现水面目标的安全监控。GIS 系统通过对采集的雷达目标进行告警分析，识别告警的雷达目标信息。当系统分析发现告警雷达目标时，系统拾取告警雷达目标的位置信息，查找雷达目标位置附近的球机，利用雷达目标导引与 CCTV 智能视频识别接力跟踪算法和 CCTV 视频目标的二维建模与 GIS 投影法反向推算雷达目标的 PTZ 参数，驱动球机指向雷达目标，并对雷达目标进行跟踪录像。

应用雷达监控系统、视频监控系统、GIS（地理信息系统）系统等技术手段实现水面船舶主动、实时监控，对水面交通安全监管具有重要意义。

3.4.3.4 无人机监测

无人机，是指可以利用无线电遥控设备及自身的程序控制装置操纵的无人乘坐飞机，具有自主飞行、垂直起降、自由悬停、多次回收使用，以及按执行任务的不同可携带不同的装备等特点。目前无人机在航拍、测绘、快递传输、抗震救灾、野外生存演练、新闻报道、军事侦察、警用装备等领域得到应用。目前国内大疆公司生产的无人机在国际上处于领先地位。

无人机配置（以大疆精灵 Phantom 4 Pro＋V2.0 为例，见图 3.4-3 和图 3.4-4）。大疆精灵 Phan-

图 3.4-3 大疆精灵 Phantom 4 示意图

tom 4 无人机，搭载 1 英寸 2000 万像素 Exmor R CMOS 传感器，能持续 30min 续航，在 7km 内可以控制，在无人机的 30m 前后视避障，具有 5 向环境感知功能。能够在更短的时间内，迅速地飞行到要检测目的地，传回更清晰的图片，有助于完成对目标的检测。

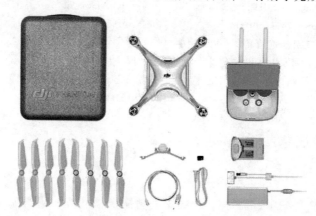

图 3.4-4　大疆精灵 Phantom 4 Pro＋V2.0 操控套装配置示意图

3.4.4　参考文献

[1]　Smith A A W, Teal M K, Voles P. The statistical characterization of the sea for the segmentation of maritime images [C] //Video/image Processing and Multimedia Communications, 2003. Eurasip Conference Focused on. IEEE, 2003: 489 - 494 vol.2.

[2]　Dzvonkovskaya A L, Rohling H. HF radar ship detection and tracking using WERA system [C] // Iet International Conference on Radar Systems. IET, 2007: 1 - 5.

[3]　Sanderson J. Target identification in a complex maritime scene [C] //Motion Analysis and Tracking. 1999: 15/1 - 15/4.

[4]　Meltzer J, Yang M H, Gupta R, et al. Multiple View Feature Descriptors from Image Sequences via Kernel Principal Component Analysis [M] // Computer Vision - ECCV 2004. Springer Berlin Heidelberg, 2008: 215 - 227.

[5]　Badenas J, Sanchiz J M, Pla F. Motion - based segmentation and region tracking in image sequences [J]. Pattern Recognition, 2001, 34 (3): 661 - 670.

[6]　王明芬. 基于形状外观的运动船只识别与跟踪技术研究 [D]. 厦门: 厦门大学, 2008.

[7]　郑元洲, 余芬芳, 张文涛, 等. 基于红外图像检测的船桥主动避碰系统研究 [J]. 计算机科学期刊, 2012.

[8]　王劲松. 序列图像运动检测研究及不变矩方法在船只识别中的应用 [D]. 合肥: 中国科学技术大学, 2002.

[9]　徐晓梅. AIS 技术在航海中的应用及发展浅析 [J]. 现代电子技术, 2015, 102 (17): 252 - 253.

[10]　姚高乐, 王树茂, 林泽强, 等. AIS 技术的发展演进及对策研究 [J]. 天津航海, 2014, 56 (3): 59 - 63.

[11]　王玉林, 胡青. 海事物联网及其应用 [J]. 中国海事, 2011, 36 (13): 22 - 24.

[12]　丁冬冬. 船舶自动识别系统同信道干扰抑制技术研究 [D]. 南京: 南京理工大学, 2014.

[13]　胡青, 张淑芳. VTS_AIS 和公网监控系统信息共享技术研究 [J]. 中国航海, 2010, 12 (11): 23 - 25.

[14]　Austin R. Unmanned aircraft systems: UAVS development and deployment [M]. UK: John Wiles & Sons Ltd, 2010, 273 - 279.

[15] Malaver A, Motta N, Corke P, et al. Development and integration of a solar powered unmanned greenhouse gases aerial vehicle and a wireless sensor network to monitor [J]. Sensors (Basel), 2015, 15 (2): 4072-4096.

[16] Barreiro A, Dominguez SPH modeling of fluids C Crespo AJ, et al. Integration of UAV photogrammetry study runoff on real terrains [J]. PloS One, 2014, 9 (11): e111031.

[17] 刘重阳. 国外无人机技术的发展 [J]. 舰船电子工程, 2010, 30 (I): 19-23.

[18] 苗秀梅. 国外舰载无人机技术的发展动向与分析 [J]. 舰船电子工程, 2013, 33 (12) 18-20.

[19] 增建. 无人机-中国海事监管装备中的新尖兵 [J]. 中国水运, 2012, 12 (10): 23-26.

[20] 史光平, 刘藕. 无人机遥感系统的海事应用 [J]. 中国海事, 2011, (4): 29-32.

3.5　河道上建筑物撞击振动

3.5.1　研究进展

河道上建筑物遭受洪水、流冰、船舶或车辆撞击、滑坡、泥石流、地震、风灾、海啸、火灾、化学剂腐蚀和特殊车辆过河道上建筑物等突发事件后，应采用专业分析方法进行专项评估，形成专项评估结果。由于河道上水工建筑物数目最多的是桥梁，且桥梁受到撞击相对于其他突发事件更为频繁，因此以桥梁受撞击为例分析其监测要素与方法。

按《公路桥涵设计通用规范》(JTG D60—2015)，桥梁受撞击作用一般情况下为偶然荷载的作用，偶然作用分为 3 类：①船舶的撞击作用；②漂浮物的撞击作用；③汽车的撞击作用。由于偶然作用不同时参与荷载组合，因此要单独考虑。对于水面漂浮物，由于其种类不同，持续时间不同，且其对桥梁的冲击力相对于船舶或车辆较小，因此对于该项的监测一般是转为对水面漂浮物的监测。

作为改善陆上交通重要基础设施的跨航道桥梁在一定程度上成为水运船舶的障碍，跨河跨江桥梁以及沿海的跨海湾桥梁，都存在来自于船舶撞击导致桥梁结构损伤、倒塌的风险，从而造成社会以及个人生命财产的损失。船舶与跨航道桥梁的碰撞已成为跨河海航道的桥梁设计中的一个重要问题[1]。随着跨航道桥梁的大量修建和水运交通的大力发展，船舶撞击风险已经成为威胁跨航道桥梁全寿命周期安全性的一个重要因素。船舶撞击事故发生后会给社会利益各方面造成较大的影响，这种损失不仅局限于桥梁的拥有者使用者和船只的拥有者，可能还会对社会工业、交通、贸易、环境及公众心理造成极大的冲击。因此，客观上如何解决桥梁结构与水运船舶之间的安全矛盾，减少船桥碰撞损失，降低船桥碰撞概率，已成为桥梁运营管理部门、水运航道管理部分以及相关科研工作者亟待解决的现实问题[2]。

国际上对于船桥碰撞问题的最早研究工作始于 20 世纪 60 年代，但在最初阶段研究进展较为缓慢，并仅局限于少数几个国家。关于船撞桥问题的系统研究始于 20 世纪 80 年代初，国际桥梁和结构工程协会 IABSE（International Association of Bridge and Structural Engineering）于 1983 年在哥本哈根召开了一次国际会议讨论此问题，这个会议标志着船撞桥问题作为一个重要工程问题在世界范围内得到广泛重视与研究[3]。1970 年后，针对一些具体跨河跨海桥梁工程，如丹麦大海带桥、澳大利亚塔斯曼桥、美国阳光大桥、直布罗陀海峡大桥和路易斯安那州水道桥等，开普公司、茂盛公司、科威公司、摩吉斯基公司等一些工程技术咨询公司和机构进行了船桥碰撞的专题研究，取得了一些重要研究成果并为后来船桥碰撞问题奠定了坚实基础[4-6]。

1980 年美国佛罗里达州阳光大桥撞击倒塌事件是美国关于船舶桥梁问题研究的重要转折点，美国工程界开始重视通航水域的桥梁安全问题，联邦公路局与美国 11 个州共同投资开展船桥碰撞研究项目。在此研究的基础上，AAS HTO 于 1991 年出版了《船舶碰撞公路桥梁设计指南》以指导船舶撞击荷载下桥梁结构的设计工作。这是第一部受到普遍认可并具有指导意义的桥梁船撞设计规范[7]。2009 年 AASHTO 发布了《船舶碰撞公路桥梁设计指南（第 2 版）》[8]，虽然其间船桥碰撞研究经过了近 20 年的发展，但是 AASHTO 规范编订委员会根据相对有限的研究成果认为，采用动力计算得到的船撞荷载虽然与规范中规定的等效静力荷载在荷载幅值上差别巨大，但是从响应的计算结果来看采用规范规定等效静力荷载计算结构碰撞响应与动力计算得到的结构响应在某些情况下似乎差别不大，这也是 2009 年第 2 版规范未对船舶碰撞力计算规定进行修订的主要原因。目前第 2 版 AASHTO 船撞规范相关内容已被写进《美国公路桥梁设计规范》（AASHTO - LRFD Bridge Design Specifications）的有关章节，并成为桥梁工程师进行桥梁碰撞设计的实用条款[9]。

我国船桥碰撞问题研究主要从 20 世纪 80 年代末期开始，从黄石长江大桥开始，我国桥梁工程界逐渐认识到船舶撞击对跨航道桥梁安全的重要性。2006 年和 2007 年，交通运输部西部科技项目办公室分别编列了西部项目"三峡库区桥梁船撞发生规律、防撞措施和设计指南研究"和"西部地区内河桥梁船撞标准与设计指南研究"[10,11]。2007 年广东九江大桥由于船舶撞击而致垮塌事件，使桥梁工作者将船舶撞击对于桥梁设计和运营的重要性提升到一个新的高度。在国内，围绕着诸多跨江跨海大桥工程的规划与实施，同济大学、武汉理工大学、哈尔滨工程大学、南京工业大学等单位结合相关工程及专项研究，对船舶撞击力、船舶撞击风险评估等进行了诸多研究[12-14]。海事和航运部门的专家对桥墩水域流场对船舶航行安全也进行了相关研究[15]。

在现役桥梁中，发生了多起因由于车辆撞击而影响线路交通甚至是桥梁直接倒塌的事故。车—桥撞击的仿真实验是研究撞击时桥梁受力性能的有效方法，但由于实验条件限制和实验本身的高危险性，目前国内研究的很少，大多是国外的实验。英国高速公路局支持下的英国 Arup 公司曾经进行过 3 次足尺车辆撞击桥梁的实验，并且与有限元分析结果作了比较。欧洲设计规范[15]给出了区分地区、车辆类型和撞击位置的设计规定。美国马里兰州[16]、衣阿华州交通部门[17]等通过收集事故数据并模拟事故案例，对撞击过程中车—桥相互作用过程、桥梁破坏模式、预防措施及其成效等关键问题和技术进行了专题研究。Abdullatif 等[18]进行了小型车辆撞击实验，对比仿真分析结果契合度较好。

车—桥碰撞是车辆和桥梁结构在很短的时间内，在巨大撞击力作用下的一种复杂的非线性动态响应过程，受桥梁结构、车辆结构和防撞系统结构的影响。在碰撞中由于结构不均匀变形，造成了大量的非线性现象出现，如材料非线性、几何非线性以及接触非线性等。由于碰撞过程的复杂性，传统的理论手段并不能完美解决车—桥碰撞中的所有问题，因此目前的研究多采用计算机仿真分析的方法进行计算。何水涛等[19]针对西南某城市人行天桥被超高车辆撞落事故进行了仿真分析，并与实际数据对比分析原因，证明了弹性橡胶支座可以防止发生落梁破坏。张炎圣等[20,21]对超高车辆—桥梁上部结构碰撞过程进行了模拟，建立了合理简化的计算模型，车辆在撞击时的破坏撞击力、冲量和变形情况等方面的不同是由车型的结构与车重的大小决定的，提出了超高车辆对桥梁撞击荷载计算的简化模型，并对厢式车、自卸车和罐车等不同车辆的撞击荷载进行了计算与比较，认为超高车辆对组合结构桥梁破坏比较严重，在实际中需对组合结构桥梁进行有效防撞保护。陆新征等[22,23]基于精细化非线性有限元对超高车辆—立交桥碰撞进行了高精度仿真分析，研究超高车辆撞击桥梁上部结构的损坏机理与撞击荷载，分析了桥梁上部结构在超高车辆撞击下的位移响应和破坏模式，对不同车速导致的桥梁损害情况进行了讨论，提出撞击荷载设计需要考虑冲量和局部冲击力。叶志雄等[24]对于不同的支座形式的桥梁在车辆正向撞击下的响应进行了非线性时程分析。陆勇等[25]对车辆撞击柱进行仿真分析，研究了在撞击中车辆的变形情况。车桥撞击时的车速不仅影响车辆冲量的大小，更决定了桥墩或主梁达到最大应力的时间长短，高速车辆的撞击时间更短，破坏力也越大。马祥禄[26]对不同车速车辆和不同工况超高车辆撞击主梁时的破坏情况进行了分析。蒋洪涛等[27]模拟分析了车辆不同撞击角度下桥墩应力及位移变化。刘佳林等[28]对汽车撞击城市立交桥墩后造成的桥墩受冲击动荷载进行力学分析，计算了汽车冲击力、墩顶位移和破坏的临界力。徐东丰[29]对汽车碰撞有泡沫铝防撞装置的桥墩进行了仿真分析。Sherif 等[30]进行了两种不同的卡车模型在不同速度下撞击桥墩的仿真分析。

3.5.2 船舶撞击

3.5.2.1 监测要素

船舶撞击力、结构振动、变形、位移和扭转角等。

3.5.2.2 监测方法

1. 船舶撞击力

按《内河通航标准》（GB 50139—2014）规定航道等级为Ⅰ～Ⅴ级的桥梁宜进行船舶撞击监测，非通航孔桥宜在船舶撞击风险区进行船舶撞击监测；四～七级内河航道，当缺乏实际调查资料的时候，船舶撞击作用的设计值可按表 3.5-1 取值，航道内的钢筋混凝土桩墩，顺桥向撞击作用可按表 3.5-1 所列数值的 50%取值。

表 3.5-1 内河船舶撞击作用设计值

内河航道等级	船舶吨级 DWT/t	横桥向撞击作用/kN	顺桥向撞击作用/kN
四	500	550	450
五	300	400	350
六	100	250	200
七	50	150	125

船舶撞击荷载监测宜采用监测结构振动的方法，测点宜布置在相对固定不动、接近大地的位置，安装于大桥承台顶部、索塔根部及锚碇的锚室内或易遭受船舶撞击的桥墩处。内河船舶的撞击作用点，假定为计算通航水位线以上 2m 的桥墩宽度或长度的中点。

规划航道内可能遭受大型船舶撞击作用的桥墩，应根据桥墩的自身抗撞击能力、桥墩的位置和外形、水流流速、水位变化、通航船舶类型和碰撞速度等因素作桥墩防撞的设计。当设有与墩台分开的防撞击的防护结构时，桥墩可不计船舶的撞击作用。

2. 结构的整体响应监测

结构整体响应监测内容包括结构振动、位移、变形和转角，各种桥型均应进行振动与变形监测，位移和转角可根据结构受力特点选择确定。结构整体振动监测测点选择：

（1）测点选择应根据桥梁结构动力计算结果、振型特点以及所需监测振型阶数综合确定；传感器宜布设在结构主要振型振幅最大或较大部位，并避开节点位置。

（2）宜采用识别振型为目标的测点最优选择方法。

（3）宜采用结构损伤识别与模型修正为目标的测点最优选择方法。

结构整体变形和位移监测测点选择应根据最不利荷载组合作用下主梁、索塔、主缆、主拱等关键构件的挠度、位移和倾角包络线选择变形、位移和倾角最大或较大的位置。

变形监测项目应包括竖向位移、水平位移及倾角。变形监测的测点应反映结构整体性能变化，下列部位及项目应进行变形监测：跨中竖向位移；拱脚竖向位移、水平位移及倾角，拱顶及拱肋关键位置的竖向位移；斜拉桥主塔塔顶水平位移，各跨主梁关键位置竖向位移；悬索桥主缆关键位置的空间位移，锚锭或主缆锚固点的水平位移，索塔塔顶水平位移，各跨主梁竖向位移；伸缩缝的位移。

3. 结构局部响应监测

结构局部响应监测内容选择应符合下列规定：

（1）应对关键构件应变进行监测，应变监测测点选择应符合下列要求：

1）宜根据结构计算分析选择受力较大或影响结构整体安全的关键构件、截面和部位。

2）宜根据结构易损性分析选择最易破坏或局部破坏易导致结构倒塌的关键构件、截面和部位。

3）受力复杂的构件、截面和部位，宜布设三向应变测点。

（2）应对缆索（主缆、吊索和系杆）力进行监测；索力监测宜根据桥梁计算分析结果，代表性选择不同规格、长度、阻尼设置的拉索，选择索力较大、应力幅值变化较大的索结构进行监测。宜采用振动频率法、穿心压力式索力传感器、磁通量传感器及其他安全可靠的应力集中监测方法。

（3）宜对边界约束体系中关键支座的支座反力进行监测；支座反力监测宜采用测力支座；宜选择可能出现横向失稳等倾覆性破坏的独柱桥梁、弯桥、基础易发生沉降、采用压重设计等桥梁的关键支座。

（4）应对钢箱梁正交异性钢桥面板、吊索、斜拉索以及其他存在疲劳效应的钢构件进行疲劳监测；疲劳监测宜采用监测动应变方法，根据结构局部计算分析结果，选择钢箱梁正交异性钢桥面板 U 肋、横隔板过焊缝等易产生疲劳效应的部位。

（5）宜依据大跨径混凝土桥梁结构受力特点、易损性和结构设计要求进行裂缝监测。

（6）宜对水文、地质条件复杂、冲刷严重的桥梁进行流速和冲刷深度监测，基础冲刷监测宜根据桥梁基础局部冲刷专题研究成果以及水文勘测资料综合选择冲刷监测区域，应选择冲刷最大区域以及桩基薄弱区域。

（7）宜对位于海洋环境、盐碱地区域和石油化工等侵蚀性工业环境的桥梁进行腐蚀监测，腐蚀监测宜选择代表性桥墩的水位变动区、浪溅区的关键截面。

3.5.2.3　监测仪器

1. 地震监测仪器

船舶撞击监测可与地震监测统一设计、数据共享。桥址处地震监测可选用强震动记录仪或三向加速度传感器，传感器应符合地震动监测相关标准的要求。

北京港震仪器设备有限公司的地震数据采集器（EDAS-24GN）是一台高分辨率、大动态范围、输出低延迟实时数据流、能适合地震预警研制的通用地震数据采集记录设备。能将多道模拟电压量和频率量的输入转换成数字量输出，具有网络、串口数据传输功能，支持大容量数据存储，具有数据采集、记录和网络数据服务的功能，并具有体积小、重量轻和功耗低的特点。EDAS-24GN 技术指标见表3.5-2。

表3.5-2　　　　　　　　　　　EDAS-24GN 技术指标

技　术　指　标		内　　容
数据采集通道数		3 个或者 6 个高速采集通道
		3 个或者 6 个慢速采集通道
		3 个频率测量通道
高速数据采集通道	输入信号满度值	$\pm 2.5V$，$\pm 5V$，$\pm 10V$ 或 $\pm 20V$，双端平衡差分输入
	输入阻抗	$500k\Omega$（单边）
	A/D 转换	24 位
	动态范围	>135dB（采样率为 50Hz）
	系统噪声	<1LSB（有效值）
	非线性失真度	<-110dB（采样率为 50Hz）
	路标串扰	<-110dB
	通带波动	<0.01dB
	通带外衰减	>135dB
	数字滤波器	FIR 数字滤波器，可设置线性相移和最小相移
	输出采样率	1Hz、10Hz、20Hz、50Hz、100Hz、200Hz、500Hz
	多种采样率输出	每个通道支持多种采样率数据同时输出
	实时数据最小输出间隔	20 个采样点（提供低延迟实时数据为地震预警服务）
	标定信号发生器	16 位 DAC，程控波形输出，$\pm 10V$（电压输出），$\pm 20mA$（电流输出）
	环路自检	模拟通道输入可程控连接至标定输出或信号地
	标定信号类型	方波、正弦波，伪随机二进制码信号频率、幅度、周期数可设置
	记录功能	支持连续数据和触发事件数据同时记录
慢速采集通道	输入信号满度值	$\pm 10V$，双端平衡差分输入
	输入阻抗	$1M\Omega$（单边）
	A/D 转换	24 位
	动态范围	>135dB（采样率为 1Hz）
	实时数据输出间隔	1s

续表

技 术 指 标			内　　　容
频率		测量范围	10Hz～250kHz
		测量精度	输出数据×10^{-6}
测量通道		分辨率	$5×10^{-7}$
		输入阻抗	1MΩ
		本地记录格式	压缩格式
		实时数据输出间隔	1s
		输出量纲	Hz
		测量时基稳定度	10^{-8}，GPS模块同步时
时间服务		授时精度	GPS模块同步时，时钟精度<100μs
		守时精度	GPS模块未同步时，时钟漂移<1ms/d
		授时输入	IRIG－B码时间信号
		附件GPS模块	输出IRIG－B码时间信号
通信		通信接口	两个RS232C串行口，一个标准10M/100M以太网卡
		通信协议	支持TCP/IP、FTP、Telnet、Http等
		参数设置	客户端软件
可靠性		自启动功能	具有自检、自动复位、重启、远程控制和升级功能
记录		记录容量及介质	大容量工业级CF卡（标配8G，可扩展）
工作参数		工作温度	－20～＋60℃
		供电电源	直流9～18V，标准12V
		平均功耗	<2W
		外形尺寸	200mm×300mm×88mm
随机附件		GPS模块	输出IRIG－B码时间信号
		稳压电源	＋12V（3A）

三向加速度传感器可通过一个传感器测量三维方向的加速度（每个传感器按三维方向安装三个传感器），电荷输出型配电荷放大器，IEPE型配恒流适配器。该类传感器一般为通孔螺钉安装（也可侧装使用）。传感器经过时效处理和长期存储，灵敏度稳定。通用指标：①电荷输出绝缘>10^9；②IEPE内置电路供电18V-28V DC/2～10mA；③使用温度－20～80℃，横向灵敏度比<5%。扬州科动电子技术研究所研制的三向加速度传感器技术指标见表3.5－3。

表3.5－3　　　　　　　　三向加速度传感器技术指标

类　型	KD1010SZ	KD1010LS	KD1040LS	KD1100LS/1200LS
灵敏度	100mV/g	100mV/g	400mV/g	1V/g、2V/g
量程/g	50	50	12	5、2.5
频率范围/Hz	0.3～$3×10^3$	0.5～$4×10^3$	0.3～$4×10^3$	0.1～500
谐振频率/kHz	～10	～20	～20	～2.5

类 型	KD1010SZ	KD1010LS	KD1040LS	KD1100LS/1200LS
重量/g	100	75		580
外形尺寸	φ220×15	34×34×18 安装通孔 KD1030 ￠5 侧端 M5		65×65×36 安装通孔 ￠5 侧端 M5
特点	天然橡胶外护，用于坐垫振动测试	通用测振及故障诊断	通用及低振动测试	地震、桥梁、建筑的微振动测试，可以配专用磁座

2. 结构整体响应监测传感器

(1) 结构整体振动监测宜选用加速度传感器，并满足下列要求：

1) 应根据桥梁结构动力计算分析结果、环境适应性和耐久性等进行传感器选型。

2) 基频较低的大跨径桥梁，宜选用低频性能优良的力平衡式或电容式加速度传感器，量程不小于±2g，横向灵敏度小于1%，频响范围 0～100Hz。

3) 自振频率较高的桥梁或斜拉索、吊索、系杆等构件，可选用电容式加速度传感器和压电式加速度传感器，量程不小于±20g，横向灵敏度小于5%，压电式加速度传感器频响范围 0.1～1000Hz。

4) 可根据桥梁结构主要参与振动的振型，选择三向、双向和单向加速度传感器。

(2) 位移和变形监测传感器满足下列要求：

1) 应根据被测桥梁结构、构件和附属设施的特点和监测要求，选用位移计、液压连通管系统、全球导航卫星定位系统和倾角传感器进行结构和构件局部或整体绝对或相对位移监测。

2) 悬索桥、跨度大于600m的斜拉桥主梁挠度和横向偏位、索塔偏位、主缆偏位应采用全球导航卫星系统（GPS系统、北斗系统等）进行监测。基准站应选址在地基稳定、上方天空开阔、远离电磁干扰、易受保护及维修的区域；监测站应安装在被测结构或构件顶部，上方无遮挡，并远离电磁干扰。

3) 梁桥、拱桥和跨度小于等于600m的斜拉桥主梁挠度监测应选用基于连通管原理的监测仪器。宜将安装、调试后监测仪器的初始值作为测量基准值，监测数据应进行温度修正。

南京葛南实业有限公司的VWM型振弦式多点位移计（智能），其中包括有测量范围从20～200mm多种规格，如：VWM-50()的50是测量范围为50mm，后缀括号为每套仪器的测量点数。表3.5-4给出了其规格及主要技术参数。

表3.5-4   VWM型振弦式多点位移计规格及主要技术参数

规格型号	VWM-50	VWM-100	VWM-200
仪器外径/mm	30	24	
仪器长度/mm	330	300	430
测量范围/mm	0～50	0～100	0～200

续表

规 格 型 号	VWM-50	VWM-100	VWM-200
灵敏度 $k/(mm/F)$	≤0.02	≤0.04	≤0.08
测量精度	±0.01%FS		
温度测量范围	−40~+80℃		
温度灵敏度	±0.1℃		
温度测量精度	±0.5℃		
温度修正系数 b	≈0.969F/℃		
耐水压	≥1MPa		
绝缘电阻	≥50MΩ		
储存温度	−30~+70℃		

VWM 型弦振式多点位移计由位移计、基座、护罩、接长测杆、PVC护管、护管接头、护管转接头、护管封头、定位盘、锚头、观测电缆等组成，结构示意如图3.5-1所示。当被测结构物发生位移将通过多点位移计的锚头带动接长测杆位移，接长测杆拉动位移计的测杆，位移传递给振弦转变为振弦应力的变化，从而改变振弦的振动频率。电磁线圈激振振弦并测量其振动频率，频率信号经电缆传输至读数装置，即可测出被测结构物的变形量，同步测量埋设点的温度值。

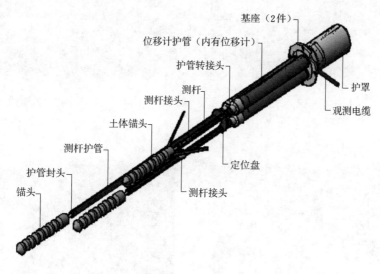

图 3.5-1 VWM型弦振式多点位移计示意图

3. 结构局部响应监测传感器。

（1）应变传感器满足下列要求：

1）应变传感器选型应考虑传感器标距、精度、量程、环境适应性、耐久性和长期稳定性。

2）静应变传感器量程宜不小于预测最大值的1.5～3倍，动应变传感器量程宜不小于预测最大值的2倍。

3）疲劳测点应根据结构计算分析和结构易损性分析结果布设在易于或已出现疲劳破坏初期征兆的部位，应选用三向应变传感器。

4）应变监测应进行温度补偿。

5）应变传感器可选用电阻应变传感器、振弦式应变传感器和光纤光栅应变传感器等，可根据监测要求和被测结构或构件应力场及其动态特性综合确定。

（2）索力监测可根据监测要求和被测拉索的特点选用加速度传感器（频率法）、压力传感器、磁通量传感器和光纤光栅应变传感器等，监测精度宜不低于1‰。

以宁波杉工智能安全科技股份有限公司的GFRP系列光纤应变传感器为例。GFRP系列光纤光栅应变传感器是基于发明专利"FRP－OFBG复合智能筋，专利号ZL021329982"开发的系列专利产品。采用无胶封装技术，克服了传统胶封光纤光栅传感器不可跨越的耐久性问题，工程测试要求调整标距长度，最小可达1～2cm，具有工程布设简单、量程大、耐久性好、精度高等突出优点。GFRP系列光纤应变传感器见图3.5－2～图3.5－5，具体技术参数见表3.5－5。

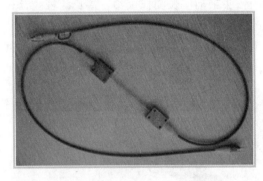

图3.5－2　表面式GFRP封装光纤光栅应变传感器
（型号：CB－FBG－GFRP－W01）

图3.5－3　埋入式GFRP封装光纤光栅应变传感器
（型号：CB－FBG－EGE－100）

图3.5－4　FRP封装光纤光栅多维应变计
（型号：CB－FBG－FRP－ME01）

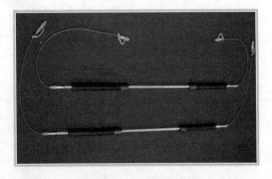

图3.5－5　光纤光栅FRP智能锚头（锚杆）
（型号：FBG－FRP－SA01）

表 3.5 - 5   **GFRP 系列光纤应变传感器主要技术参数**

性能	CB - FBG - GFRP - W01	CB - FBG - EGE - 100	CB - FBG - FRP - ME01	FBG - FRP - SA01
量程	$\pm 5000\mu\varepsilon$	$\pm 5000\mu\varepsilon$	$\pm 5000\mu\varepsilon$	$>7000\mu\varepsilon$
精度	$2\sim3\mu\varepsilon$（解调仪决定）	$2\sim3\mu\varepsilon$（解调仪决定）	$2\sim3\mu\varepsilon$（解调仪决定）	$2\sim3\mu\varepsilon$（解调仪决定）
标距	20mm、100mm（可定制）	10cm、50cm、100cm（可定制）	$2\sim12$cm（可定制）	
分辨率	$1\mu\varepsilon$（解调仪决定）	$1\mu\varepsilon$（解调仪决定）	$1\mu\varepsilon$（解调仪决定）	$1\mu\varepsilon$（解调仪决定）
应变灵敏度	$1.15\sim1.25$pm/$\mu\varepsilon$（标定确定）	$1.15\sim1.25$pm/$\mu\varepsilon$（标定确定）	$1.15\sim1.25$pm/$\mu\varepsilon$（标定确定）	
重复性	$<0.5\%$	$<0.5\%$	$<0.5\%$	
线性度	$<0.8\%$	$<0.8\%$	$<1\%$	
迟滞性	$<0.5\%$	$<0.5\%$	$<0.5\%$	
光栅波长范围	$1510\sim1590$nm	$1510\sim1590$nm	$1510\sim1590$nm	$1510\sim1590$nm
弹性模量	50GPa 左右	50GPa 左右		FRP 筋（杆）类型确定
反射率	$\geqslant90\%$	$\geqslant90\%$	$\geqslant90\%$	$\geqslant90\%$
布设方式	点焊或螺栓拧接（可定制）	直接埋入或固定	埋入	
尾纤	铠装光缆 FC/APC（单头或双头可选择）	铠装光缆 FC/APC（单头或双头可选择）	铠装光缆 FC/APC	铠装光缆 FC/APC
耐久性	>20 年	>20 年	>20 年	>20 年
用途	钢结构和混凝土结构表面应变测试	混凝土结构内部应变测试	测量沥青路面和混凝土结构的内部应变	对土木工程应用的锚头或煤矿挡土 FRP 锚杆的内力监测

（3）拉索断丝监测传感器满足下列要求：

1）拉索断丝监测可选用声发射传感器，裸露于空气中的钢索结构可选用谐振频率较高的声发射传感器，埋设于混凝土内的预应力钢索宜选用谐振频率稍低的声发射传感器。

2）声发射传感器的谐振频率量程宜在 $100\sim400$kHz 范围内，灵敏度不宜小于 60dB〔相对于 $1V/(m/s)$〕，在监测带宽和使用温度范围内灵敏度变化不应大于 3dB。

3）声发射传感器宜安装在主缆索股、斜拉索、吊杆、系杆的锚固端，与被测结构之间保持电绝缘，并屏蔽无线电波或电磁噪声干扰。安装前应对被测索构件进行衰减特性测量，以确定监测所需传感器数量。

4）损伤源定位宜先进行断铅试验，确保每个传感器接收断铅信号幅值相差不超过 3dB。

（4）支座反力监测传感器满足下列要求：

1）支座反力监测宜选用测力支座，满足支座安装要求。

2）测力支座安装后不应改变桥面标高，不应改变桥梁结构与支座接触方式和接触面积。

3）测力支座应具备可更换性。

（5）腐蚀监测传感器可选用沿混凝土保护层深度安装多电极传感器，监测混凝土保护层腐蚀侵蚀深度，判断钢筋腐蚀状态。

（6）基础冲刷传感器满足下列要求：

1）应根据桥址处水流速度、含沙量等水文参数以及设计允许冲刷深度综合选定监测设备类型，可选用声呐传感器。

2）声呐传感器探头类型和数量应根据被测墩身基础类型、尺寸和水流特点确定。

3）可根据桥梁冲刷专题研究报告的桥墩（台）冲刷试验结果确定声呐探头位置。圆形桥墩宜布设在桥墩上下游和两侧；圆端形桥墩宜布设在桥墩上游、下游以及在桥墩侧面最大冲刷位置，冲刷较严重情况宜在周边侧面同断面布设。

4）声呐传感器应通过试验确定声呐探头的指向角度，控制探头与桥墩的合理距离。

5）应根据监测区域水流速度、压力等水文特点，进行声呐传感器预埋安装件专项设计，预埋安装件应与桥墩（台）结构长期牢固连接。声呐探头宜选用非永久方法固定，安装连接材料应防水、防锈、耐老化。

3.5.3　汽车撞击

桥梁结构必要时可考虑汽车的撞击作用。汽车撞击力设计值在车辆行驶方向应取 1000kN，在车辆行驶垂直方向应取 500kN，两个方向的撞击力不同时考虑。撞击力应作用于行车道以上 1.2m 处，直接分布于撞击涉及的构件上。

对设有防撞设施的结构构件，可视防撞设施的防撞能力，对汽车撞击力设计值予以折减，但折减后的汽车撞击力设计值不应低于上述规定值的 1/6。

3.5.3.1　监测要素

车辆荷载、结构自振频率、振型及阻尼比。

3.5.3.2　监测方法

应对桥梁车辆荷载进行监测，包括断面交通流、车型、车轴重、轴数、车辆总重、车速等；车辆荷载监测宜采用不停车称重方法，称重测点宜选择在路基或有稳定支撑的混凝土结构铺装层内，应覆盖所有行车道。车辆荷载监测宜选用动态称重系统，并满足下列要求：

（1）动态称重传感器技术参数和安装要求应符合《动态公路车辆自动衡器》（GB/T 21296—2007）的规定。

（2）动态称重系统传感器布设尺寸应考虑车道宽度，量程应根据桥梁车辆限载重以及预估车辆荷载重综合确定，单轴监测量程不宜小于限载车辆轴重的 200%。

（3）应具备数据自动采集功能，现场数据存储能力不宜少于 14d。

对车流量大、重车多或需要进行荷载静动力响应对比分析的桥梁结构，宜进行动态交通荷载的监测。交通荷载监测项目可包括交通流量、车型及分布、车速及车头间距。动态称重系统量程应根据桥梁的限行车辆载重及实际预估车辆载重确定，同时其尺寸选型应考虑车道宽度和车辆轴距。动态称重监测系统应具备数据自动记录功能，并应与其他监测系统的软硬件接口兼容。测点宜布设在主桥上桥方向振动较小的断面。车轴车速仪与摄像头应相配套，摄像头的监视方向为来车方向。

振动监测应包括振动响应监测和振动激励监测，监测参数可为加速度、速度、位移及应变。振动监测的方法可分为相对测量法和绝对测量法。

相对测量法监测结构振动位移应符合下列规定：①监测中应设置有一个相对于被测工程结构的固定参考点；②被监测对象上应牢固地设置有靶、反光镜等测点标志；③测量仪器可选择自动跟踪的全站仪、激光测振仪、图像识别仪。

绝对测量法宜采用惯性式传感器，以空间不动点为参考坐标，可测量工程结构的绝对振动位移、速度和加速度，并应符合下列规定：①加速度量测可选用力平衡加速度传感器、电动速度摆加速度传感器、ICP型压电加速度传感器、压阻加速度传感器；速度量测可选用电动位移摆速度传感器，也可通过加速度传感器输出于信号放大器中进行积分获得速度值；位移测量可选用电动位移摆速度传感器输出于信号放大器中进行积分获得位移值；②结构在振动荷载作用下产生的振动位移、速度和加速度，应测定一定时间段内的时间历程。

动态响应监测时，测点应选在工程结构振动敏感处；当进行动力特性分析时，振动测点宜布置在需识别的振型关键点上，且宜覆盖结构整体，也可根据需求对结构局部增加测点；测点布置数量较多时，可进行优化布置。

振动监测数据采集与处理应符合下列规定：①应根据不同结构形式及监测目的选择相应采样频率；②应根据监测参数选择滤波器。

3.5.3.3 监测仪器

动应变监测设备量程不应低于量测估计值的2～3倍，监测设备的分辨率应满足最小应变值的量测要求，确保较高的信噪比。振动位移、速度及加速度监测的精度应根据振动频率及幅度、监测目的等因素确定。动应变监测应符合下列规定：①动应变监测可选用电阻应变计或光纤类应变计；②动态监测设备使用前应进行静态校准。监测较高频率的动态应变时，宜增加动态校准。

3.5.4 参考文献

[1] Larsen OD. Ship collision with bridges – The interaction between vessel traffic and bridge structures [R]. Zurich, Switzerland. IABSE, 1993.

[2] 项海帆，范立础，王君杰. 船撞桥设计理论的现状与需进一步研究的问题 [J]. 同济大学学报（自然科学版），2002（4）：386-392.

[3] IABSE. Ship collision with bridges and offshore structures [C]. Copenhagen, Denmark：1983.

[4] IABSE（顾翔，鲍卫刚，译，张乃华，校）. 交通船只与桥梁结构的相互影响（综述与指南）[R]，1991.

[5] Modjeski and Masters，Consulting Engineers. Criteria for the design of bridge piers with respect to vessel collision in Louisiana waterways [R]. Harrisburg，PA：Prepared for the Louisiana Department of Transportation and Development and the Federal Highway Administration，1984.

［6］ Cowi consult，Inc. Study of protection of bridge piers against ship collisions and evaluation of collision risks for a bridge across the straits of gibraltar ［R］. Rabat，Morocco：Societe Nationale d'Etudes du Detroit，1987.

［7］ AASHTO. Guide specification and commentary for vessel collision design of highway bridges ［S］. Washington，D. C. ，1991.

［8］ AASHTO. Guide specifications and commentary for vessel collision design of highway bridges，2nd ed. ［S］. Washington，D. C. ，2009.

［9］ AASHTO. AASHTO LRFD bridge construction specifications，3rd ed. ［S］. Washington，D. C. ，2010.

［10］ 耿波. 桥梁船撞安全评估 ［D］. 上海：同济大学，2007.

［11］ 王福敏，耿波. 三峡库区跨江桥梁的船撞风险 ［C］. 重庆，2011.

［12］ 王君杰，耿波. 桥梁船撞概率风险评估与措施 ［M］. 北京：人民交通出版社，2010.

［13］ 谭志荣. 长江干线船撞桥事件机理及风险评估方法集成研究 ［D］. 武汉：武汉理工大学，2011.

［14］ 南京工业大学. 黄冈公铁两用长江大桥防撞研究报告 ［R］. 2009.

［15］ Euro Code 1 – Actions on structures ［S］. European Committee for Standardization，2005.

［16］ University of Maryland Maryland study，vehicle collisions with highway bridges ［R］. Maryland State Highway Administration Final Report Contract，No. SP907B1，2001.

［17］ Research and technology bureau annual report of highway division，highway research and development in Iowa ［R］. Annual Report，2004，12.

［18］ Abdullatif，K. Zaouk，Nabih E. Bedewi，Cing – Dao Kan，Dhafer Marzougui. Validation of anon – linear finite element vehicle model using multiple impact data ［J］. American Society of Mechanical Engineers，Applied Mechanics Division，1996，218：91 – 106.

［19］ 何水涛，张炎圣，卢啸，陆新征. 某超高车辆撞落人行天桥事故的过程仿真与分析 ［J］. 交通信息与安全，2009，27 （6）：89 – 92.

［20］ 张炎圣，陆新征，叶列平，等. 超高车辆—桥梁上部结构碰撞荷载精细有限元模拟与简化计算 ［J］. 工程力学，2011，28 （1）：116 – 123.

［21］ 张炎圣，陆新征，宁静，等. 超高车辆撞击组合结构桥梁的仿真分析 ［J］. 交通与计算机，2007，25 （3）：65 – 69.

［22］ 陆新征，张炎圣，叶列平，等. 超高车辆—桥梁上部结构碰撞的破坏模式与荷载计算 ［J］. 中国公路学报，2009，22 （5）：60 – 67.

［23］ 陆新征，张炎圣，何水涛，等. 超高车辆撞击桥梁上部结构研究：损坏机理与撞击荷载 ［J］. 工程力学，2009，26 （S2）：115 – 124.

［24］ 叶志雄，李黎，夏正春. LRB隔震桥梁遭受超高车辆撞击时的响应分析 ［J］. 武汉理工大学学报，2005，30 （11）：117 – 121.

［25］ 陆勇，曹立波. 对汽车撞击柱的仿真研究 ［J］. 农业装备与车辆工程，2006 （1）：28 – 31.

［26］ 马祥禄. 跨线桥在超高车辆作用下的动态响应分析 ［D］. 北京：北京工业大学，2009.

［27］ 蒋洪涛，裴小吟. 车辆撞击城市跨线桥桥墩的损伤机理分析 ［J］. 西部交通科技，2011 （1）：66 – 69.

［28］ 刘佳林，赵强，甘英，等. 汽车撞击城市立交桥墩后对桥墩结构的影响 ［J］. 交通标准化，2005 （8）：169 – 171.

［29］ 徐东丰. 泡沫铝防护装置在桥墩防撞上的应用研究 ［D］. 重庆：重庆交通大学，2006.

［30］ Sherif El – Tawil，Edward Severino，Priscilla Fonseca. Vehicle Collision with Bridge Piers ［J］. Journal of Bride Engineering，2005，10 （3）：345 – 353.

3.6 落水

3.6.1 研究进展

据近几年数据统计显示，2011 年全球重大海上事故致使至少 1426 人死亡，2012 年至少 875 人死亡，2013 年至少 1508 人死亡。2014 年 4 月 17 日，韩国"岁月号"船沉没，船上载有 476 人，生还者只有 172 人。2015 年 6 月 1 日深夜，"东方之星"号客轮沉船，客船实有人员 454 人，幸存者仅仅 12 人。造成此类事故幸存率如此低，终究归因于人员落水后没有及时进行施救，错过搜救作业的关键阶段。海上搜救工作是海上安全保障的最后一道防线，快速有效地提供海上搜救服务既是政府履行公共服务职责的具体体现，也是展现国家综合实力的重要标志。

1999 年，Arthur 和 Jeffery[1]通过实验的方法，采用最小二乘拟合法建立了海上 8 大类共 63 种常见的漂浮物体的风压与海面 10m 高处风速之间的线性回归方程。2005 年，Arthur[2]在之前的研究基础上，将风压沿侧风方向和顺风方向进行分解，分别建立了侧风方向风压矢量、顺方向风压矢量与海面 10m 高处风速之间的线性回归方程，并估计了风压差侧风分量方向的变化概率。2010 年，Allen 等[3]采用实验分类的方法，研究了海上多种漂移物风压差。2012 年，Breivik 等[4]通过现场实验的方法，研究了船舶集装箱在不同浸没比例下的风压差大小，并对当时的海上搜救研究现状进行了总结概述。2012 年，Melsom 等[5]采用海上浮标漂移的数据，通过对单个粒子和多个粒子（取粒子群中心）分别进行仿真模拟，验证了后者计算结果更接近实际。2014 年，Brushett 等[6]通过实验的方法，选择了三类小船，在热太平洋地区的环境作用下，对其风压差至漂移特征进行了研究，分别确定了其在顺风方向及侧风方向的风压差系数。

2008 年，陈达森等[7]利用二维海流模式及经验性的风压漂流公式，模拟了湛江及邻近海域的潮流场、定长风生流场和遇险目标漂流场，通过对各流场矢量合成进行漂移预测，建立了相应的搜救预测模型。2008 年，欧阳[8]提出对风生流 Ekman 模型的正则化和下降算法，提高风生流流场的运算结果精度，针对船舶失控这一情形，对总水流和风生流进行矢量合成，并通过广泛征求专家意见提出对递增风场和递减风场的加权输入，确定海上失控船舶漂移预测模型。2010 年，刘海峥等[9]参考 AP98 风压模型，考虑初始位置的不确定性，给出了 Monte Carlo 法确定目标漂流区域的预测算法，并对漂浮物某一时刻在某一区域的包含概率进行了百分比计算。2011 年，翁怡婵等[10]基于 ROMS 三维海流预报系统，针对台湾海峡地区，通过实验的方法，对海上漂移物的风导漂移系数进行校正。2011 年，李云等[11]根据国家海洋环境预报中心基于 WRF 模式的风场数值预报和基于 POM 模式的流场数值预报，采用非线性漂移速度模型，对海上失事船舶、落水人等不同失事目标在海上的漂移速度进行计算，并采用四阶龙格-库塔方法实现了拉格朗日漂移轨迹跟踪方程的求解。2013 年，肖文军等[12]基于中尺度风场气象模式 WRF 及三维无结构网格海流模式 FVCOM，采用 Monte Carlo 随机统计理论方法，针对长江口及邻近海域，考虑包括落水位置和时间、风致漂移方向、搜救目标物状态的不确定性以及风场预报误差带来的漂移路径预测误差，建立了海上漂浮物漂移轨迹预测系统。2013 年，刘凯燕[13]在前人研究的基础上，考虑风致漂移系数的不确定性，采用粒子仿真法在计算机上模拟了海上落水人员漂移的概率过程，讨论了对流场数据进行线性插值算法后，漂移模型的误差变化。2014年，黄娟等[14]在前期（2011 年 7 月 20 日）对无动力船、绿潮及落水人员漂移预测的海上试验数据的分析研究，重新确立了各目标搜救模型中的风致漂移及海流系数，预报精度得到了提高。

目前，随着船舶配备 AIS 的日益增加，国内北斗的推广应用，我国在海上遇险目标的定位和跟踪领域的研究状况也得到了改善，相关技术水平得到了很大的提高，基于北斗GPS 和 AIS 技术的海上人员落水报警与搜寻系统正在研发。但目前国际上关于人落水 AIS信息显示内容和报警方式尚无标准，同时不少已推出的系统产品无信号衰减后位置预报功能。

3.6.2　监测要素

落水人员位置、速度等。

3.6.3　监测方法

3.6.3.1　基于 GPS 和电子海图的落水人员搜救定位

如图 3.6-1 所示，基于 GPS 和电子海图的落水人员搜救定位系统由落水人员随身携带的主动求救终端和在搜救船舶上安装的接收终端、搜救显示设备组成，岸上指挥调度中心通过海事卫星或海面搜救网络电台了解救援进展，同时对搜救船舶进行实时指挥。

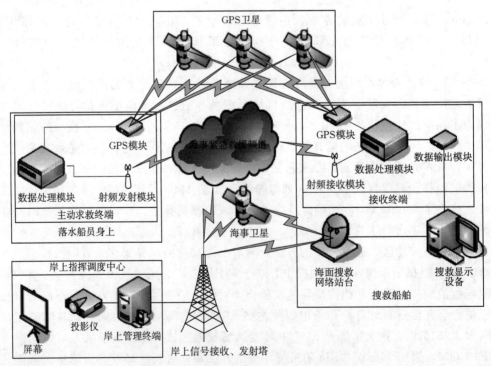

图 3.6-1　落水人员搜救定位系统的结构

系统的工作原理如图 3.6－2 所示。当海难发生、船员落水时，船员随身携带的主动求救终端自动开启；主动求救终端通过 GPS 进行定位，并把包含自身位置坐标和识别信息（ID）的求救信息通过海事紧急救援频道发送给附近救援船舶或者海上救援中心；救援船舶接收到求救信息或者收到岸上指挥调度中心的命令之后迅速到达船员落水海域进行搜救；救援船舶通过信息接收终端接收求救信息，并将落水人员的位置信息在搜救显示设备上标识出来；在电子海图的指引下，搜救人员可以很快发现落水人员并将其安全救出。

图 3.6－2　落水人员搜救定位系统的工作原理

定位软件设计是该设备的核心，主要包括落水人员救生系统和电子海图平台两部分。

1. 落水人员救生系统

落水人员救生系统综合了船员资料、船舶资料、GPS 位置、通信导航系统、地理信息系统等多种信息，以计算机为平台，将船舶以及落水人员的位置、轨迹、速度等信息实时显示出来。

2. 电子海图平台

电子海图平台概括描绘了中国沿海海区的总貌，部分港区已经精确到了比例为 1：2000。为了便于船舶的安全航行，图上主要标识与航海有关的航道、水深、陆地地名、孤岛、暗礁、灯标和海底光缆等要素信息。在港湾附近详细的标识了海岸的水质、水深、航行障碍物、码头、锚地、港区界限和港务机关等要素信息。

基于航拍图像确定海上目标位置。基于视频图像的陆地目标定位已经在军事上得到成熟应用，其关键点就是利用数字高程模型（DEM）迭代定位算法最终得出目标点位置。但 DEM 迭代定位算法容易发散，因此借鉴陆地目标定位原理，依据海上目标实际情况即海上目标点位置近似满足椭球面方程，建立适用于海上目标的定位算法。海上目标的定位算法涉及三套坐标系：世界大地坐标系是表达影像物方空间位置的几何参考坐标系，它是现实世界坐标系或全局坐标系，用来描述环境中任何物体的位置；摄像机坐标系是以摄像机中心 C 为坐标原点，x、y 轴分别与图像坐标系的 x、y 轴相互平行，以摄像机主光轴为 z 轴建立的三维直角坐标系；图像坐标系以透镜光轴与成像平面的交点 O 为坐标原点，x、y 坐标轴与相片行列保持一致。

摄像机参数是描述摄影中心与相片之间相关位置关系的参数，图像上的像点位置与其对应的海上目标位置存在相应的几何关系，这些相互关系由摄像机成像几何模型决定。实现从像点坐标到物点坐标的解算，首先要确定摄影光束在曝光瞬间的空间位置和方向，即相片在物空间坐标系统中的位置和方位，这个位置和方位参数就是图片的外方位元素。位置由摄影中心点的空间位置确定，方位由摄像机坐标系在物空间坐标系中的方位角元素 (ϕ, ω, κ) 确定。

在海上巡航过程中，可以对近距离目标进行正直拍摄，也可以对远距离目标进行倾斜拍摄。正直拍摄是指摄像机坐标系与目标空间坐标系相互平行的情况（即 $\phi=0$，$\omega=0$，$\kappa=0$），见图 3.6-3。受飞机的稳定性和拍摄操作的技能限制，飞机在巡航过程中多采用倾斜拍摄，即摄像机坐标系与目标空间坐标系不平行的情况（即 $\phi\neq0$，$\omega\neq0$，$\kappa\neq0$），定位原理见图 3.6-4。

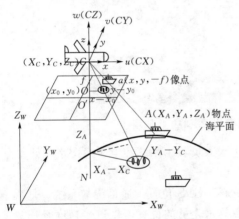

图 3.6-3　海上目标正值拍摄定位原理

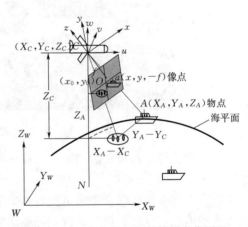

图 3.6-4　海上目标倾斜拍摄定位原理

3.6.3.2　基于无人机遥感的落水人员搜救定位

无人机技术可在云下低空飞行，具有灵活性大、影像分辨率高、时效性强、成本低等诸多优点。飞机搭载的传感器目前以普通数码相机为主，而搭载多光谱、高光谱、近红外、雷达等专业载荷相对较少。可以利用多旋翼微型无人机搭载多光谱相机开展落水人员监测。基于无人机遥感的落水人员监测方案包括三步：无人机影像预处理、影像特征信息变换、影像专题信息提取。

3.6.3.3　基于无人船遥感的落水人员搜救定位

无人船是一种可以无需遥控，借助精确卫星定位和自身传感即可按照预设任务在水面航行的全自动水面机器人。国内自主研发的"领航者"号海洋高速无人船融合了船舶、通信、自动化、机器人控制、远程监控、网络化系统等技术，实现了自主导航、智能避障、远距离通信、视频实时传输、网络化监控、可手动、半自动和全自动控制、可搭载单波束、多波束、侧扫和前置等多种声呐等功能。"领航者"号平台（图 3.6-5）已经实现搭载红外探测仪、潜水器等进行协同作业，其油电混合动力系统最高可提供 30 节的航速，并能在 1000km 范围内通过 GPS 或者北斗系统实现高精度定位自主航行、通过雷达、声呐、视觉、激光多种手段实现环境感知和智能避障，自主作业。表 3.6-1 给出了"领航者"号的主要指标。

图 3.6-5 "领航者"号海洋高速无人船

表 3.6-1		"领航者"号主要指标
船体尺寸	尺寸	4000mm×1200mm×1500mm
	重量	200kg
	材质	高强度碳纤维增强型玻璃钢
电气 & 通信指标	供电电池	高功率锂聚合物电池；电压 24V
	通信系统	控制：RF 点对点/4G；视频：WiFi/4G
	通信距离	10km/15km，5km/10km/15km
推进系统	动力系统	混合动力（发动机和电动马达）
	最大速度	30 节（15.4m/s，55.5km/h）
安全性	防盗	GPS 防盗追踪
	避障	自动避障 100m 内
操控性能	续航时间	11h（7.7m/s，27.8km/h）；6h（10.3m/s，37km/h）
	导航模式	自动/半自动/手动
	控制模式	遥控器/地面控制基站
功能扩展性	负载能力	100kg
	扩展空间	800mm×550mm×400mm
	测量	单波束测深系统；测扫声呐系统；姿态仪系统
	水质监测	多探头实时水质监测；自动生成工作报告；自动绘制水质参数分布图；3 路串行数据采集端口 RS 232×3

3.6.4 监测仪器

1. 基于 GPS 和电子海图的落水人员搜救定位

基于 GPS 和电子海图的落水人员搜救定位系统主要由主动求救终端、接收终端和搜救显示设备组成。主动求救终端主要由微型 GPS 模块、射频发射模块、微型控制器（MCU）、锂离子电池、干簧管开关和 LED 指示灯组成。图 3.6-6 给出了它的硬件结构。

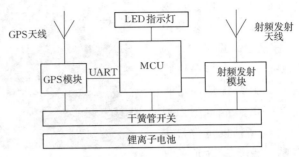

图 3.6-6 主动求救终端的硬件结构

接收终端安置在救援船舶上，主要完成主动求救终端所发出的求救信息的接收、解析和数据格式转换，将最终的数据发给搜救显示设备，其硬件结构如图 3.6-7 所示。它主要包括射频信号接收模块、MCU 和数据输出模块三个部分。

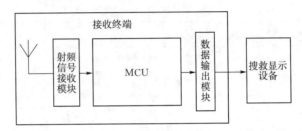

图 3.6-7 接收终端的硬件结构

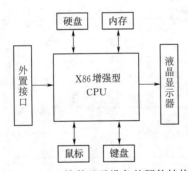

图 3.6-8 搜救显示设备的硬件结构

搜救显示设备可以将接收终端转换的数据在电子海图里显示，准确标识出落水人员的位置。该设备的硬件结构如图 3.6-8 所示。其中外置接口包括多种接口，通过这些接口和相应的外部模块可以获得接收终端接收到的主动求救终端位置信息、本船的 GPS 位置信息，通过海面搜救网络站台以及各种网络通道跟岸上指挥中心保持联系。

2. 基于无人机遥感的落水人员搜救定位

主要设备为无人机。

3. 基于无人船遥感的落水人员搜救定位

主要设备为无人船、高光谱及多光谱相机，多光谱和高光谱相机技术指标分别见表 3.6-2 和表 3.6-3。

表 3.6-2　　　　　　　　　Mica Red Edge 多光谱相机技术指标

重量	170g
尺寸	9.4cm×6.3cm×4.6cm
外接电源	直流，4.2~15.6V
光谱带	蓝、绿、红、红边、近红外

续表

RGB 颜色输出	全域快门，与所有光谱带一致
地面采样距离（GSD）	在（离地面）120m 的像素 8cm（每个光谱带）
捕获率	每秒 1 次捕捉，12 位 RAW
接口	串口，10/100/1000 以太网，可移动除 WiFi 装置，外部接触器，GPS，SDHC
视野	47.2°HFOV
自定义带	400～900nm（在 900nm 处 10% 的 QE）
触发选项	定时器模式，重叠模式，外部触发模式（PWM，GPIO，串口和以太网选项），手动捕捉模式

表 3.6 - 3　　　　　　　　　Image - λ 高光谱相机技术指标

Image - λ	V10 - IM	V10E - HR
光谱范围	400～1000nm	400～1000nm
光谱分辨率	3.5nm	2.8nm
F/#	F/2.8	F/2.4
狭缝尺寸	$30\mu m$ (W) ×9.6mm (L)	$30\mu m$ (W) ×14.2mm (L)
探测元件	CCD	CCD
像元数	1600×1200	1936×1456
帧频	33 - 247fps	53 - 109fps
接口	Ethernet	USB3.0
数据输出	12bit/s	14bit/s
镜头接口	C - mount	C - mount

3.6.5　参考文献

[1] Arthur A, Jeffery V. Review of Leeway: Field Experiments and Implementation [R]. Washington: U. S. Department of Transportation United States Coast Guard, 1999.

[2] Arthur A. Leeway Divergence [R]. Washington: U. S. Department of Homeland Security United States Coast Guard, 2005.

[3] Allen A, Roth JC, Maisondieu C, Forest B. Field determination of the leeway of drifting objects [J]. Hungerford, T. A. G. (Thomas Arthur Guy), 1915 -, 2010, 309 (7): 58.

[4] Breivik Y, Allen A A, Maisondieu C, et al. Advances in Search and Rescue at Sea [J]. Ocean Dynamics, 2013, 63 (1): 83 - 88.

[5] Melsom A, Counillon F, Lacasce J H, et al. Forecasting search areas using ensemble ocean circulation modeling [J]. Ocean Dynamics, 2012, 62 (8): 1245 - 1257.

[6] Brushett B A, Allen A A, Futch V C, et al. Determining the leeway drift characteristics of tropical Pacific island craft [J]. Applied Ocean Research, 2014, 44: 92 - 101.

[7] 陈达森, 严金辉, 毕修颖. 湛江毗邻海域流场模型在海上搜救中的应用 [J]. 热带海洋学报, 2008, 27 (1): 16 - 21.

[8] 欧阳. 海上失控船舶漂移模型研究 [D]. 大连: 大连海事大学, 2008.

[9] 刘海峥, 赵怀慈, 赵春阳. 基于 Monte Carlo 方法的搜救区域预测算法 [J]. 船海工程, 2010, 21 (1): 132 - 135.

［10］ 翁怡婵，杨金湘，江毓武．台湾海峡漂移物运动轨迹的数值模拟［J］．厦门大学学报（自然科学版），2009，55（3）：446-449.

［11］ 李云，刘钦政，王旭．海上失事目标搜救应急预报系统［J］．海洋预报，2011，28（5）：77-81.

［12］ 肖文军，堵盘军，龚茂询，等．上海沿海海上搜救预测模型系统的研究和应用［J］．海洋预报，2013，30（4）：79-86.

［13］ 刘凯燕．对海上落水人员漂流轨迹的预测研究［J］．电子设计工程，2013，24（23）：1-3.

［14］ 黄娟，徐江玲，高松，等．基于海上试验对海上漂移物运移轨迹影响因素的分析［J］．海洋预报，2014，31（4）：97-104.

3.7　水面漂浮物

3.7.1　研究进展

随着工业化、农业化及城镇化建设步伐加速，人为因素对环境造成严重污染，在湖泊、河流、水库及水厂等水面上出现大量漂浮物，水面漂浮物的存在不仅影响了水体观感和城市的生活环境质量，也造成了水体的污染及生态平衡的破坏，甚至威胁到了水面航运和饮用水的安全。水面漂浮物对于生态环境、野生动物以及水面航运等方面有着不同程度的影响，对此在国内外做了很多相关研究。

《河流流量测验规范》（GB 50179—2015）规定流速仪法、比降-面积法、浮标法为常用的流量测验方法，其中浮标法在洪水流量测验中具有重要地位。传统浮标法主要是依靠经纬仪或全站仪监视河面上漂浮物体，人工参与程度高，实时性差。针对传统浮标法监视河流表面漂浮物的缺陷，有学者提出利用视频监视技术对漂浮物体进行实时监视，以改变对浮标的传统监控模式[1-3]。漂浮物体自动监测是漂浮物体跟踪、流量计算等的基础，以河流为背景的漂浮物自动监测算法需要克服环境中光线变化、波浪扰动等影响[4,5]。江杰和李刚[6]结合基于混合高斯模型的背景差分法和帧差法，提出一个稳定、可靠的漂浮物实时自动监测算法，该方法能够克服环境中光线变化、波浪扰动等影响，实时、快速、准确地提取出水面的漂浮物体。

一些学者调查与分析了如何有效地定位和检索在水面上危险的碎片[7-9]。2011年，汤勃等[10]设计了一个在线图像检测系统，对检测到的缺陷区域进行区域分割，并提取灰度特征、几何特征等特征，再采用遗传算法进行特征降维，利用支持向量机理论进行缺陷类型的识别，识别结果准确率高且具有实时性、稳定性以及自适应性；谭磊等[11]经过中值滤波等图像预处理操作滤除噪声，利用Canny算子提取图像边缘，然后通过随机Hough变换实现了对障碍物的检测识别。2012年，Faisal Ahmed等[12]首先通过全局阈值分割对农作物图像进行二值化，然后通过形态学操作进行去噪处理，提取了颜色特征、大小独立形状特征、不变矩特征等，经过特征优选，通过支持向量机进行分类判别，以97%的识别率识别出作物与杂草。2013年，吴彰良等[13]对采集到的图像进行图像预处理过程后分割出检测区域，运用小边缘检测算法检测油封缺陷，然后经过特征提取以及支持向量机对油封缺陷进行识别。对水面图像处理很多学者做了相关研究。郑林等[14]根据水面特有的颜色信息以及运动状态，利用背景分割技术提取水上漂浮目标。王敏等[15]以发现水面具有较低饱和度这一特性，并根据这一点提取水面区域，再经过浮雕处理以及边缘检测便能提取出目标物体的中心位置。Imtiaz Ali 等[16]通过计算每个输入图片的强度和时间概率地图，并将这两个概率图结合起来选择阈值分割图像，可以分割出时间连接方法将水波与木头碎片分离。徐晓晖等[17]通过 IC-PSO 算法求取最佳阈值，采取多阈值图像分割方法分别对水面舰船图像进行分割。帅高山[18]利用舰船红外图像分割算法得到较准确的舰船分割后的图像。

传统的水面漂浮物的检测是利用人眼来观测，这种方法虽然精确，但费时费力，效率非常之低，受限性很大。机器视觉检测技术用于水面图像的研究成果有很多，因此将它运用到水面漂浮物检测识别上是可行的。水面漂浮物的监测经历了三个发展阶段。第一阶段：人工监测；第二阶段：水面机器人监测，但绝大部分仍是通过人工遥控的；第三阶段：采用机器视觉技术监测。利用摄像头监控拍摄水面图像，利用计算机从中提取有用信息，分析并自动判断此时是否需要处理漂浮物，这样就可以节省人力物力，提高工作效率。

由于视觉检测系统方便实现，使水面机器人更加智能化，具有巨大发展前景。胡蓉[19]研究了基于机器视觉的水面漂浮物自动监测，首先对水面图像采集系统的硬件构架进行研究；然后分析比对各种图像分割方法，选择最优分割方法对水面图像进行分割提取；再针对水面图像特性，选择具有代表性特征用以区分各类水面图像；最后利用多种模式识别方法对水面图像进行判别，并选择出最适合的识别方法用于最后的图像判别。

许静波[20]阐述了基于 C/S 技术，集智能分析、报警、音视频实时画面监测、电视墙管理等功能于一体的水面漂浮物监测及估算系统开发与建设。左建军和吴有富[21]介绍了水面漂浮物智能监控技术，水面漂浮物智能监控系统的分析过程由目标检测、识别和分类、视频内容分析等几个基本环节组成，其中视频内容分析主要针对识别出来的目标进行决策。

3.7.2 监测要素

水面漂浮物监测要素主要有：漂浮物种类、漂浮物面积、漂浮物数量、漂移速度和轨迹、漂浮物来源。漂浮物种类、漂浮物面积、漂浮物数量是监测重点。

3.7.3 监测方法

1. 浮标法

传统浮标法主要是依靠经纬仪或全站仪监视河面上漂浮物体，人工参与程度高，实时性差。

2. 视频监视技术

利用视频监控技术探测、监视设防区域，实时显示、记录现场图像，检索和显示历史图像的电子系统或网络系统。视频监控技术按照设备发展过程分为三个阶段：模拟视频监控、数字视频监控、智能视频监控。

3. 智能视频监控技术

数字化、网络化、智能化是视频监控领域的发展趋势。智能监控技术是对场景进行实时监测、自动分析和处理的技术。智能视频监测是利用摄像头监控拍摄水面图像，利用计算机从中提取有用信息，分析并自动判断此时是否需要打捞漂浮物。水面漂浮物智能监控技术的主要流程如下：①采用摄像头采集水面图像，获取整体数据；②对水面图像进行预处理，主要是对图像背景光线的不均匀校正；③对处理后的水面图像进行图像分割；④在分割后的图像中，提取目标的代表性的特征；⑤利用提取的目标特征，对水面图像进行模式识别，即该处水面是否需要打捞漂浮垃圾。

由于太阳光线造成了水面拍摄图像的背景光照不均匀情况，可以采用灰度形态学中的顶帽变换算法结合基于概率法的图像背景光照校正算法对图像进行校正。校正后的灰度图像采用一些分割法（比如直方图双峰法、基于最大熵原理的阈值法、一维直方图最大熵法、模糊阈值法、边缘分割法）进行图像分割和合并，得到分割二值图；然后对二值图做膨胀、闭运算、骨架等二值形态学操作，连同原分割出来的二值图，提取目标区域的面积作为图像的特征；对样本特征进行归一化之后便可以采用模式识别方法作图像的分类判断：需要打捞的水面图像和不需要打捞的水面图像。可以采用 BP 神经网络、粒子群优化 BP 神经网络、贝叶斯分类算法、支持向量机以及决策树识别方法对图像进行分类识别。

智能视频监控技术是对现有数字视频监控系统的一个弥补，将人工监控变为计算机自动监控，自动识别漂浮物污染威胁，减少人为因素造成的误报、漏报，将操作人员从繁重的监控工作中解放出来。

4. 基于卫星遥感的水面漂浮物监测

以全球卫星导航系统 GNSS 和合成孔径雷达干涉测量 InSAR 为代表的空间对地观测大地测量新技术，是解决水面漂浮物监测时空连续性问题的有力手段。基于 GPS 和 BDS 组合定位的水面漂浮物监测方法，能获得毫米级的监测精度；GNSS 水面漂浮物监测系统自动化程度高，提供的逐小时解和逐日解能大幅度提高监测的时间分辨率。利用高分辨率 SAR 卫星数据，能提供高空间密度的目标点信息，有效降低系统风险；可实现精细场景识别与探测，减少误判。时序 InSAR 与 GNSS 综合测量方法充分利用了 InSAR 高空间分辨率和 GNSS 高时间分辨率的特点，实现水面漂浮物定位的时空连续监测。

5. 基于无人机遥感的水面漂浮物监测

随着无人机技术的出现，有效弥补了卫星遥感监测上的不足，该技术可在云下低空飞行，具有灵活性大、影像分辨率高、时效性强、成本低等诸多优点。近年来，已有学者利用无人机在水环境遥感监测上进行了初步的研究工作，但飞机搭载的传感器以普通数码相机为主，而搭载多光谱、高光谱、近红外、雷达等专业载荷相对较少。可以利用多旋翼微型无人机搭载多光谱相机开展水面漂浮物监测。基于无人机遥感的水面漂浮物监测方案包括以下三步：

（1）无人机影像预处理。针对微型无人机获取的图像覆盖范围小，飞行路线和姿态的变化、摄像镜头的光学畸变等因素，也会导致获取的遥感图像无规律、灰度不一致、存在几何畸变的可能。利用 Pix4D mapper 软件，对无人机图像进行匹配、拼接、校正等。Pix4D mapper 可自动读取相机的基本参数（相机型号、焦距、像主点等），处理过程不完全依赖姿态信息，只需提供影像曝光点 GPS 信息，自动进行光束法区域网平差。无人机数据预处理包括完成影像特征点提取、匹配、相机参数优化、控制点信息载入，点云加密及平滑滤波，数字表面模型和正射影像生成等。

（2）影像特征信息变换。无人机拍摄的影像空间分辨率较高、空间信息量丰富，但光谱分辨率相对较低。为有效挖掘影像的特征信息，利用 ENVI 软件，对多个波段进行一系列的数学计算，增强不同类别地物的光谱差异。可选用卫星遥感影像信息变换中常用的光谱指数、主成分变换、纹理分析三类变换方法。

（3）影像专题信息提取。与传统基于像元的遥感分类方法相比，基于面向对象的方法以具有丰富语义信息对象作为解译目标，对漂浮物小区域信息特征的提取更加有效。在此基础上，利用标准最邻近分类法（Standard Nearest Neighbor Classification）提取漂浮物的专题信息。

基于多旋翼无人机搭载多光谱相机的遥感监测方案，具有以下优点：①无人机影像上地物具有更加丰富的色彩和纹理；②与主成分变换和纹理分析方法相比，光谱指数对典型地物具有较好的判别能力；③采用标准最邻近分类法提取城市水环境信息，能够获得较高分类精度。

6. 基于混合高斯模型的背景差分法和帧差法的漂浮物自动监测方法

摄像机固定，若背景完全静止，则背景图像的每个像素点可以用一个高斯模型来描述。但是受波浪、光照等因素影响，河面往往不是绝对静止的，因此用一个高斯模型是不能准确描述实际背景的，需要采用多个高斯模型描述河面背景。

背景差分法包括以下三步：

（1）初始化模型：假设第 1 帧视频图像为场景背景的可能性较大，即使第 1 帧图像有些区域为运动目标，相对于整幅图像来说，运动区域也只占较小的一部分，因此取第 1 帧图像的像素值来对混合高斯模型中某个高斯函数的均值进行初始化，并对该高斯函数赋权值 1，其余高斯函数的均值为 0、权重取 0，所有高斯函数模型的方差取相等的较大初始值。

（2）背景模型的实时更新：为了增强背景模型的适应性，需要根据实际情况，对背景模型进行实时更新。

（3）场景背景的选取：混合高斯模型对运动目标与背景一视同仁地建立模型，通过混合高斯模型的参数学习机制，用那些权重比较大的高斯函数描述出现频率比较高的背景像素，而用权重较小的高斯函数描述运动目标。

基于混合高斯模型的背景差分法和帧差法的漂浮物自动监测方法能够克服环境中光线变化、波浪扰动等影响，实时、快速、准确地提取出水面漂浮物体。

推荐采用智能视频监控技术、基于卫星遥感的水面漂浮物监测技术、基于无人机遥感的水面漂浮物监测技术。

3.7.4 仪器设备

传统浮标法监测河面上漂浮物需要经纬仪或全站仪。

天津赛博 DEL－2B 系列电子经纬仪采用绝对编码角度测量系统，激光下对点；较长激光指向，可达 450m，是目前同系列里面激光较长的电子经纬仪。水平、垂直角读数分辨率为 1″、5″，测角精度为≤±2″、≤±5″。界面友好，操作简便，配有数据内存，可存储 500 点数据（垂直角、水平角、斜距），存贮的数据含时间信息。Laser DE－2 经纬仪技术参数见表 3.7－1。

表 3.7 - 1   **Laser DE - 2 经纬仪技术参数**

型号	Laser DE - 2	度盘直径	71mm
望远镜	镜筒长度 155mm	补偿器	电子倾斜传感器
物镜孔径	45mm	垂直角补偿	有
放大倍率	30x	补偿范围	$>\pm3'$
成像	正像	最小读数	$1''/5''$
视场角	$1°30'$	对点器	放大率 3X
鉴别率	$2.5''$	视场角	$5°$
最短视距	1.3m	调焦范围	$0.5m\sim\infty$
乘常数	100	水准器	长水准器 $30''/2mm$
加常数	0	圆水准器	$8'/2mm$
电子测角	光栅增量式	工作时间	24h 以上
液晶显示器	LCD、双面	工作温度	$-20\sim+50℃$
最小读数	$1''/5''/10''$	尺寸	$160mm\times190mm\times324mm$
精度×（1）	$\leqslant\pm2''$	仪器重量	4.8kg

海克斯康集团推出的 ZT10R/ZT10 全站仪，技术参数见表 3.7 - 2。

表 3.7 - 2   **ZT10R/ZT10 全站仪技术参数**

型 号	ZT10
孔径	48mm
放大倍数	28x
视场	$1°30''$
最短视距	1.5m
测 程	
单棱镜	2000m
无棱镜（柯达灰卡白色面92%反射）	450m 柯达灰卡白色面 92%反射率
精度	$2mm+2(D\times10^{-6})$（有棱镜）、$3mm+2(D\times10^{-6})$；D 在 $0\sim100m$；$5mm+3(D\times10^{-6})$；$D>100m$（无棱镜）
激光类型	同轴可见红色激光
频率	75MHz
角 度 测 量	
测角原理	绝对编码
显示	$1''/5''/10''$
精度	$2''$
补 偿 器	
补偿原理	液体式补偿器
工作范围	$\pm3'$

续表

型　　号	ZT10
水　准　器	
管式水准器	$30''/2mm$
圆水泡	$8'/2mm$
对　中　器	
方式	激光
环　境	
工作温度	$-20\sim+50℃$
防尘防水（依据标准：IEC 60529）	IP54
电　源	
电池类型	聚合物锂离子
电池容量	7.4V/3000mAh
操作时间	约10h

视频监视技术需要前端摄像机〔前端摄像机应采用高性能 DSP 最高支持 1920×1080/25fps，20 倍光学变倍，具有电子图像防抖动功能、图像降噪功能，内置红外灯补光（距离大于 100m）和灵活的网络扩展能力〕、传输线缆（应有足够、稳定的带宽以保证传输信号质量）、视频监控平台（支持高清网络摄像机和高清解码器接入，支持多网段设备接入，可通过多台管理服务器级联组建多级视频监控管理系统）。

智能视频监控技术还需要监测软件（智能分析漂浮物种类及估算漂浮物量，智能统计河道漂浮物）。

基于混合高斯模型的背景差分法和帧差法的漂浮物自动监测方法需要摄像机及相应的处理软件。

基于卫星遥感的水面漂浮物监测需要 GPS 接收机和 BDS 接收机和相应的处理软件，其测量精度达毫米。

基于无人机遥感的水面漂浮物监测需要无人机及相应的处理软件。

3.7.5　参考文献

［1］ F Salerno，G Tartari. A coupled approach of surface hydrological modeling and wavelet analysis for understanding the base flow components of river discharge in karst environments［J］. Journal of Hydrology，2009，376（1/2）：295-306.

［2］ V Weitbrecht，G Kühn，G H Jirka. Large scale PIV-measurements at the surface of shallow water flows［J］. Flow Measurement and Instrumentation，2002，13（5/6）：237-245.

［3］ A Hauet，JD Creutin，P Belleudy. Sensitivity study of large-scale particle image velocimetry measurement of river discharge using numerical simulation［J］. Journal of Hydrology，2008，349（1/2）：178-190.

［4］ D M Bjerklie，D Moller，L CSmith，et al. Estimating discharge in rivers using remotely sensed hydraulic in formation［J］. Journal of Hydrology，2005，309（1/5）：191-209.

［5］　R Ettema，I Fujita，M Muste，et al. Particle – image velocimetry for whole – field measurement of ice velocities［J］. Cold Regions Science and Technology，1997，26（2）：97 – 112.

［6］　江杰，李刚. 河流漂浮物的自动监测方法研究［J］. 人民黄河，2010，32（11）：47 – 48.

［7］　G. Pichela，James H. Churnside，Timothy S. Veenstra，et al. Marine debris collects within the North Pacific Subtropical Convergence Zone［J］. Marine Pollution Bulletin，2007，（54）：1207 – 1211.

［8］　Peter G. Ryanl，Charles J，Moore，Jan A. van Franeker，et al. Monitoring the abundance of plastic debris in the marine environment［J］. Philosophical Transactions of the Royal Society B，2009，（364）：1999 – 2012.

［9］　L. C. – M. Lebreton，S. D. Greer，J. C. Borrero. Numerical modelling of floating debris in the world's oceans［J］. Marine Pollution Bulletin，2012，（64）：653 – 661

［10］　汤勃，孔建益，王兴东，等. 基于图像处理的钢板表面缺陷支持向量机识别［J］. 中国机械工程，2011，22（12）：1402 – 1405.

［11］　谭磊，王耀南，沈春生. 输电线路除冰机器人障碍视觉检测识别算法［J］. 仪器仪表学报，2011，32（11）：2564 – 2571.

［12］　Faisal Ahmed，Hawlader Abdullah Al – Mamun，A. S. M. Hossain Bari，et al. Classification of crops and weeds from digital images：A support vector machine approach［J］. Crop Protection，2012，（40）：98 – 104.

［13］　吴彰良，孙长库，刘洁. 基于图像处理的油封缺陷自动检测与分类识别方法［J］. 仪器仪表学报，2013，34（5）：1093 – 1099.

［14］　郑林，刘泉，王林涛. 基于背景分割技术的水面运动目标提取［J］. 武汉理工大学学报，2006，28（16）：97 – 100.

［15］　王敏，周树道. 静态水上物体检测分割算法［J］. 实验室研究与探索，2010，29（6）：30 – 32.

［16］　Imtiaz Ali，Julien Mille，Laure Tougne. Wood detection and tracking in videos of rivers［M］. Image Analysis，2011：646 – 655.

［17］　徐晓晖，靳保民，杨群. 免疫克隆粒子群优化算法在水面舰船图像分割中的应用［J］. 控制理论与应用，2011，30（8）：1 – 5.

［18］　帅高山. 一种新的舰船红外图像分割算法［J］. 水雷战与舰船防护，2013，21（1）：11 – 16.

［19］　胡蓉. 基于机器视觉的水面漂浮物自动监测的研究［D］. 南宁：广西大学，2015.

［20］　许静波. 水面漂浮物监测及估算系统开发与建设［J］. 江苏水利，2018：51 – 58.

［21］　左建军，吴有富. 水面漂浮物智能监控技术［J］. 软件导报，2013，12（4）：150 – 152.

3.8　岸线侵蚀及水土保持

3.8.1　研究进展
3.8.1.1　岸线侵蚀

我国岸线侵蚀研究起步较晚，直到 20 世纪 50 年代末，我国岸线整体上才由向海淤进或稳定状态转而向陆蚀退。首先是砂质岸滩发生侵蚀现象，继而黄河三角洲、长江等大中型河流的三角洲出现了快速淤进—缓慢淤进—局部侵蚀—整体侵蚀的转化过程

在岸线后退监测方面，Eardley[1]通过调查 Yukon 流域的树木年轮状况，建立了该河段多年变迁速率；Bluck[2]采用收集边滩沉积物并分析沉积序列的方法，重建了 1895—1956 年 Endrick 的河道演替过程。到 20 世纪后期，河流塌岸侵蚀的定量化研究得到进一步提高。Wolman[3]借鉴 Ireland 等沟蚀测量方法，通过定期量测出露地表或河岸的测针长

度，来计算侵蚀深度，并成为河岸崩塌研究中最常用的方式之一。为了进一步提高传统侵蚀针的效率并节省人力物力，Lawler[4] 提出了使用光电感应侵蚀针（Photo - Electronic Erosion Pin，PEEP）来监测河岸侵蚀。随着遥感、摄影测量及地理信息系统的快速发展，大量的新产品被广泛地应用到河岸侵蚀中，比如遥感影像、激光雷达系统（Light Detection and Ranging，Li DAR）、激光扫描仪等。Notebaert 等利用 Li DAR 拍摄的影像研究河道的变化以及河岸塌岸量；Kummu 等[5] 在研究万象依孟凯县区域湄公河的河岸变化时，利用遥感影像发现由于人类活动的参与，河岸侵蚀明显有加剧的趋势。2018 年，法国科学家利用无人机遥感技术获得的时域 RGB 图像对阿尔卑斯省布奇河进行局部监测，对岸线侵蚀时间进行了定量评估，与地面观测对比，也显示了无人机遥感技术数据的在位置的准确性。

在国内，Yao 等[6] 对 1958—2008 年的黄河宁蒙河段进行研究，得到 50 年来该河段退后总面积为 518.38km²。但由于不知道河岸形态参数，未能给出塌岸侵蚀产沙量大小。岸线侵蚀数据的获取多采用历史分析的方法。利用不同历史时期的岸线位置资料，分析历史海岸变化过程，预测未来岸线变化趋势。数据的获取方式主要有不同时期岸线调查资料和数据记录、航拍照片或海图、卫星影像资料等。目前，所引用的绝大多数岸线变化数据及工程设计的背景资料都是通过这种方法获得的。

在土壤侵蚀监测方面，美国从 20 世纪 40 年代就开始了土壤侵蚀预报模型的研究工作。1954 年，在美国普渡大学的土壤流失数据中心，这里负责收集和整理整个美国的土壤侵蚀数据，并在 1959 年发布了著名的通用土壤流失方程（Universal Soil Loss Equation，USLE），1991 年，荷兰科学家通过在荷兰南部黄土区进行的大量试验，开发出了一个基于物理过程和地理信息系统的土壤侵蚀和径流定量预报的模型，并命名为荷兰土壤侵蚀模型（Limburg Soil Erosion Model，LSEM，1996），该模型可以在土壤侵蚀预报过程中直接利用遥感数据。对于土壤侵蚀的机制和动态变化过程 LSEM 都可以清楚的加以反映，这在当时代表了土壤侵蚀模型开发的一种新思路[7]。在日本，科学家们利用对洪涝灾害进行监测、预报的计算机辅助制图与设计遥感系统来建立土壤侵蚀模型，以改进对流域内土壤流失治理的管理。通过开发 STREAMS 系统，在试验基地内，将影响土壤侵蚀的各个因子都添加到土壤侵蚀模型中，并以此为据计算出年土壤流失总量，并划分不同的土壤侵蚀强度区域。

伴随着遥感和地理信息系统的快速发展，不断有更多的科学家将 GIS 和 RS 应用与土壤侵蚀的研究中。1984 年，Pickup 和 Nelson[8] 利用 MSS 进行波段运算建立起了土壤稳定系数，并在试验区将土壤分为侵蚀土壤、荒废土壤和正在使用的土壤。1986 年，Stephens 等[9] 利用 DEM 自动计算并提取了通用土壤流失方程中的坡长坡度因子，并将其与其他影响因子进行集成。1993 年，Jürgens 等[10] 通过 DEM 产生 LS 因子，通过 TM 数据获得 C 因子，通过数字化的土壤图获取土壤可蚀性因子，并最终用通用土壤流失方程计算并绘制了土壤侵蚀强度分布图。1995 年，Savabi 等[11] 利用 GRASS 获取了土壤、气候、田间管理等数据，在 WEPP 模型中对土壤侵蚀进行研究。1999 年，西班牙科学家利用 ERDAS 软件的相关模块从摄影测量数据中建立 DEM。

在国内，1985 年，水利部通过对最新卫片进行人工目视解译，绘制了全国各省 1∶50

万及全国 1：200 万比例尺的土壤侵蚀现状图。刘耀林等[12]通过对地三峡地区的典型小流域的野外调查，并同时借助遥感手段获取研究区的数据，建立了小流域的环境数据库，在地理信息系统软件的支持下，利用 RUSLE 模型对研究区的土壤侵蚀状况进行计算。沈云良等[13]利用不同时期 TM 遥感影像数据对水土流失动态变化的过程进行了研究。郭学军等[14]则利用多期航空影像对土壤侵蚀量的动态变化进行了分析；洪双旌等[15]分析了利用森林资源连续清查体系进行水土流失动态监测的可能性，并探讨了如何采用样地水土流失调查方法进行土壤侵蚀动态监测调查。卜兆宏等[16]对土壤侵蚀定量遥感的方法进行了探讨，以山东临朐作为研究区，利用定量遥感方法对研究区的土壤侵蚀强度及不同侵蚀强度的面积进行了计算，并进行了横向比较。

随着 3S 集成研究的发展，许多专家利用 3S 技术对一些区域的土壤侵蚀进行定量监测和估算，获得了许多成果。部分研究者以 USLE 为蓝本，根据各自研究地区的实际情况对该模型进行了修正，建立许多区域性坡面土壤侵蚀模型[17]。江忠善等[18]在我国坡面水蚀预报模型研究成果的基础之上，经过大量的研究，在充分考虑了浅沟侵蚀对坡面侵蚀产沙的影响后，建立了适合我国使用的坡面水蚀预报模型，并给出了该模型中降雨侵蚀力因子、坡度坡长因子、浅沟侵蚀影响因子的算法和取值。此外，许多研究者在遥感监测技术的帮助下，在小流域等中小尺度范围内，利用地理信息系统并结合遥感制图技术，进行水土流失评价和分布规律的研究。沈玉芳等[19]以 GIS 作为工具，利用土壤侵蚀定量评价模型对纸坊沟小流域的土壤侵蚀空间分布特征进行了研究，并制作了黄土高原土壤侵蚀评价图。从以上前人的研究中，不难发现，现有的模型及研究方法大都是地方性的，在大范围内的适用性较差，所以寻找一种适合大范围内土壤侵蚀监测调查的方法就显得尤为重要。

3.8.1.2　水土保持

20 世纪 20 年代，我国就开始了径流小区观测，先后在山西沁源、宁武东寨、山东青岛林场建立了径流小区观测场，研究植被与水土流失的关系，开创了我国水土流失定量观测研究的先河。此后相继建立了一批水土保持试验站，专门研究水土流失规律，其中 1942 年建立的天水水土保持试验站、1951 年建立的西峰水土保持试验站和 1952 年建立的绥德水土保持试验站合成为闻名全国的"三大支柱站"[20]。

20 世纪 50 年代初到 70 年代末是以传统监测方法为主的监测阶段。20 世纪 70 年代末，随着计算机和遥感技术的应用和发展，我国的水土保持监测开始步入应用新技术、提高监测效率和监测精度的发展时期。这个时期是水土保持监测从利用传统手段向利用新技术的分水岭。20 世纪 70 年代以来，中国科学院水土保持研究所、南京土壤研究所、成都山地灾害研究所、北京林业大学等科研院所开始尝试使用遥感技术调查全国范围、大江大河、重点水土流失区和小流域的水土流失情况，并编制了大量的遥感图件。

20 世纪 80 年代以来，我国水土保持监测进入了一个新时期，新技术在水土保持监测方面越来越普及，朝着监测自动化、信息网络化方面发展。监测点的自动化监测、3S 系统的应用、计算机网络推广使水土保持工作进入了新的台阶。1985 年前后，水利部黄河水利委员会以卫星光谱扫描仪（MSS）提供的影像为主要资料来源，对水蚀侵蚀、风蚀侵蚀、冻融侵蚀区域开展了第一次遥感调查，历时 7 年。此后遥感（RS）、全球定位系统（GPS）、地理信息系统（GIS）技术在水土保持动态监测中有了进一步应用和研究[21]。

1999 年开始的第二次遥感调查，此次通过专题绘图仪（TM）获得地表信息。TM 在光谱分辨率、辐射分辨率和地面分辨率都比 MSS 图像有较大的改进。同时通过应用了 GIS 技术，室内分析解译和野外核查相结合的方法，工作组仅用一年多的时间，建立了全国 1：10 万土壤侵蚀分类分级统计数据库和图形图像库。

民用无人机技术自 2010 年开始尝试[22]，2013 年后有关研究逐步走向生产实践[23]。前期受制于无人机庞大、飞控自动化程度低，后期因处理软件功能较弱，一般用于拍摄图像、视频。2015 年后，以上技术瓶颈陆续被打破，民用无人机在水保、环保等各行业的应用取得了跨越式发展[24]，无人机和卫星遥感新技术扩展了工作手段，使对工程整体进行全面的水土保持监测成为可能。近年来，水土保持工作开始了空天地一体化监测的全新实践，即采用地面监测、低空无人机监测和天空卫星遥感监测的综合模式[25]。曲林等[26]使用搭载自制 5 镜头倾斜相机和 POS 系统的多旋翼无人机进行影像采集，使用 Inpho 软件进行空三匹配和畸变差修正，并将结果导入街景工厂软件进行三维建模，直接生成 DSM，得到了满意的结果。Xie 等[27]设计了一台由 4 台广角相机组合的倾斜航摄仪，对校园内的建筑群进行了航拍，能够制作 1：500 的大比例尺影像。

美国的水土保持监测工作开展较早，从 19 世纪 50 年代后期开始了土壤侵蚀的监测工作，建立了 80 万个监测点，长期定位监测全国的水土流失情况。通过水土流失及其相关的研究所、监测站、试验站以及遥感技术，获得了大量地形地貌、土壤、植被、坡度等土壤侵蚀影响因子，建立了庞大的数据库，用以研究土壤侵蚀与影响因子的关系[28]。

20 世纪 40 年代美国开始了土壤侵蚀预测研究，形成了比较成熟的预报理论[29-31]。普渡大学土壤流失数据中心，对美国洛基山以东 21 个州 36 个地区近万个土壤侵蚀径流和水土流失等资料进行了研究分析，并于 1954 年提出了土壤流失方程式（USLE）。60—70 年代，美农业部利用 8000 多个径流侵蚀小区的多年观测资料对土壤流失方程式做了修正，并于 1971 年确定了通用土壤流失方程式，命名为修正土壤流失方程式。

此外，欧洲国家及日本也开发出类似与美国 USLE、RUSLE 及 WEPP 的土壤侵蚀预测预报模型[32,33]，如 Morgan 于 1994 年提出的欧洲土壤侵蚀模型（EUROSEM），是根据欧洲土壤侵蚀研究成果开发的，用以描述和预报田间和流域的土壤流失，该模型在欧洲取代了 USLE 形式的统计方程；荷兰 1991 年在荷兰南部黄土区设立了一个土壤侵蚀研究项目，开发了一个基于物理过程和 GIS 的土壤流失和径流定量预报模型——荷兰土壤侵蚀模型（USEM）。

20 世纪 70 年代开始，美国开始应用航空遥感对海水的悬浮泥沙和海洋赤潮进行监测，80 年代以后卫星遥感在悬浮物、叶绿素等水质因素调查的应用越来越广泛。

原子示踪法用于水土流失监测是近些年国内外的一个重要发展方向。利用分布在土壤的放射性元素的放射性特点，提供土壤侵蚀或堆积的数据，同时能够确定土壤的空间分布情况。80 年代初美国学者 Knaus（1989）[34]，利用稳定性核素示踪法研究沼泽地土壤侵蚀和沉积速率，90 年代澳大利亚开展了同时用 ^{7}Be、^{137}Cs、^{210}Pb、^{226}Ra、^{232}Th 等多种土壤核素示踪研究小流域的泥沙来源[35]。

当前也有一些新方法新手段运用于水土保持监测领域，如日本近来采用合成开口雷达（SAR）对火山爆发形成的碎屑流堆积区进行监测，用土壤的磁性示踪剂、稳定性稀土元素等进行监测也有报道。

3.8.2　监测要素

岸线侵蚀是指在自然力（包括风、浪、流、潮）的作用下，河流中泥沙支出大于输入，沉积物净损失的过程，即河水动力的冲击造成河岸线的后退和河滩的下蚀。岸线变化的关键在于物质与能量的输出与输入。输出大于输入时，岸线处于侵蚀状态，反之处于淤积状态。在查阅国内外大量文献的基础上，岸线侵蚀监测要素包括年平均侵蚀后退距离、岸线后退速率、岸滩下蚀速率、水力侵蚀模数、土壤流失量。

3.8.3　监测方法

1. 现代地形测量

（1）三维激光扫描。三维激光扫描技术是利用三维激光扫描仪进行地貌扫描，来获取岸线侵蚀研究区内包含三维信息 x、y、z，RGB 颜色信息，物体反色率信息的点云数据，建立研究区的三维可视化模型，再导入 GIS 软件进行岸线系统形态研究。三维激光扫描的主要特点是实时性、主动性、适应性好，经过简单的处理便可以满足多种情况的应用，包括满足输出到 CAD 或其他成图软件的要求。由于三维激光扫描技术能够高精度、高密度、高速度地测量物体表面三维空间坐标，从而可以详细描述其表面细部状况，它已经在岸线侵蚀测量中获得了成功的应用。该方法优点是较真实地反应地表形态，能够进行非接触式便携三维扫描。缺点：①三维激光扫描仪在数据采集时会有前后景物的相互遮蔽，易出现扫描死角；②由于激光三维扫描地面采样的非连续性可能导致设定的变形监测点未能成为激光扫描仪的采样点，从而使得变形监测点失去其应有的作用；③扫描区的高覆盖率植被会使数据出现条带，严重影响扫描效果；④目前三维激光扫描仪的价格还很昂贵，相对我国的经济发展水平，其广泛应用受到一定的限制。

（2）差分 GPS。全球定位系统（GPS）的实时动态测量技术采用实时处理 2 个测站载波相位观测量的差分方法，实时三维定位，精度可达到厘米级。基本原理是：2 台 GPS 接收机分别作为基准站和流动站并同时保持对 5 颗以上卫星的跟踪。基准站接收机将所有可见卫星观测值通过无线电实时发送给流动站接收机。流动站根据相对定位原理处理本机和来自基准站接收机的卫星观测数据，计算用户站的三维坐标。利用 GPS 获取目标多时相 DEM 并将其配准到同一坐标系，对比获取目标的土壤侵蚀量或沉积量。

（3）遥感摄影测量。遥感摄影测量方法通过卫星或航空飞机获取大比例尺的研究区影像，利用立体像对生成地区的数字高程模型（DEM），提取研究区坡度、坡向信息，结合遥感数据中的光潜特征提取图像信息，绘制岸线的二维和三维图，从坡度、坡向、体积、地表植被覆盖、地形地貌、土壤等方面研究该区岸线的形态特征和发育方向，得到岸线在不同时间段的侵蚀速率和侵蚀量。

近年来，航空摄影测量进入到数字摄影测量阶段，已经成为获取空间和属性数据的重要手段。数码相机与无人机摄影测量技术的快速发展使遥感摄影更多地运用到小范围动态监测中去。利用遥感影像进行岸线发育的监测研究在国外应用较早，体系完善，近年来国内也有快速发展。该方法优点是廉价、快速、可重复测量，资料更新速度快，利用遥感影像进行解译方便。缺点：①通常的航空摄影测量方法及卫星传感器获取的侵蚀形态资料由于其空间分辨率及时间分辨率的不足，往往难以很好地反映侵蚀在微小尺度上的变化和多变性；②研究的侵蚀发育在偏远地区或山区时，由于当地的地理信息缺乏，给遥感影像的纠正带来很大困难。

（4）差分雷达干涉测量。合成孔径雷达（Synthetic Aperture Radar，SAR）以飞机或者卫星为搭载平台，通过接受能动微波传感器发射微波被地面反射的信息来判断地表的起伏和特征。SAR同时还记录反射电磁波的相位信息。合成孔径雷达干涉测量技术（In-SAR）是将SAR单视复数（SLC）影像中的相位信息提取出来，进行相位干涉处理得到目标点三维信息。由于InSAR是相干成像系统，对每一地面像点都同时记录雷达波的振幅和相位信息。差分雷达干涉测量利用重复轨道观测获取干涉相位，通过差分处理去除2次观测的共有量，得到形变相位，反算地形变化量。差分雷达干涉测量具有一定的穿透能力，能克服不良天气的影响，对地形变化监测精度可以达到厘米级或者更高，具有连续空间覆盖特征。

（5）低空无人飞行器遥感系统。低空无人飞行器遥感是随计算机、GPS和飞行控制技术发展而兴起的一种遥感测量系统，集飞行器控制技术、遥感传感技术、通信技术、GPS差分定位技术于一体，以无人飞行器为平台，高分辨率数字遥感设备为机载传感器，获取低空高分辨率遥感数据。性能稳定、质量轻的无人驾驶飞行平台是该系统的基本硬件设施。遥感传感器和控制系统用于获取遥感影像，是系统的重要组成部分。飞行控制系统用于飞行器控制和携带设备管理，是系统的中枢神经。无线电遥测遥控系统则用于向地面发送飞行数据和遥感设备的状态参数，遥控系统则是地面人员向飞行器及设备发出任务命令的传输系统。无人飞行器低空遥感系统具有机动、快速、经济等优势，解决了传统航空摄影技术对机场和天气条件的依赖性、成本高、周期长等问题，在土壤侵蚀监测中具有广泛的应用前景。

2. 无人船遥感系统

无人船包括具有自主规划、自主航行、自主环境感知能力的全自主型无人船，以及非自主航行的遥控型无人船和按照内置程序航行并执行任务的半自主型无人船。它集船舶设计、人工智能、信息处理、运动控制等专业技术为一体，可根据使用功能的不同，采用不同的模块，搭载不同的传感器及设备，执行监视侦察、搜寻救助、水文测绘、安防巡逻、资源勘探等任务。国内自主研发的"领航者"号海洋高速无人船融合了船舶、通信、自动化、机器人控制、远程监控、网络化系统等技术，具备极高的航行稳定性；动力系统采用油电混合方式，能够确保高中低速等各种航速下的测绘需求，适合近海大范围海域和河岸线的监测工作；负载能力100kg，可以搭载多种水下设备协同工作。"领航者"号平台和主要指标详见第3.6.3节。

3. 核素示踪

核素示踪在不改变原地貌、不需要固定的野外观测设施的条件下对土壤侵蚀进行定量表达，具有成本小、劳动强度低、分析和量化精度高等特点。其基本原理是：测定研究区土壤核素含量和空间分布，比较其核素含量与环境核素的输入量，即本底值的差异来表征该区的侵蚀或沉积。当测量点的核素含量超过了本底值，表明该点存在沉积过程；当测量点的核素含量低于本底值，表明该点发生侵蚀过程。建立土壤侵蚀、泥沙沉积与核素含量之间的定量关系，利用定量模型将测量点的核素含量转换为土壤侵蚀或沉积量。核素示踪的关键是核素本底值的确定，可以通过长期核素沉降监测数据计算得到，也可在研究区内或附近选取本底值样点测得。本底值样点一般选取为既没有发生侵蚀也没有发生沉积的部位。目前，应用放射性核素示踪土壤侵蚀成为研究热点。常用的^{137}Cs、^{210}Pbex和^{7}Be都是大气散落核素，即分散于大气中的核尘埃随干湿沉降到达地表后快速、强烈地吸附在土壤颗粒上，形成土壤中的放射性核素。吸附于土壤颗粒上的核素随土壤颗粒运动发生迁移，土壤中核素的运动和再分布能够反映出土壤颗粒侵蚀和再分布的情况。

4. 现代原位监测

随着现代数据采集、无线传输和数据自动分析技术的发展，现代原位观测成为土壤侵蚀监测发展的新方向。不同于径流小区、侵蚀针等传统原位监测技术，以土壤侵蚀自动监测系统为代表的现代原位监测满足了监测数据时效性和完整性的要求，适应系统化、自动化需求，基于光电探测、无线数据传输和远程控制等技术，集气象、水文、土壤、泥沙、水质数据采集、传输、分析、管理、评价和输出为一体的立体监测平台。

采用现代原位自动监测系统进行监测，监测系统主要由监测点、监测站、数据传输系统和中央控制系统组成。布设在坡面、流域等不同尺度单元区的监测点由传感器和数据采集设备构成，承担基础数据的收集任务，并保持与监测站的通信。监测站收集由各监测点上传的数据，并通过GPRS、数字电台等无线通信途经上传到控制中心。控制中心由无线数据接收端、服务器设备、客户端系统、控制系统构成。无线数据接收端接收监测站发送的数据信号和设备运行状态信号。服务器对接收数据进行分析、处理和存储。客户端系统实现对所有监测数据的可视化处理和查询等功能。控制系统是整个自动监测系统的核心部分，主要任务是监测系统和整个过程的运行状态，发送调控指令，使监测过程最优化。土壤侵蚀自动监测系统的监测—反馈—调节运行模式使在实验室获取一手监测资料的需求成为现实。在线自动远程遥控监测不仅节省了大量的人力和时间，还提高数据覆盖密度和监测数据的时效性。特别是在开展大尺度和边远地区水土流失综合监测与评价时，自动监测系统有着不可替代的优势。此外，自动监测系统也是构建国家水土流失监测信息化网络的重要组成部分。

3.8.4　监测仪器

1. 差分GPS

图3.8-1为美国Raven公司生产的INVICTA 210型号信标DGPS测量系统，表3.8-1为INVICTA 210技术指标。信标实时差分功能：INVICTA 210集信标及DGPS于一体，采用了先进的数字化设计。信标具备完善的双通道，可自动和手动设定接收全球283.5k～325kHz任意频率，并可免费接收全天候的差分信息。满足国际灯塔协会（IALA）规定的严密性和可靠性。结构简单，操作方便，配置全面。二合一体现了高度一体化的简单设

图3.8-1　INVICTA 210型号信标DGPS测量系统

计，加固的外部结构使其更适应恶劣环境的应用；四键式操作面板使用户得心应手适用自由，从而大大地简化了操作；强大完善的软件配，可同时记录数据监控用户的行踪，提供直观的动态图形。

表 3.8 - 1   **INVICTA 210 技术指标**

捕获时间	冷启动：典型 6min；热启动：40s	接口	双 RS 232 接口
定位精度	<1m RMS	操作温度	-40～+70℃
速度精度	0.01m/s	可选特性	10Hz 位置更新率
外接电源	11 - 32V DC	最大速度	1000 节
功率损耗	<5W@12V DC	高度	60000 英寸
尺寸	2.1cm×5.7cm×8.3cm（高×宽×长）	通道数	10GPS，2Beacon
重量	<3 磅		

2. LRK - 05 - ku 合成孔径雷达

LRK - 05 - ku 合成孔径雷达是利用一个小天线沿着长线阵的轨迹等速移动并辐射相参信号，把在不同位置接收的回波进行相干处理，从而获得较高分辨率的成像雷达。它利用移动的轨道，把小孔径的雷达合成一个大的孔径雷达，达到提高分辨率的目的，其技术指标见表 3.8 - 2。

表 3.8 - 2   **LRK - 05 - ku 合成孔径雷达技术指标**

形变监测精度	优于 0.1mm（1000m 处）
形变速率测量范围	0～40mm/h
分辨率	0.3m（R）×4m（A）
作用距离	10～4500m
测量速度	1～10min/次
监测范围	≥90°×45°
极化方式	W
功耗	≤120W
重量	≤100kg
尺寸	≤3000mm×500mm×500mm
工作电压	AC 220V，50Hz/DC 12～36V
工作温度	-25～60℃
湿度	5%RH～95%RH
安装要求	水平基站座
安装时间	≤30min

3.8.5 技术指标

1. 岸线侵蚀灾害强度分级

（1）岸线后退速率计算方法。两期连续相隔为 t 年的连续岸线监测数据，原有岸线之间的平面距离分别是 L_1，L_2，L_3，…，L_n。这些点与新的岸线连续构成区域 S，其中区域

S 的面积可通过地理信息系统软件进行计算。侵蚀岸段长度为原岸段中出现连续侵蚀的岸线测量点的平面距离之和$\sum L_i$，计算河岸侵蚀后退速率时，采用区域平均的方法。岸线侵蚀速率 v 采用下式计算：

$$v = \frac{1}{t} \frac{S}{\sum L_i}$$

式中：v 为岸线侵蚀速率，m/a；t 为两期连续监测相隔年数，a；S 为原有岸线与新的岸线构成的区域面积，m^2；L_i 为连续侵蚀岸线测量点的平面距离，m。

（2）岸滩下蚀速率计算方法。计算岸滩下蚀速率时，使用 origin 软件，以 1m 为间隔，对剖面高程进行插分，获得多组不同时期剖面高程数据。通过线性回归法，求得一条对应所有数据的一元线性最佳趋势线，该线的斜率即为岸滩下蚀速率，岸滩下蚀速率按下式计算：

$$y = a_0 + b_0 x$$

$$\begin{bmatrix} m & \sum x_i \\ \sum x_i & \sum x_i^2 \end{bmatrix} \begin{bmatrix} a_0 \\ b_0 \end{bmatrix} = \begin{bmatrix} \sum x_i \\ \sum x_i y_i \end{bmatrix}$$

式中：b_0 为海岸侵蚀速率，cm/a；y_i 为地形剖面线高程，m；x_i 为已知地形剖面线高程，m；m 为数据数量。

（3）岸线侵蚀的灾害强度分级，见表 3.8-3。

表 3.8-3 岸线侵蚀灾害强度等级

指 标		分 级					
		淤泥	稳定	微侵蚀	较强侵蚀	强侵蚀	严重侵蚀
岸线后退速率 /(m/a)	砂质岸线	$v>+0.5$	$-0.5<v\leqslant+0.5$	$-1<v\leqslant-0.5$	$-2<v\leqslant-1$	$-3<v\leqslant-2$	$v\leqslant-3$
	淤泥质岸线	$v>+1$	$-1<v\leqslant+1$	$-5<v\leqslant-1$	$-10<v\leqslant-5$	$-15<v\leqslant-10$	$v\leqslant-15$
岸滩下蚀速率/（cm/a）		$b>+1$	$-1<b\leqslant+1$	$-5<b\leqslant-1$	$-10<b\leqslant-5$	$-15<b\leqslant-10$	$b\leqslant-15$

2. 水力侵蚀、重力侵蚀的强度分级

（1）年平均土壤水蚀模数可根据下式计算。由于各地区条件不同，建议采用多种方法比较，合理取值。

$$M = RKLSBET$$

式中：M 为年平均土壤水蚀模数，$t/(km^2 \cdot a)$；R 为多年平均年降雨侵蚀力，标准计算方法是降雨动能 E 与最大 30min 雨强 I_{30} 的乘积，$MJ/(km^2 \cdot a)(mm/h)$，具体应用可以用降雨过程资料直接计算，或根据等值线图内插，或利用简易公式根据当地年平均降雨量计算；K 为土壤可蚀性，为单位降雨侵蚀力造成的单位面积上的土壤流失量，t/km^2 $(MJ/km^2)/(mm/h)$ [可简化为 $t \cdot h/(MJ \cdot mm)$]，K 值可以通过标准小区观测获得，也可根据诺模图计算获得，若无资料，则取平均值 $0.0434t \cdot h/(MJ \cdot mm)$；$L$ 为坡长因子，无量纲，按公式计算，其中坡长最大取值为 300m，若无坡长数据取值 1；S 为坡度因子，无量纲；B 为生物措施因子，无量纲；E 为工程措施因子，无量纲，若无资料取值 1；T 为耕作措施因子，无量纲，横坡耕作取值 0.5，顺坡耕作取值 1。

（2）土壤水力侵蚀的强度分级标准，见表 3.8-4。其面蚀（片蚀）、沟蚀分级指标应符合以下规定。

表 3.8－4 水 力 侵 蚀 强 度 分 级

级别	平均侵蚀模数/[t/(km² · a)]	平均流失厚度/(mm/a)
微度	<200，<500，<1000	<0.15，<0.37，<0.74
轻度	200，500，1000~2500	0.45，0.37，0.74~1.9
中度	2500~5000	1.9~3.7
强烈	5000~8000	3.7~5.9
极强烈	8000~15000	5.9~11.1
剧烈	>15000	>11.1

注 本表流失厚度系按土的干密度 1.35g/cm³ 折算，各地可按当地土壤干密度计算。

1）土壤侵蚀强度面蚀（片蚀）分级指标，见表 3.8－5。

表 3.8－5 面蚀（片蚀）分级指标

地 类		地 面 坡 度 /(°)				
		5~8	8~15	15~25	25~35	>35
非耕地 林草盖度 /%	60~75	轻度				
	45~60					强烈
	30~45			中度	强烈	极强烈
	<30					
坡耕地		轻度	中度	强烈	极强烈	剧烈

2）土壤侵蚀强度沟蚀分级指标，见表 3.8－6。

表 3.8－6 沟 蚀 分 级 指 标

沟谷占坡面面积比/%	<10	10~25	25~35	35~50	>50
沟壑密度/(km/km²)	1~2	2~3	3~5	5~7	>7
强度分级	轻度	中度	强烈	极强烈	剧烈

（3）重力侵蚀强度分级指标，见表 3.8－7。

表 3.8－7 重 力 侵 蚀 分 级 指 标

崩塌面积占坡面面积比/%	<10	10~15	15~20	20~30	>30
强度分级	轻度	中度	强烈	极强烈	剧烈

（4）土壤侵蚀强度分级，应以平均侵蚀模数为判别指标，只在缺少实测及调查侵蚀模数资料时，可在经过分析后，运用有关侵蚀方式（面蚀、沟蚀）的指标进行分级，各分级的侵蚀模数与土壤水力侵蚀强度分级相同。

3. 风力侵蚀及混合侵蚀（泥石流）强度分级

（1）风力侵蚀的强度分级应符合表 3.8－8 的规定。

表 3.8 - 8　　　　　　　　　　　　　风力侵蚀的强度分级

级别	床面形态（地表形态）	植被覆盖度（非流沙积）/%	风蚀厚度/(mm/a)	侵蚀模数/[t/(km²·a)]
微度	固定沙丘、沙地和滩地	>70	<2	<200
轻度	固定沙丘、半固定沙丘、沙地	70~50	2~10	200~2500
中度	半固定沙丘、沙地	50~30	10~25	2500~5000
强烈	半固定沙丘、流动沙丘、沙地	30~10	25~50	5000~8000
极强烈	流动沙丘、沙地	<10	50~100	8000~15000
剧烈	大片流动沙丘	<10	>100	>15000

（2）黏性泥石流、稀性泥石流、泥流侵蚀的强度分级，应以单位面积年平均冲出量为判别指标，见表 3.8 - 9。

表 3.8 - 9　　　　　　　　　　　　　泥石流侵蚀强度分级

级别	每年每平方公里冲出量/万 m³	固体物质补给形式	固体物质补给量/(万 m³/km²)	沉积特征	泥石流浆体密度/(t/m³)
轻度	<1	由浅层滑坡或零星坍塌补给，由河床质补给时，粗化层不明显	<20	沉积物颗粒较细，沉积表面较平坦，很少有大于10cm以上颗粒	1.3~1.6
中度	1~2	由浅层滑坡及中小型坍塌补给，一般阻碍水流，或由大量河床补给，河床有粗化层	20~50	沉积物细颗粒较少，颗粒间较松散，有岗状筛滤堆积形态，颗粒较粗，多大漂砾	1.6~1.8
强烈	2~5	由深层滑坡或大型坍塌补给，沟道中出现半堵塞	50~100	有舌状堆积形态，一般厚度在200m以下，巨大颗粒较少，表面较为平坦	1.8~2.1
极强烈	>5	以深层滑坡和大型集中坍塌为主，沟道中出现全部堵塞情况	>100	有垄岗、舌状等黏性泥石流堆积形成，大漂石较多，常形成侧堤	2.1~2.2

3.8.6　水土保持监测要素

水土保持是指防止水土流失，保护、改良与合理利用水土资源，维护和提高土地生产力，减轻洪水、干旱和风沙灾害，以利于充分发挥水、土资源的生态效益、经济效益和社会效益，建立良好生态环境，支撑可持续发展的生产活动和社会公益事业。水土保持监测内容按照《水土保持监测技术规程》（SL 277—2002）的规定，监测要素主要有：

（1）不同侵蚀类型的侵蚀面积、强度、水土流失量和潜在危险度。

（2）水土流失危害监测：①土地生产力下降；②水库、湖泊和河床渠淤积量；③损坏土地面积。

（3）水土保持措施数量、质量及效果监测。①防治措施：包括水土保持林、经果林、种草、封山育林（草）、梯田、沟坝地的面积、治沟工程和坡面工程的数量及质量；②防治效果：包括蓄水保水、减沙、植被类型与覆盖度变化、增加经济收益、增产粮食等。

（4）地表径流、泥沙含量、风力。

（5）小流域监测增加项目。①小流域特征值：流域长度、宽度、面积，地理位置，海拔高度，地貌类型，土地及耕地的地面坡度组成；②气象：包括年降水量及其年内分布、雨强、年均气温、积温和无霜期；③土地利用：包括土地利用类型及结构、植被类型及覆盖度；④主要灾害：包括干旱、洪涝、沙尘暴等灾害发生次数和造成的危害；⑤水土流失及其防治：包括土壤的类型、厚度、质地及理化性状，水土流失的面积、强度分布，防治措施类型与数量；⑥社会经济：主要包括人口、劳动力、经济结构和经济收入；⑦改良土壤：治理前后土壤质地、厚度和养分。

3.8.7 水土保持监测方法

小流域监测应采用地面观测方法，同时通过询问、收集资料和抽样调查等获取有关资料。中流域宜采用遥感监测、地面观测和抽样调查等方法。在对原地貌、土地和植被破坏严重，可能造成较严重水土流失的地区，设立水土流失观测场，对水土流失量和拦渣保土量等指标进行定点、定位的地面观测。对监测区水土流失面积，水土流失危害，环境状况，水土保持设施的运行情况，林草措施的成活率、保存率、生长情况等采用调查监测。

1. 地面观测

地面观测项目应包括水土流失及其防治效果的观测，具体指水蚀、风蚀、重力冻融侵蚀及其防治效果。

（1）水蚀控制站观测。

1）水位观测。自记观测：自记水位计观测水位，要求每场暴雨进行一次校核和检查，水位变化平缓、质量较好的自记水位计，可以适当减少校核和检查次数。水位变化急剧、质量较差的自记水位计，可以适当增加校核和检查次数。

2）泥沙观测。每次洪水过程观测不应少于 10 次，应根据水位变化确定观测时间；应采瓶式采样器采样，每次采样不得少于 500mL；泥沙含量采用烘干法，1/100 天平称量测定。悬移质泥沙的粒级可划分为：＜0.002、0.002～0.005、0.005～0.05、0.05～0.1、0.1～0.25、0.25～0.5、0.5～1.0、1.0～2.0、＞2.0mm。每年应选择产流最多、有代表性的降水过程进行 1～2 次采样分析。

3）气象观测。观测项目应包括日照、降水量、降水强度、气温、湿度、蒸发、风向、风速等气候指标的总量及其过程。观测雨量可用雨量器、自记雨量计等。观测气温可用温度计、湿度用干湿球温度计。

（2）风蚀观测。风蚀观测应包括风蚀强度、降尘、土壤含水量、土壤紧实度、土壤可蚀性、植被覆盖度、残茬等地面覆盖、土地利用与风蚀防治措施等。

1）降尘量观测：采用降尘管（缸）法，指在观测现场安装一定数量降尘管（缸）收集降尘量的方法。此法可以得到本地因风蚀作用而吹走的物质（颗粒组成、养分与原始），进而得到年流失量。

2）风蚀强度观测：采用地面定位插钎法，每15d量取插钎离地面的高度变化。有条件的站可采用高精度地面摄影或高精度全球定位系统技术方法。

3）土壤含水量和土壤紧实度的测定可采用土壤物理学方法，并与风蚀强度观测同步进行。

4）植被覆盖度、土地利用和风蚀防治措施调查应采用地面调查或遥感摄影像解译方法，应与风蚀强度观测同步进行。

（3）滑坡和泥石流监测。

1）滑坡监测。滑坡观测应对于变形迹象明显、潜在威胁大的滑坡体和滑坡群进行监测。监测要素包括降雨量、地表裂缝、位移、地表水、地下水和其他变形迹象。

a. 降雨观测：采用雨量计法。

b. 地表变形与位移观测：采用排桩法，从滑坡后缘的稳定岩体开始，沿滑坡变形最明显的轴向等距离设一系列排桩，由滑坡后缘以外的稳定岩体开始量测其到各桩之间的距离。汛期每周观测一次，非汛期半月或一月观测一次。根据下式求得位移量：

位移：
$$\Delta L_{ik} = L_{ij+1} - L_{ij}$$

水平位移：
$$\Delta X_{ik} = \Delta L_{ik}\cos\beta_i$$

垂直位移：
$$\Delta Y_{ik} = \Delta L_{ik}\sin\beta_i$$

其中：$i=1$，2，3，$\cdots$，$n-1$，n 表示桩数；$j=1$，2，3，$\cdots$，m，m 表示测次；$k=j=1$，2，3，$\cdots$，$m-1$，m 表示测次；L_{ij} 为第 j 次测量时，第 i 桩与第 $i+1$ 桩之间的斜坡距离，m；ΔL_{ik} 为第 k 次与第 $k+1$ 次测量之间，第 i 桩与第 $i+1$ 桩之间的斜坡距离之差，m；β_i 为第 i 桩与第 $i+1$ 桩之间斜坡的坡度，（°）。

c. 地表裂缝观测：滑坡体周围界两侧选择若干点，在动体和不动体上埋设标桩，定期用钢尺测量两桩间的水平距离。汛期每周观测一次，非汛期半月或一月观测一次。

d. 地下水观测：在地表变形明显的滑坡体附近，观测地下水变化，观测项目包括地下水位、泉水流量、浑浊度和水温等。

e. 地表巡视：观察滑坡体的各种变形征兆，包括裂缝变形、位移加快程度、动物活动异常、温度和流量变化等。

f. 滑坡侵蚀量：可采用体积或重量表示。

2）泥石流监测。

监测要素：包括泥石流暴发时的流态、龙头、龙尾、历时，泥面宽、泥深、测速距离、测速时间、流速、流量、容量、径流量、输沙量、沟床纵降、流动压力、冲击力等。

监测方法：断面观测是在泥石流沟道上设立观测断面，利用测速雷达、超声波泥位计，实现泥石流运动观测；动力观测是采用压电石英晶体传感器、遥测数传冲击力仪、泥石流地声测定仪等方法；输移和冲淤观测是在泥石流沟通区布设多个固体的冲淤测量断面，采用超声波泥位计、动态立体摄影等观测。

3）滑坡岩土样品实验。

土壤物理性状：直接测定指标包括土壤机械组成、土样的比重、天然容重及含水量。包括孔隙比、空隙度、饱和度和干容重等其他指标可由上述指标推算。测试按《土工试验方法标准》（GB/T 50123—1999）、《土工试验规程》（SL 237—1999）规定进行。

液性指数与塑性指数：按《土工试验方法标准》（GB/T 50123—1999）、《土工试验规程》（SL 237—1999）进行实验分析。

滑坡体土强度实验：宜采用直接剪切实验方法，该方法可测定预定剪切面的抗剪强度。

2. 无人机倾斜摄影遥感技术

倾斜摄影技术是国际测绘领域近些年发展起来的一项高新技术，它颠覆了以往正射影像只能从垂直角度拍摄的局限，通过在同一飞行平台上搭载多台传感器，同时从一个垂直、4个倾斜等五个不同的角度采集影像，获取大量不同角度的影像，将用户引入了符合人眼视觉的真实直观世界。倾斜摄影技术（图 3.8 - 2）能够真实地反映地物情况，而且还通过采用先进的定位技术，嵌入精确的地理信息、更丰富的影像信息、更高级的用户体验，极大地扩展了遥感影像的应用领域，并使遥感影像的行业

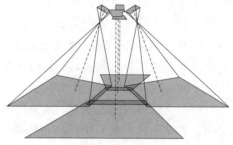

图 3.8 - 2　倾斜摄影中各个摄影角度示意图

应用更加深入，该技术目前在欧美等发达国家已经广泛应用于应急指挥、国土安全、城市管理、房产税收等行业。

遥感监测应包括下列内容：①土壤侵蚀因子：土地利用、植被覆盖度、坡度坡长、降雨侵蚀力、地表组成物质等；②土壤侵蚀状况：包括类型、强度、分布及其危害等；③水土流失防治现状：包括水土保持措施的数量和质量。现阶段，倾斜摄影一般是通过机载的多镜头倾斜摄影相机进行航拍获取，多镜头倾斜相机将多台（一般为 5 台）相机，以一台下视、多台侧视的方式组合在一起，在飞机沿航线方向飞行过程中，每经过一个摄站点，所有相机同时进行拍摄，从而获取一张下视的正射影像与多张侧视的倾斜影像，通过按照一定的摄影基线进行间隔拍摄，获取覆盖整个测区范围的具备足够重叠度的倾斜摄影航片影像。

3. 遥感技术

遥感（Remote Sensing，RS）技术主要是通过特殊手段对球表面地物及其特征进行远距离探测和识别的一种技术，主要从空中到地面乃至从空间到地面对全球进行探测和监测的多层次、多视角、多领域的观测技术体系，主要包括空间信息采集系统、地面接收和预处理系统、地面实况调查系统、信息分析应用系统等四部分。RS 技术因其宏观性和综合性强、综合效益高、信息量大、技术先进、获取信息快、更新周期短、动态信息丰富等特点，应用领域非常广泛。

RS 技术在水土保持监测管理中的应用主要体现在通过不同遥感平台的影像资料，结合一定的遥感解译方法和手段，开展水土保持治理动态效益监测。动态效益监测内容主要有水土保持治理前后的土地利用变化情况、植被覆盖度的变化情况、相关生态环境效益因子的动态变化等。目前，低空遥感监测与地面雷达监测也在水土保持监管中得到了一定的推广应用，特别是无人机遥感遥测技术克服了高空云层对获取影像资料的限制，其监测数据的更新周期还可以根据项目的需要进行自主设定，进一步提高了遥感监测的灵活性。

RS 技术在水土保持监管中的应用优势主要体现在其具有强大的信息量和综合效益，通过构建适当的遥感反演方法，可进行宏观大区域的水土保持治理效益分析，为政府宏观决策提供数据支撑。

4. 全球定位系统

全球定位系统（Global Positioning System，GPS）是利用人造地球卫星进行点位测量导航技术的一种。GPS 主要由空间星座部分、地面监控部分和用户设备部分组成，具有全天候获取数据、全球覆盖、可移动定位、精度高、操作简单等特点，是对 RS 技术应用过程中的一个有效补充，特别是在大比例尺专题图制作过程中，GPS 应用广泛。

GPS 具有精度高、获取数据全天候等特点，常用于水土保持规划设计、施工放样、竣工验收、水土流失监测和土地利用情况调查，以及生产建设项目水土保持动态监测。采用该技术还可以进行不同水土流失区界线实地验证和调整，通过布设不同密度点位网，进行综合治理小流域和实施区域数字地形图的构建，为后期土壤侵蚀预测与分析提供基础数据源。GPS 在水土保持监管中的应用优势主要体现在其不受天气限制、精度高，可为水土保持监测提供有力的技术保障。

5. 地理信息系统

地理信息系统（Geographical Information System，GIS）是在计算机软硬件支持下，研究并处理各种空间实体及空间关系为主的技术系统，主要分为综合性地理信息系统、区域性地理信息系统、专题性地理信息系统三大类。从总体来看，地理信息系统处理与管理的对象是多种地理空间实体数据和数据间关系，主要包括空间定位数据、图形数据、遥感图像数据、属性数据等，用于分析和处理在一定地理区域内分布的各种现象和过程，解决复杂的规划、决策和管理问题。由于在处理空间实体与空间关系方面具有较大优势，GIS 目前已被广泛应用于区域规划与管理、资源与环境调查、灾害监测、土地资源管理等多个领域。

利用 GIS 的空间分析功能在相关本底数据（DEM、河网数据等）的基础上实现小流域的提取，从而构建数字化小流域；结合水土流失预测预报模型（USLE、RUSLE、CSLE 等）和水文预测预报模型（AGNPS、ANSWERS、MATSALU、SWAT、STREAM、SWIM、TOPMODE 等），进行小流域土壤侵蚀预测预报和水土保持治理成效分析；结合小流域的水土保持治理情况，搜集相关信息，并进行矢量化和属性赋值处理，构建小流域自然环境本底数据库、水土保持治理信息库模型；通过 Web GIS 技术，实现水土保持基础数据库的共享和水土保持协同分析，使水土保持部门和相关职能部门对小流域情况有一个宏观上的把握，便于多部门统筹协作，制定区域性的水土保持规划和其他发展规划；通过计算机语言二次开发，构建专业的水土保持监测管理信息系统，实现水土保持监管工作的信息化和规范化。

6. 地理信息集成（"3S"）技术

地理信息集成技术也就是通常所说的"3S"技术，即集成 GPS、RS 和 GIS 技术的整体，这种系统不仅具有自动、实时地采集、处理和更新数据的功能，而且能够智能分析和运用数据，为各种应用提供科学决策咨询，并提供解决方案。RS 和 GPS 技术可以提供海量数据，然后通过 GIS 技术的空间提取与分析功能，提取有用数据，从而进行综合性分析，形成了一套综合、完整的对地监测系统，为"数字地球"构建提供了理论基础和数据支撑。

"3S"技术在水土保持监管中的应用，从整体上构建水土保持综合管理及监测平台，从而更好地开展小流域水土保持和区域水土保持监测管理工作，当前已有一些学者将"3S"技术应用到了水土保持监管中，并尝试性地构建了水土保持监测管理系统。"3S"技术的优势就是集中了 GIS 的空间分析、RS 的宏观决策、GPS 的高精度监测等技术优势于一身，形成技术合力，使水土保持监测管理步入信息化时代。

3.8.8 水土保持监测仪器

1. 无人机倾斜摄影遥感技术

（1）无人机：采用小型无人机，硬件主要包括发动机引擎、螺旋桨、机身、机翼（含副翼、尾翼、尾副翼）、起落架、降落伞等。

（2）数码相机：采用 Cannon 5D Mark Ⅱ，全画幅数码单反，2110 万像素（5616 × 3744），35mm 红圈定焦镜头。

（3）机载飞行和地面站控制系统：采用 UP3.0 系统，其主要功能为确定姿态角、坐标和运动参数；按照规划路线自主飞行导航与飞行控制；侧滚角与俯仰角稳定控制；导航轨迹和高度数据输出；传感器等有效负载控制；飞行路线规划与上载，飞行姿态数据下载；远程控制与自主导航切换；无人机飞行实时监视与控制无人机航迹重放。

地面控制点采集设备主要采用 Trimble GEOXT2008 手持 GPS，精度达到亚米级（0.5～1m）；遥感影像后期处理主要采用瑞士专业无人机数据处理软件 Pix4UAV Desktop 3D 2.2.4；水土保持监测数据提取主要采用地图绘制软件 Global Mapper 15。

2. "3S"技术

A801 是瑞特森结合当前新的技术方案，推出的一款基于 Android 操作系统的工业级智能移动终端。可广泛应用于警务、林业、农业、环保、市政、电力等多种涉及外业工作的行业，以此为平台，结合行业应用软件，可搭建出各类行业应用方案，其性能技术指标见表 3.8－10。

表 3.8－10　　　　　　　　　A801 性能技术指标

操作系统		Google Android4.0
处理器	架构	Cortex A9 双核
	主频	1GHz
GNSS	模块类型	99 通道，BDS B1，GPSL1C/A，支持 SBAS
	定位精度	单点 2～5m（CEP），SBAS 1～3m（CEP）
	更新频率	1Hz
电源	电池电压	3.7V
	电池容量	2000mAh（可拆卸），可选配 3600mAh
	续航时间	典型状态两块电池 12h 以上
存储	RAM	1GB
	机内 ROM	4GB
	扩展存储	支持 MircoSD 卡扩展，标配 8GB，最大支持 32G

数据通信	数据线接口	MiNiUSB2.0，支持 MiNiUSB 串口数据通信
	运营商网络	WCDMA（兼容 GSM/GPRS），支持语音通话
	其他	13.56MHz RFID、WiFi、蓝牙、调频收音机
屏幕特性	屏幕尺寸	4 英寸
	分辨率	WVGA（480×800），反透式显示屏，强光下清晰可见
	触摸类型	电容式触屏，支持多点触控
传感器及多媒体	传感器	电子罗盘、气压计、加速度传感器、光纤传感器
	摄像头	主摄像头 500 万像素，前置摄像头 30 万像素
	音频	听筒、话筒、扬声器、耳机接口
物理特性	尺寸	134.8mm×71mm×18.5mm（长×宽×高）
	重量	约 200g（含电池）
	按键	2 个音量按键、2 个自定义按键、1 个电源按键、1 个照相机按键、1 个复位孔、4 个 Android 软按键

巡护系统通过 GPS 采集数据，并传输到计算机，将"一张图"由目前的桌面管理，借助"3S"技术将多种规格式的离线地图应用到野外监测及巡护保护中。该系统能以保护区，县为单位将遥感、地形图、调查样线、水系、道路及居民点数据作为离线地图数据加入并显示，能通过 GPS 将用户位置实时显示到图上，查询相应的属性信息。

3.8.9　水土保持监测指标

1. 水力侵蚀

（1）水力侵蚀危险程度等级应采用抗蚀年限，或植被自然恢复年限和地面坡度因子进行划分。采用抗蚀年限判别水力侵蚀危险程度等级的划分标准应按表 3.8－11 的规定执行。

表 3.8－11　　　　抗蚀年限判别水力侵蚀危险程度等级的划分标准

等级	抗蚀年限/a	等级	抗蚀年限/a
微度	＞100	重度	20～50
轻度	80～100	极度	＜20
中度	50～80		

注　1. 抗蚀年限取值采用超过临界土层厚度的土层厚度与可能的年侵蚀厚度的比值。
　　2. 临界土层系指林草植被自然恢复所需的最小土层厚度，一般按 10cm 计。

（2）采用植被自然恢复年限和地面坡度判别水力侵蚀危险程度等级的划分标准应按表 3.8－12 和表 3.8－13 的规定执行。

表 3.8－12　植被自然恢复年限和地面坡度判别水力侵蚀危险程度等级的划分标准

地面坡度/(°)	植被自然恢复年限/a				
	1~3	3~5	5~8	8~10	10
<5，<8	微度	轻度	中度	中度	重度
5~8，8~15	微度	轻度	中度	重度	重度
8~15，15~25	轻度	中度	中度	重度	重度
15~25，25~35	中度	中度	重度	重度	极度
>25，>35	中度	重度	重度	极度	极度

注　东北黑土区地面坡度划分<5°、5~8°、8~15°、15~25°、>25°，其他土壤侵蚀类型区地面坡度划分<8°、8~15°、15~25°、25~35°、>35°。

表 3.8－13　水力侵蚀区植被自然恢复年限判别条件

植被自然恢复年限/a	指标
1~3	土层厚度大于 10cm，年降雨量大于 800mm
3~5	土层厚度大于 10cm，年降雨量 600~800mm
5~8	土层厚度大于 10cm，年降雨量 400~600mm
8~10	土层厚度大于 10cm，年降雨量 200~400mm
>10 或难以恢复	明沙、土层不足 10cm 或年降雨量小于 200mm

2. 风力侵蚀

风力侵蚀危险程度等级应采用气候干湿地区类型和地表形态（或植被覆盖度）因子进行划分。风力侵蚀危险程度等级的划分标准按表 3.8－14 的规定执行。

表 3.8－14　风力侵蚀危险程度等级的划分标准

地表形态	植被覆盖区/%	气候干湿地区类型				
		湿润区	半湿润区	半干旱区	干旱区	极干旱区
固定沙丘，沙地，滩地	>70	微度	轻度	中度	中度	重度
固定沙丘，半固定沙丘，沙地	70~50	微度	轻度	中度	重度	重度
半固定沙丘，沙地	50~30	轻度	中度	中度	重度	重度
半固定沙丘，流动沙丘，沙地	30~15	中度	中度	重度	重度	极度
流动沙丘，沙地	<15	中度	重度	重度	极度	极度

3. 滑坡

滑坡危险程度等级宜采用潜在危险程度和滑坡稳定性两个因子进行划分。滑坡危险程度等级的划分标准应按表 3.8－15 的规定执行。

4. 泥石流

泥石流危险程度等级宜采用潜在危险程度和泥石流发生可能性两个因子进行划分。泥石流危险程度等级划分标准应按表 3.8－16 的规定划分。滑坡、泥石流潜在危险程度判别条件见表 3.8-17。泥石流发生可能判别条件见表 3.8-18。

表 3.8-15　滑坡危险程度等级的划分标准

滑坡稳定性	潜在危害程度				
	Ⅰ 较轻	Ⅱ 中等		Ⅲ 严重	
	1	2	3	4	5
稳定	轻度				
较稳定		中度			
不稳定				重度	

表 3.8-16　泥石流危险程度等级的划分标准

泥石流发生可能性	潜在危害程度				
	Ⅰ 较轻	Ⅱ 中等		Ⅲ 严重	
	1	2	3	4	5
小	轻度				
中		中度			
大				重度	

表 3.8-17　滑坡、泥石流潜在危险程度判别条件

潜在危险程度		指　标
Ⅰ 较轻	1	危及孤立房屋、零星构筑物等安全，如乡村道路、水土保持设施等，不危及人的安全
Ⅱ 中等	2	危及小村庄及非重要公路，水渠等安全，危及人数在 10 人以下
	3	威胁乡、镇所在地及大村庄，危及铁路、公路、小航道等安全，并危及 10~100 人的安全
Ⅲ 严重	4	威胁县城及重要乡镇所在地、一般工厂、矿山、铁路、国道及高速公路，并危及 100~500 人的安全或威胁Ⅳ级航道
	5	威胁地（市）级行政所在地，重要县城、工厂、矿山、省级干线铁路、高铁，并危及 500 人以上人口安全或威胁Ⅲ级及以上航道安全

表 3.8-18　泥石流发生可能判别条件

泥石流发生可能	指　标
小	沟道比降小于 105‰，沿沟固体松散物储量密度小于 1 万 m^3/km^2，暴雨强度指标 $R<4.2$
中	沟道比降 105‰~213‰，沿沟固体松散物储量密度 1 万~10 万 m^3/km^2，暴雨强度指标 $R=4.2~10$
大	沟道比降大于 213‰，沿沟固体松散物储量密度大于 10 万 m^3/km^2，暴雨强度指标 $R>10$

3.8.10　参考文献

[1]　Eardley A J. Yukon channel shifting [J]. Geological Society of America Bulletin, 1938, 49 (3): 343-357.

［2］ Bluck B J. Sedimentation in the meandering River Endrick ［J］. Scottish Journal of Geology，1971，7（2）：93-138.

［3］ Wolman M G. Factors influencing erosion of a cohesive river bank ［J］. American Journal of Science，1959，257（3）：204-216.

［4］ Lawler D M. Some new developments in erosion monitoring：The potential of optoelectronic techniques ［R］. University Birmingham，school of Geography Working Paper，1989.

［5］ Kummu M，Lu X X，Rasphone A，et al. Riverbank changes along the Mekong River：Remote sensing detection in theVientiane-None Khai area ［J］. Quaternary International，2008，186（1）：100-112.

［6］ Yao Z，Ta W，Jia X，et al. Bank erosion and accretion along the Ningxia-Inner Mongolia reaches of the Yellow Riverfrom 1958 to 2008 ［J］. Geomorphology，2011，127（1-2）：99-106.

［7］ 李瑞，杨勤科，赵永安. 水土流失动态监测与评价研究现状与问题 ［J］. 中国水土保持，1999（11）：31-33.

［8］ Pickup G，Nelson D J. Use of Landsat radiance parameters to distinguish soil erosion，stability and deposition in arid central Australia ［J］. Remote Sensing of Environment，1984，16（3）：195-209.

［9］ Stephens P R，Mac Millan J K，Daigle J L，et al. Estimating universal soil loss equation factor values with aerial photography ［J］. Journal of Soil and Water Conservation，1985，40（3）：293-296.

［10］ Jürgens C，Fander M. Soil erosion assessment by means of LANDSAT-TM and ancillary digital data in relation to water quality ［J］. SoilTechnology，1993，6（3）：215-223.

［11］ Savabi M R，Savabi M R，Flanagan D C，et al. Application of WEPP and GIS-GRASS to a small watershed in Indiana ［J］. Journal of Soil and Water Conservation，1995，50（5）：477-483.

［12］ 刘耀林，罗志军. 基于 GIS 的小流域水土流失遥感定量监测研究 ［J］. 武汉大学学报（信息科学版），2006，31（1）：35-38.

［13］ 沈云良，邱沛炯，王天有，等. 利用 TM 图像监测水土流失变化及对策分析 ［J］. 中国水土保持，1993（4）：45-47.

［14］ 郭学军，郭立民. 应用不同时期的航片分析土壤侵蚀量的动态变化 ［J］. 中国水土保持，1994（2）：40-43.

［15］ 洪双旌，高兆蔚. 利用森林资源连续清查体系进行水土流失动态监测的探讨 ［J］. 福建水土保持，1994（3）：24-26.

［16］ 卜兆宏，孙金庄，周伏建，等. 水土流失定量遥感方法及其应用的研究 ［J］. 土壤学报，1997，34（3）：235-245.

［17］ 牟金泽，孟庆枚. 降雨侵蚀土壤流失预报方程的初步研究 ［J］. 中国水土保持，1983（6）：25-29.

［18］ 江忠善，郑粉莉，武敏. 中国坡面水蚀预报模型研究 ［J］. 泥沙研究，2005（4）：1-6.

［19］ 沈玉芳，秦清军，吴永红. 植被类型对黄土高原土壤侵蚀的影响研究 ［J］. 西北农业学报，2003，12（3）：5-8.

［20］ 李智广. 艰辛的历程光辉的事业 ［J］. 中国水利报（国际水土保持大会专号），2002-05-25（7）.

［21］ 喻权刚，马安利，赵帮元. "3S" 技术在黄土高原水土保持动态监测中的研究与实践 ［J］. 水土保持研究，2004，11（2）：33-35.

［22］ 王新，陈武，汪荣胜，等. 浅论低空无人机遥感技术在水利相关领域中的应用前景 ［J］. 浙江水利科技，2010，（6）：27-29.

［23］ 松辽水利委员会松辽流域水土保持监测中心站. 无人机遥测技术在水土保持监管中的应用 ［J］. 中国水土保持，2015（9）：73-76.

[24] 蔡志洲，林伟. 民用无人机及其行业应用［M］. 北京：高等教育出版社，2017.

[25] 姜德文. 高分遥感和无人机技术在水土保持监管中的应用［J］. 中国水利，2016（16）：45－49.

[26] 曲林，冯洋，支玲美，等. 基于无人机倾斜摄影数据的实景三维建模研究［J］. 测绘与空间地理信息，2015，（3）：38－39.

[27] XIE F，LIN Z，GUI D，et al. Study on Construction of 3D Building Based on UAV Images［C］// InternationalArchives of the Photogrammetry，Remote Sensing and Spatial Information Sciences，Volume XXXIX－B1，2012XXII ISPRS Congress，Melbounre，Australia，August 25－September 1，2012：469－473.

[28] 李锐，徐传早. 美国水土流失预测预报与动态监测［J］. 水土保持研究，1998，5（2）：119－123.

[29] Lei TW，Zhang Q，Zhao J，et al. A laboratory study of sediment transport capacity in the dynamic process of rill erosion［J］. Transactions of the asae，2001，44（6）：1537－1542.

[30] Truman C C，Bradford J M. Effect of antecedent soil moisture on splash detachment under simulated rainfall［J］. Soil Sci. 1990，150：787－798.

[31] Musgrave G. W. The quantitative evaluation of factors in water erosion［J］. Soil and water conservation，1947，2（3）：33－138.

[32] Elliot W J，Laflen J M. A process－based rill erosion model［J］. Trans of the ASAE，1993，36（1）：65－72.

[33] 邵颂东，王礼先，周金星. 国外土壤侵蚀研究的新进展［J］. 水土保持科技情报，2000，（1）：32－36.

[34] Knaus R M. Accretion and canal impacts in a rapidly subsiding wetland：a new soil horizonmaker method for measuring recentaccretion［J］. Estuaries，1989，12（4）：269－283.

[35] Anderson R F. et al. Determining sediment accurelation and mixing rates using，210Pb、137Cs，and other tracer：problems due to post depositional mobility or coring artifacts［J］. Can. J. Pish Auquat. Sci. 1987，44：231－250.

3.9　区域内生物多样性及稳定性

3.9.1　研究进展

生物多样性（biological diversity）是用来描述自然界多样性程度的概念，涉及内容广泛。其对人类社会意义重大，是人类社会赖以生存和发展的基础，对社会经济稳定和持续发展具有重要的意义，包括了遗传多样性、物种多样性、生态系统多样性。狭义的遗传多样性是指物种的种内个体或种群间的遗传（基因）变化，亦称为基因多样性。广义的遗传多样性是指地球上所有生物的遗传信息的总和。物种多样性是指一定区域内生物种类（包括动物、植物、微生物）的丰富性，即物种水平的生物多样性及其变化，包括一定区域内生物区系的状况（如受威胁状况和特有性等）、形成、演化、分布格局及其维持机制等。物种多样性是群落生物组成结构的重要指标，它不仅可以反映群落组织化水平，而且可以通过结构与功能的关系间接反映群落功能的特征。生态系统多样性是指生物群落及其生态过程的多样性，以及生态系统的内生境差异、生态过程变化的多样性等。近年来，有些学者还提出了景观多样性，作为生物多样性的第四个层次。景观多样性是指由不同类型的景观要素或生态系统构成的景观在空间结构、功能机制和时间动态方面的多样化程度。从目前来看，生物群落的物种多样性指数可分为 α 多样性指数、β 多样性指数和 γ 多样性指数三类。与多样性相联系的一个概念是稳定性，即系统对外界干扰的反应，包括抵抗性、恢复性、持久性和变异性 4 个方面。

3.9.1.1　国内

1. 现状及保护研究

国内对水生生物多样性的研究首先是针对浮游植物和浮游动物种类、数量以及变化规律的研究，分析水生生物多样性面临的问题并提出保护措施。

唐文家等[1]对青海省黑河上游水生生物进行了调查研究，主要采集浮游植物、浮游动物和鱼类，研究了它们的种类和丰富度指数。基于赤水河流域水生生物多样性的资料，王忠锁等[2]提出了流域尺度上水生生物多样性保护措施和管理模式。袁永锋等[3]对黄河干流中、上游河段采用实地捕捞、走访了解等方法进行水生生物的调查研究，将结果与 1982年进行的黄河水系的渔业资源调查结果作对比分析，分析水生生物多样性变化情况并提出保护建议。张志军等[4]对浑河中游和上游的水生生物多样性的现状以及其变化趋势进行了研究，包括生境类型多样性、水生生物多样性和水生生物遗传资源与物种多样性，分析了水生生物多样性下降的原因并提出了保护对策。基于现有资料，王海英等[5]分析了长江中游水生生物多样性降低的原因，威胁方面主要包括生境破坏、资源不合理利用、水体污染以及外来物种入侵，对长江中游水生生物多样性面临的这些威胁分别进行了评价。压力方面主要包括经济增长与生态保护的矛盾、土地利用不合理、人口增速快和管理政策不完善。并提出了保护措施。向保明等[6]对长江镇江段水生生物资源现状和历史数据进行分析，主要针对渔业管理提出问题和管理对策。陈勇佳等[7]对梧州市水生生物资源的管理进行了研究，主要是研究渔业的管理，实现对珠江流域水生生物资源和水域生态环境的保护。

2. 群落多样性研究

随着人们对水生生物多样性的进一步认识，人们开始注重研究群落多样性，并将其与水质联系起来。以密云水库为研究区域，李永刚[8]采样底栖动物并分析了底栖动物群落结构组成、种群密度、生物量、优势种，对浮游植物和浮游动物进行采样，分析了它们的群落结构和密度，最后分析了轮虫生物多样性指数和优势度，将底栖动物生物多样性与水质状况联系在一起，证明可以用其来评价水质。苏玉等[9]对太子河流域本溪段水生生物群落和水环境因子关系进行研究，主要基于着生藻类和底栖动物的调查数据。陈校辉[10]对长江江苏段水生生物进行调查和研究，研究了鱼类种类组成和优势种，浮游植物群落结构特征，浮游动物群落结构及其多样性，底栖动物群落结构现状，并进行水质的初步评价。

3. 基因多样性研究

随着基因工程技术发展迅速，国内学者开始研究水生生物多样性的基因多样性方面。以长江流域为研究区域，傅萃长[11]对淡水鱼类物种多样性进行了研究，分析了海拔梯度对淡水鱼的物种多样性、物种分布和物种体形的影响。并研究了银鱼的基因多样性，探讨银鱼的分子系统位置。

4. 多样性评价

对于水生生物多样性的评价，我国尚没有一套专门的针对水生生物的水生生物多样性评价指标，对于水生生物多样性评价大多是基于生物多样性评价指标体系。黄萍等[12]以河南省的伊洛河流域为研究对象，以县域为评价单元，展开水生生物多样性调查，进行水生生物多样性综合评价，评价标准是河南省伊洛河流域总的水生生物情况，采用的是生物多样性指数法。刘冰[13]在对莲花湖湿地物种现状调查分析和资料数据的基础上，从物种丰富度、生态系统类型多样性、物种特有性和外来物种入侵度四个方面，也是采用生物多样性综合评价法进行了生物多样性评价。贾久满等[14]针对湿地生物多样性指标评价体系的研究是对每个评价指标进行定性打分，创新性地将评价指标体系分为直接指标和间接指标两方面，各项指标的得分直接相加获得生物多样性评价得分。

3.9.1.2 国外

1. 现状研究

相比于国内，国外对于水生生物多样性现状的研究大多是从全球尺度，研究水生生物情况，例如水蚤类动物、甲壳等足虫，主要研究它们的发展史、地方特性、分布以及人类影响。也有地区尺度的水生生物多样性现状研究，例如 Brown 等[15]通过采样调查，数据统计分析，研究了法国南部当地淡水无脊椎动物生物多样性和分布，并提出了相关的保护措施。以印度北部恒河的一条支流戈麦蒂河为研究区域，Sarkar 等[16]采用普查法研究了戈麦蒂河上中下游鱼类多样性、分布格局、丰富度和栖息地状况。

2. 影响因素研究

对于水生生物多样性的影响因素，国外研究比较成熟和有针对性。对于淡水生物多样性，从不同角度可以有不同的影响因素，Dudgeon 等[17]提出五个主要的威胁类型，如图3.9-1所示，这些因素之间互相关联，影响情况交错复杂很多国外学者细致研究了某一因素或某几个因素是如何影响水生生物多样性的。从单一影响因素来看，Everard[18]研究了周期性干旱对于维持淡水环境中生物多样性的重要性。其论述了干旱对物理化学条件、水文、地貌过程和栖息地多样性以及水生生物多样性的影响，表明周期性干旱对藻类、大型植物、无脊椎动物和鱼类多样性有一定的好处。印度学者 Kumar[19]研究了外来鱼物种对水生生物多样性的影响并提出解决措施，建立严格的有关外来鱼物种进口的法规。Arthington[20]研究表明，人类许多河流生态系统景观活动改变了河流的热机制，特别是水坝产生的热机制改变，损害整个本地生物群落。以欧洲淡水动物群落为研究对象，Hof 等[21]分析了物种丰富度随纬度的变化情况。所研究的物种分为三种生境类型：地下水栖

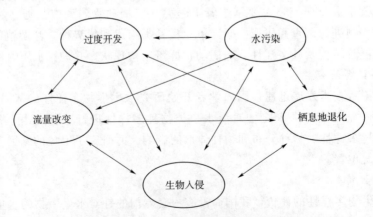

图 3.9-1 水生生物多样性威胁类型

息地、激流栖息地和静水栖息地，静水栖息地物种进化出更有效的分布策略。Hof 强调地区历史、物种血统和物种生态特征对理解生物多样性模式的重要性。

从多因素角度，Galbraith 等[22]研究了区域气候模式和当地的水资源管理对河蚌群体产生的协同效应。以北欧湖泊和溪流大型底栖动物群落为研究对象，Burgmert 等[23]通过分析时间序列数据，发现温度和气候指数没有直接的线性响应，但是多变量统计表明平均温度对物种组成有深远影响。栖息地的丧失和改变、水文变化、水污染和入侵已经被确认为淡水鱼类多样性丧失的主要因素。因为这些丧失的潜在原因经常是互相相关的，很难区分一个因素的直接和间接影响，也很难正确地对针对这些因素保护行动的重要性等级进行排序。基于加利福尼亚州有关鱼物种多样性的资料，Light 等[24]采用路径分析法，提出要区分生物入侵和栖息地改变对生物多样性降低的影响。

3. 基因多样性研究

国外也有对基因多样性的研究，Beardmore 等[25]从水产业角度出发，研究了基因水平的生物多样性，指出这是生物多样性研究的基础。研究北美洲淡水生物多样性，Perry 等[26]提出基于分子系统学鉴定水生生物物种基因渗入的危险，这个方法可能是确定在北美洲淡水中很多近缘种之间杂交潜在威胁的第一步。

4. 多样性保护研究

对于水生生物多样性的保护方面，国内研究主要是宏观上提出总体的保护方案，而国外多针对某一方面的保护措施提出更细致的研究。Geist[27]总结了水生态系统中生物多样性的层次级别，并从整合淡水生态系统和生物多样性的角度提出水生生物多样性的保护。Higgins 等[28]提出了河流分类方法，有助于生物多样性保护。Suski 等[29]研究了通过建立淡水保护区（FPAs）保护水生资源。FPAs 是指从淡水环境分割出的一部分的分区以减少干扰，让自然过程控制人口和生态系统。Suski 指出类似的保护实践在陆地生态系统和海洋生态系统都已很好地实施，但是淡水保护区实践较少。Pusey 等[30]以澳大利亚北部的种群为例，研究了淡水类多样性和河岸带完整性之间的关系，指出河岸带对保护和管理淡水鱼类多样性的重要性。Lakra 等[31]指出不同流域淡水水生生物资源在空间和时间上分布不均，可以从水资源的空间分配角度来保护鱼类多样性。以印度河流为研究对象，Lakra 提出了通过运河系统和建立水坝来连接主要河流，并分析了河流水生态系统和鱼类多样性保护的问题。

水生生态系统由于环境的复杂性、隐蔽性、操作的困难性等原因，在研究其生物多样性、生物量估算、濒危物种或入侵物种等方面需要花费巨大的人力和物力。随着环境 DNA（environmental DNA，eDNA）技术的出现，对水生生态系统的研究正日益增多。最早对 eDNA 进行研究的是微生物学家 Ogram，他在 1987 年成功从湖底沉积物中提取出微生物的 DNA[32]。而 eDNA 的概念真正被广泛接受始于 2000 年，Rondon 等[33]直接从土壤样品中提取细菌的基因组 DNA，利用细菌的人工染色体构建基因组文库，经序列比对得到了大量的微生物种类，表明了可以运用 eDNA 方法检测微生物多样性及物种鉴定。首次应用环境 DNA 技术监测淡水样品的物种是入侵物种-美国牛蛙[34]。目前研究的对象包括两栖动物、鱼类、哺乳动物、爬行动物、节肢动物和腹足动物。

环境 DNA（Environmental DNA，eDNA）指的是可以从不同环境（例如土壤、水体、空气等）中提取的总 DNA，不需要对任何目标生物体进行分离。它包括环境中所有的生物体以及从生物体脱落产生的活细胞 DNA 和因生物体死亡后细胞破碎产生的游离 DNA，如动物的唾液、黏液、粪便、尿液以及身上脱落的皮肤细胞等。在自然环境中，环境 DNA 量的变化是一个动态的过程，不断产生也不断降解。环境 DNA 技术主要是通过分析水体中物种特定的 DNA 片段来监测水生生物，可广泛应用于水生生物的监测、保护和管理工作。

对于复杂隐蔽的水体来说，要探明其中生物的多样性，比如鱼类多样性，传统的方法是通过网捕或电捕，再由经验丰富的专家进行种类鉴定。鉴定分类工作对研究人员的专业知识和实践经验要求较高，鉴定物种费时费力，准确性也不高。借助分子生物学的手段特别是 eDNA 技术，解决了许多弊端。Philip 等[35]运用 eDNA 技术对丹麦港口海域的鱼类物种多样性进行检测，通过第二代测序技术检测了该水域的海洋鱼类物种组成，其中既包括经济鱼类也包括非经济鱼类。Minamoto 等[36]用 eDNA 技术对日本 Yura 河的三个点进行采样分析，用随机挑选克隆的方法检测出 4 个鱼类物种，得到的结果与之前渔获物调查的结果一致。与传统的调查方式相比，利用 eDNA 除了能检测出传统方法调查到的鱼类，还能检测到用传统方法不能调查到的鱼类，说明 eDNA 技术在物种多样性研究的应用上是成功的，有助于人们更加全面、快速地了解物种资源情况。

一直以来，人们在动物生物量评估方面的研究较少，最重要的原因在于动物难以捕捉且易隐藏，对于水中的生物来说更是如此。最近有关于用 eDNA 技术估计鱼类生物量的报道，Teruhiko 等[37]认为某物种的生物量大小与其释放在环境中的 DNA 成正比，他们首先用鲤鱼研究了 eDNA 浓度与放养数量之间的关系，并建立线性方程，然后采集湖中的水样来估算鲤鱼的数量，结果表明用 eDNA 的浓度估算出的生物量数据可以很好地反映自然环境中鲤鱼的潜在分布，提供了一种安全、便利、迅速的估算生物量的方法。David 等[38]用 eDNA 技术评估了河流里两栖动物的分布和丰富度，进一步证明了 eDNA 的浓度与生物的密度、生物量有关。

此外，对大的水体和复杂的水体中的稀有物种来说，传统的方法很容易造成错误的判断，提高准确率唯一的方法就是增加捕获的次数和捕获的时间，eDNA 技术是一种新的、有效的检测方法。Jerde 等[39]用 eDNA 技术监测了芝加哥一个大的河流中"亚洲鲤"的入侵情况，研究结果表明"亚洲鲤"已成功入侵到密歇根湖。Mahon 等[40]为了证明 eDNA 在监测入侵物种方面的有效性，设计了室内人工控制和野外自然环境实验，选择了密西西比河中 6 种外来入侵物种作为实验对象，通过设计特意引物，证明了水域中入侵物种的存在，证实了 eDNA 比传统的网捕和电捕上的优势。

生态系统功能关系的研究中，生物多样性往往被认为等同于物种多样性，而忽视了其他组成部分。但是不同的物种在生理、生态、形态特征等方面存在极大的差别，因而简单的物种多样性难以真实地体现每个物种性状对生态系统过程所起的作用。生态系统功能不仅仅依赖于物种的数目，而且依赖于物种所具有的功能性状[41]。两个具有相同物种数的群落，由于物种拥有不同的性状和特征，很可能在功能多样性方面表现出较大差异。因此，越来越多的学者提出用功能性状的多样性代替物种多样性对群落进行研究[42,43]。功能多样性作为生物多样性的一个成分对于维持生态系统的功能具有重要意义，并且对生态系统功能有更大的决定作用。作为衡量生物多样性的另一种方法，功能多样性所关注的是与生态系统功能密切相关的物种功能特征。该指标能更加明确地反映群落中物种间资源互补的程度[44]。换言之，功能多样性是指群落内物种间功能特征的总体差别或多样性[45]。关于淡水鱼类的功能多样性研究也日趋深入。已有研究表明外来水生生物在资源需求上的功能差异对水生生态系统过程产生巨大影响[46]，入侵种通过改变系统水平的资源有效性、营养级结构及干扰频率与强度，从而改变生态系统的功能甚至生态系统的稳定性。如外来种的介入，使得全球范围内淡水鱼类的体型发生不同程度的改变[47]，进而影响淡水鱼类的功能多样性。

3.9.2 内陆淡水水生生物多样性

指示物种为鱼类、水生维管植物、大型底栖无脊椎动物、浮游生物、周丛藻类。

3.9.2.1 鱼类

1. 监测要素

鱼类的监测要素包括鱼类种类组成、鱼类繁殖时间以及环境条件、鱼类物种多样性、群落结构、种群结构、遗传结构和环境条件等。

2. 监测方法

（1）鱼类早期资源调查包括产漂流性卵鱼类早期资源调查和产沉黏性卵鱼类早期资源调查。产漂流性卵鱼类早期资源调查包括定点定量采集、定性采集、断面采集等，其断面采集的样点分布如图 3.9 - 2 所示。产沉黏性卵鱼类早期资源调查包括主动采集和被动采集。

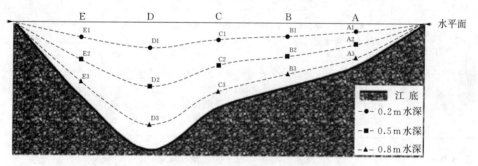

图 3.9 - 2　鱼类早期资源采样点分布

（2）鱼类多样性调查包括渔获物统计、走访并调查、自行采集。

（3）声呐水声学调查分为走航式和固定式。走航式是运用回声探测仪监测鱼类数量与分布。将声呐探测设备的数字换器（探头）固定在船体的一侧，探头发射声波面垂直向下，探头放于水面以下一定深度。利用导航定位仪确定探测船的坐标位置，并记录航行路线。探测方式可采用平行式走航探测，比如"Z"和"弓"字形路线，也可采用直线式走航探测。固定式用于监测鱼类通过某一断面的数量和活动规律。根据监测要求和水域形状，选择断面，探头完全放于水下一定的深度，探头发射声波面与水面平行。利用换能器进行连续（一般 1s 一次）脉冲探测和声学数据采集。

（4）标记重捕法。主要步骤包括确定流放种类、选择标记方法、选择流放对象、存活和脱标实验、标记和放流、回补和检测。标记重捕法一般适用于封闭的小型湖泊。

（5）遗传多样性分析。选用线粒体基因序列分析、核基因序列分析、微卫星多态性分析等方法，选用相关的引物，进行 PCR（聚合酶链式反应）扩增。PCR 产物经琼脂糖凝胶电泳（适用于线粒体或核基因）或者聚丙烯酰胺凝胶电泳（适用于微卫星）检测后进行测序或基因分析。然后，对测序的结果利用相关软件进行分析，得到种群的遗传结构。

内陆水域鱼类监测内容和指标具体见表 3.9-1，监测过程中所涉及的主要仪器和设备见表 3.9-2。

表 3.9-1　　　　　　　　　　　内陆水域鱼类监测内容和指标

监测内容		监测指标	主要监测方法
鱼类早期资源监测		繁殖群体组成	鱼类早期资源调查
		产卵规模	鱼类早期资源调查
		产卵习性	鱼类早期资源调查
		产卵场的分布和规模	鱼类早期资源调查
鱼类物种资源监测	鱼类物种多样性	种类组成和分布	渔获物调查
		鱼类生物量	声呐水声学调查、标记重捕法
	鱼类群落结构	优势物种，不同种类的重量和尾数频数分布	渔获物调查、声呐水声学调查
	鱼类个体生物学及种群结构	食物饱满度、性腺发育等个体生物学特征，年龄组成、性比、体长和体重的频数分布、种群数量、生物量等	渔获物调查、标记重捕法
	鱼类种群遗传结构	变异位点、单倍型数、单倍型多样性、核苷酸多样性、等位基因数、观测杂合度、期望杂合度、近交系数、遗传分化指数等	遗传结构分析
栖息地调查		水体的长、宽、深、底质类型、流（容）量、水位、流速、水温、透明度、pH 值等理化因子，污染状况（污染源、污染程度）及水利工程建设、渔业等人类活动	资料调查和现场测量，按照 SL 58 和 SL 219 的规定执行

表 3.9-2　　　　　　　　　　　鱼类监测所需的主要仪器和设备

监测方法	仪器设备	用　途
鱼类早期资源调查	弶网	采集漂流性鱼卵和仔鱼
	圆锥网	采集漂流性鱼卵和仔鱼
	底层网	采集沉黏性鱼卵和仔鱼
	解剖镜	观测鱼卵和仔鱼的发育期、性腺发育期
	手抄网等渔具	采集鱼类
声呐调查	鱼探仪	声呐探测
标记重捕调查	打标设备	标记重捕
	标记	标记重捕
	检测设备	标记重捕

监测方法	仪器设备	用　途
遗传多样性分析	PCR 仪	DNA 扩增
栖息地调查	流速仪 GPS 定位仪 深水温度计 透明度盘 多普勒剖面仪 水质分析仪	测量流速 记录采样点的经纬度 测量水温 测量透明度 测量流速、流量 测量 pH 值、溶氧值、电导值

鱼类种类组成、群落结构、多样性指数等涉及数据分析，其计算方法如下：

（1）种类组成。统计所有样品的种数，并确定各分类阶元中的物种数和分布特征。按下式计算：

$$F_i\% = \frac{s_i}{S} \times 100\%$$

式中：$F_i\%$ 为第 i 科鱼类的种类数百分比；s_i 为第 i 科鱼类的种类数；S 为总种类数。

（2）群落结构。统计不同物种的渔获物数量，计算其相对种群数量。按下式计算：

$$C_i\% = \frac{n_i}{N} \times 100\%$$

式中：$C_i\%$ 为第 i 种鱼类的尾数百分比或重量百分比；n_i 为第 i 种鱼类的尾数或重量；N 为鱼获物的总尾数和总重量。

（3）多样性指数。计算方法有多种，下面介绍 3 种。

1）香农-维纳（Shannon-Wiener）指数法，按下式计算：

$$H' = -\sum_{i=1}^{s}(P_i \cdot \ln P_i)$$

2）辛普森（Simpson）指数法，按下式计算：

$$D = 1 - \sum_{i=1}^{s} P_i^2$$

3）皮洛（Pielou）均匀度指数法，按下式计算：

皮洛均匀度指数 1：$J_{sw} = -\sum P_i \ln P_i / \ln S$

皮洛均匀度指数 2：$J_{sw} = (1 - \sum P_i^2)/(1 - 1/S)$

式中：P_i 为渔获物中第 i 种的尾数百分比；S 为总种类数。

3.9.2.2 水生维管植物

水生维管植物指一年中至少数月生活于水中或漂浮于水面的维管植物。可将水生维管植物分为挺水植物、浮水植物和沉水植物。

1. 监测要素

水生维管植物的监测要素包括生境特征、种类及其数量特征、群落特征。

2. 监测方法

监测方法主要是采用样方法，具体介绍如下。根据观测目的、水体环境特点和不同类型水生植物的分布特点，采用系统抽样与典型抽样相结合的方法，布设样线、样方或样点；对样线、样方和样点采用 GPS 或其他方式进行标记，在地形图上注明位置，并记录样地的生境要素。

对于挺水植被，其样线和样点的布设如图 3.9-3 所示，样线的布置、条数和长度根据水体实际大小进行调整，对每个小样方采用样点截取法中的点频度框架开展调查，记录植物的种类次数、高度等。点频度框架如图 3.9-4 所示。

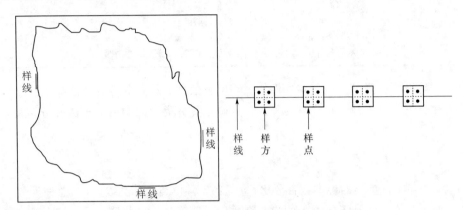

图 3.9-3　挺水植物样线与样点布设示意图

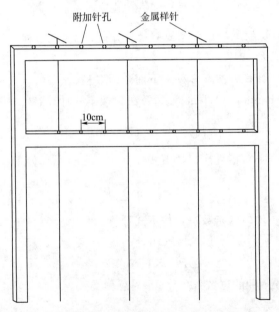

图 3.9-4　样点截取法中所运用的点频度框架

对于浮（沉）水植被，应根据植被水体的不同等设置横断面，在每个横断面上设置样线，在每条样线上设置样方。浮水植被调查样线和样点的布设如图 3.9-5 所示，其中虚线为调查样线，实心圆表示植物分布较为集中的浅水区域的调查样点，空心圆点表示植物分布较少的深水区域调查样点。对每个小样方采用样点截取法中的点频度框架开展调查。沉水植被调查样线和样点布设如图 3.9-6 所示，在每个小样方中采用 Braun-Blanquent 多盖度等级法进行调查。

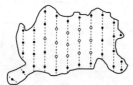

（a）表示湖泊或河流等大型水体　　（b）表示池塘或沟渠等小型水体

图 3.9-5　浮水植物调查样线和样点布设示意图

对于沉水植物群落可以采用目测法估计，如果条件允许可以考虑采用水深探测技术，并运用 SCUBA（水下呼吸器）或 snorkel（通气管）等设备，记录沉水植物的分布和种群密度等。

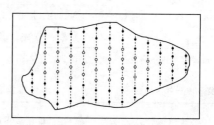

图 3.9-6　沉水植物调查样线和样点布设示意图

对于水生植物的生物量测定可采用遥感技术，也可采用直接取样的方法（收获法）。对于植物种类的组成，可以采样后，利用光学显微镜、解剖镜、解剖器材及植物志、植物图鉴等工具书，进行鉴定。

水生维管植物的具体监测内容与指标见表 3.9-3。其涉及监测工具和仪器见表 3.9-4。

表 3.9-3　　　　　　　　　　　　　水生维管植物监测内容与指标

监测内容	监测指标	监测方法
生境特征	地理位置（经纬度）	直接测量法
	生境类型	资料查阅和野外调查
	土壤、气候、水文等基础资料	资料查阅和野外调查
	海拔、水深、水体透明度、pH 值、水体温度*、水流速度*、水文状况（枯水期、丰水期）、水体盐度、污染情况（有无污染源）	直接测量法
	人类干扰活动的类型和强度	资料查阅和野外调查
种类及其数量特征	种类组成	样方法
	多盖度等级	样方法和目测法
	频度	样方法和样点截取法
	绝对活力	样方法和样点截取法
	盖度指数	样方法和样点截取法
	重要值	样方法
	生物量	遥感或收获法
	优势种	样方法
	伴生种	样方法

续表

监测内容	监测指标		监测方法
种类及其数量特征	珍稀、濒危物种		样方法
	外来入侵物种		样方法
群落特征	α多样性指数	丰富度指数	样方法
		香农-维纳（Shannon - Wiener）指数（H'）	
		辛普森（Simpson）多样性指数（D）	
		皮洛（Pielou）均匀度指数（J）	
	β多样性指数	Sørensen指数（C_s）	样方法
		科迪（Cody）指数（β_c）	

* 可根据具体观测目标和实际情况进行适当调整。

表 3.9 - 4 　　　　　　　　　　　　　　水生维管植物监测工具和仪器

植物样本采集与记录主要工具	彼得逊采泥器、采集袋、样品袋（或塑料自封袋）塑料瓶、放大镜、瓦楞纸板、长卷尺、钢卷尺、手锤、钉子、标桩（长 1.5m，粗 50mm 的 PVC 或其他材质的管材）、木桩、塑料绳、长 100cm×高 100cm 的点频度框架（上置 10 个等距的针孔，即两孔间相隔 10cm；实际应用时，框架大小及针孔数目以及金属针的间隔可以根据植物的大小和间距进行调节）、金属样针、配有微距镜头的数码相机、专业工具书
水生植物生境观测仪器	双目望远镜、全球定位系统（GPS）定位仪、罗盘、酸度计、透明度盘、回声测声仪、测深杆、水砣、溶氧仪，河流和大型湖泊调查需租用船舶

α多样性指数可以测度群落中的物种多样性，可以根据实际情况选择其中的指数表示多样性。

丰富度指数 d_m 的计算公式为

$$d_M = (S-1)/\ln N$$

式中：S 为物种数；N 为群落中所有物种的个体数。

香农-维纳（Shannon - Wiener）指数、辛普森（Simpson）多样性指数、皮洛（Pielou）均匀度指数等计算公式与鱼类的相同，只是把鱼类样本改为植物样本。均匀度指数选用皮洛均匀度指数 1。β多样性指数可以测度群落的物种多样性沿着环境梯度变化的速率或群落间的多样性。计算方法包括 Sørensen 指数和科迪指数。

科迪指数计算公式为

$$\beta_c = \frac{[g(H)|l(H)]}{2}$$

式中：β_c 为科迪指数；$g(H)$ 为沿生境梯度 H 增加的物种数目；$l(H)$ 为沿生境梯度 H 失去的物种数目，即再上一个梯度中存在而在下一个梯度中没有的物种数目。

Sørensen 指数表示的是种类相似性，当 A、B 两个群落的种类完全相同时，相似性为 100%；反之，两个群落不存在共有物种，则相似性为零。Sørensen 指数计算公式为

$$C_s = \frac{2j}{a+b}$$

式中：C_s 为 Sørensen 指数，%；j 为两个群落共有种数；a 为群落 A 的物种数；b 为群落 B 的物种数。

3.9.2.3 大型底栖无脊椎动物

淡水底栖大型无脊椎动物指生活史的全部或至少一个时期栖息于内陆淡水水体的水底表面或底部基质中的大型无脊椎动物，包括水螅类和水螅水母类（刺胞动物门）、涡虫类（扁形动物门）、线性类（线形动物门）、线虫类（线虫动物门）、寡毛类和蛭类（环节动物门）、腹足类和瓣鳃类（软体动物门）、加壳类、水蜘蛛类和水生昆虫（节肢动物门）等。

1. 监测要素

大型底栖无脊椎动物的监测要素包括生境特征、种类及其数量特征、群落特征。

2. 监测方法

监测方法主要是采用样方法。根据水体形态、水文状况、淡水底栖大型无脊椎动物的分布特征等，在水域内设置若干断面和样线，进行定量观测，其湖泊、水库、河流等的断面设置如图 3.9-7 和图 3.9-8 所示。同时根据各类底栖大型无脊椎动物的生物学和生态学特性，在各类群的典型生境或特殊生境设置样点或样线，进行定性观测。在进行样品采集时应根据不同的环境采取不同的采样方法。定性样品采集有拖网采样、抄网采样、地笼采样、徒手采样、诱捕法采样、人工基质采样等。

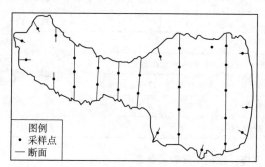 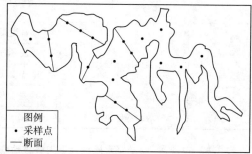

图 3.9-7　湖泊和水库底栖大型无脊椎动物观测断面和样点布设示意图

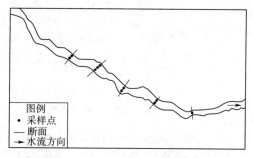

图 3.9-8　河流干流底栖大型无脊椎动物观测断面和样点设置示意图

对于样品的鉴定，应参考相关工具书或在相关分类学家的指导下，进行形态学分类和物种类别。对于底栖大型无脊椎动物幼体或近缘种样品的物种鉴别，可借助 DNA 条形码技术进行辅助分类鉴别。

淡水底栖大型无脊椎动物的具体监测内容和指标见表3.9-5。其涉及的工具和装备见表3.9-6。其中α多样性指数和β多样性指数计算与水生维管植物相同。

表3.9-5 淡水底栖大型无脊椎动物监测内容和指标

观测内容	观测指标		观测方法
生境特征	地理位置（经纬度）与海拔		直接测量法
	河流生境指标：干流、支流、水深、流速、水温、透明度、pH值、溶解氧、河床底质类型、河道类型（是否渠化，或建堤坝）、污染情况（有无污染源）		资料查阅和野外调查
	湖泊生境指标：水源出口、水深、丰水期面积、水温、透明度、pH值、溶解氧、底质类型、水文状况（枯水期、丰水期）、湖岸类型（是否修建堤坝）、污染情况（有无污染源）		资料查阅和野外调查
	底床附生植被主要类型		资料查阅、野外定性和定量调查
	岸生植被主要类型		
	水生经济动物的放养情况（种类、网箱或围网养殖）		
物种及其数量特征	物种或分类单元的组成		定量和定性调查
	物种丰富度或分类单元丰富度		抽样方法
	密度		抽样方法
	频度		抽样方法
	生物量		抽样方法
群落特征	α多样性指数	丰富度指数（d_M）	抽样方法
		香农-维纳（Shannon-Wiener）指数（H'）	
		辛普森（Simpson）多样性指数（D）	
		均匀度指数（J）	
	β多样性指数	Sørensen指数（C_s）	抽样方法

表3.9-6 淡水底栖大型无脊椎动物多样性监测工具和装备表

采集工具	底泥采泥器（抓斗式采泥器、彼得生采泥器、Kajak柱状采泥器）、机械绞盘、网筛（40目、60目）、踢网（1m×1m；40目、60目）、索伯网（0.25m×0.25m或0.5m×0.5m；网目：40目、60目）、D型抄网（40目、60目）、拖网（40目、60目）、带网夹泥器、地笼、人工基质采样器、尼龙筛绢、白炽灯、气网等
观测仪器	GPS导航仪、流速测量仪、透明度盘、回声测深仪或测深杆、水砣、溶氧仪、酸度计等
数据获取、记录使用的仪器、工具和材料	电子天平、数码相机（必要时需配置微距镜头）
标本鉴定使用的仪器、工具和材料	光学显微镜、体视显微镜、显微成像和图像处理系统、计数框、计数器、解剖器具（圆头镊、眼科镊、长柄圆头镊）、培养皿、载玻片、盖玻片等
标本处理使用的仪器、工具和材料	恒温干燥箱、标本柜、标本瓶、塑料广口瓶（50~1000mL各型容量）、玻璃标本瓶缸（500~3000mL各型容量）、标本整理箱、白瓷盘、培养皿、吸管、塑料自封袋（大、中、小号）、吸水纸等

3.9.2.4 浮游生物

浮游生物指不能主动做远距离水平移动的生物，大多形体微小，通常肉眼看不见，没有游泳能力或者游泳能力很弱，只能依靠水流、波浪或者水的循环而移动。浮游生物包括浮游植物和浮游动物两大类。

1. 监测要素

浮游生物的监测要素包括种类组成、分布、生境、威胁因子。即调查区域内河流、湖泊、水库浮游生物物种丰富度及其空间分布、种群数量及群落特征、物种分布区域和栖息地质量、物种多样性的受影响程度。生境状况包括水温、pH 值、透明度、溶解氧、电导率等参数及沿岸带植被、河道弯曲度、排污口、温排水口、岸线固化、采砂场等信息。

2. 监测方法

结合河床宽度在江河沟渠设置采样点。根据江河宽度设置采样点：一般宽度小于 50m 的江河只在中心区设点；宽 50~100m 的可在两岸有明显水流处设点；宽度超过 100m 的应在左、中、右分别设置采样点。湖泊与水库采样点的控制数量：水域面积小于 500hm² 设 2~4 个采样点，500~1000hm² 设 3~5 个采样点，1000~5000hm² 设 4~6 个采样点，5000~10000hm² 设 5~7 个采样点，大于 10000hm² 设大于 6 个采样点。较深水体应分层取水。一般对于水深小于 5m 的湖泊、水库等，在 0.5m 深度采集水样即可；水深大于 5m，可上、中、下层分别采样。

采取定性调查与定量调查相结合的方法采样。一个采样点采 2~3 个定量平行样。定性调查样品采集用浮游生物网或其他专业浮游生物采样器，采用拖网法取样。定量调查用采水器或其他专业浮游生物采样器取样，根据采样点水体深度应分层采样。在一定深度（或表底层混合）采水样 1000mL，倒入广口瓶中，加鲁哥液固定；或采水 5~10L，过 25 号浮游生物网，将浮游生物网中浮游微生物全部转移至广口瓶中，加鲁哥液固定。

种类鉴定应尽量鉴定到种。鉴定时可参考《中国淡水轮虫志》《中国动物志——淡水桡足类》《中国动物志——枝角类》《中国淡水藻类》等。采样点的河宽、水深和流速，湖泊、水库的面积及水深，参照《水文测量规范》（SL 58—2014）进行测量。按照《地表水环境质量标准》（GB 3838—2002），调查采样点的水温、pH 值和透明度。记录采样点岸带水位线沿岸带 50m 可视范围内或山脊线内土地利用类型和比例，土地利用类型见《土地利用现状分类》（GB/T 21010—2017）中的二级类型名称。各类型土地比例可结合遥感图像进行统计。用 GPS 或北斗定位仪定位采样点的地理位置和海拔高度信息。

3. 监测指标

（1）物种丰富度。评估调查区域的物种丰富度。

（2）数量。评估各采样点浮游植物、浮游动物的细胞密度/生物量。评估各门浮游植物数量占总量的百分比，评估各类浮游动物数量（生物量）占总量百分比。

（3）优势物种。以物种相对优势度指数 DI_i 评估全部采样点及整个调查评估区域的优势物种。相对优势度指数由相对密度 D_i、相对频度 P_i 和相对显著度 R_i 三个参数组成，计算公式为

$$DI_i = D_i + P_i + R_i$$

其中
$$D_i = \frac{该物种个体数(n_i)}{所有物种个体数(n)}$$

$$P_i = \frac{该物种出现的样点（或河段）数(n_{pi})}{调查河流所有的样点（或河段）总数(n_p)}$$

$$R_i = \frac{该物种生物量(m_i)}{所有物种生物量(m)}$$

（4）平均密度。单位面积/体积水体中目标物种个体数的平均值。

（5）丰度。评估群落内物种个体数的多少。

浮游植物按照以下公式换算样品中的藻类丰度：

$$n = \frac{n_i V}{V_i S}$$

式中：n 为单位面积藻类数量，ind/ cm^2；n_i 为抽样的总细胞数量，ind；V 为抽样体积，mL；V_i 为定容总体积，mL；S 为采样总面积，cm^2。

浮游动物按照以下公式换算样品中的浮游动物丰度：

$$N = \frac{V_s n}{V_a V}$$

式中：N 为浮游动物丰度，ind/L；V 为采样体积，L；V_s 为浓缩体积，mL；V_a 为计数体积，mL；n 为计数所得个体数，ind。

（6）生物多样性。以香农-维纳（Shannon – Wiener）多样性指数为评估数，评估区域的浮游生物物种多样性。

4. 影响因素

（1）工矿业。调查统计河流挖沙、工矿业数量、规模，分析每百公里工矿点（破坏河流物理形态）数量、采砂船数量。根据遥感图像和实地调查，统计挖沙、工矿业直接影响的河道长度与调查区域整体河流长度的比例。

（2）水体污染。以严重污染河流（湖库）比例为参数评估水污染的干扰状况。统计调查区域内水质为Ⅴ类或劣Ⅴ类河段的比例。严重污染河流比例根据 GB 3838—2002，Ⅲ类或优于Ⅲ类水质状况满足鱼类完成生活史，通过水样水质分析或相关环境监测站公布数据，统计水质为Ⅳ类和Ⅴ类河道长度与调查区域整体河流长度的比例。

（3）水利工程。以河流连通度指数为参数评估水利工程的干扰状况。通过统计调查评估范围内的挡水性建筑物数量和位置进行计算。

（4）其他因素。

3.9.2.5　周丛藻类

周丛藻类指水体中附着在基质上的藻类。

1. 监测要素

周丛藻类物种组成、分布和生境现状。

2. 监测方法

（1）样点设置。样点设置应充分考虑水环境控制单元，在各控制单元的控制断面附近至少设置一个采样点。河流上、中、下游分别采样，湖、库中心处、水流进出口处分别采样。岸线固化、挖沙等发生地点应增设采样点。

（2）调查方法。

1）天然基质法，即从水体中的砾石、沙土、植物、树木残骸等天然基质表面收集周丛藻类并统计种类和生物量，根据生境类型和河流底质的区别，采用对应的收集方法，收集采样河段中全部类型基质上的周丛藻类。

2）人工基质法，即将硅藻计或其他适用人工基质固定于调查水体中，经过一定时间（不低于2个月）后从基质上收集周丛藻类进行种类调查和统计。

样品鉴定主要依据《中国淡水藻志》《中国常见淡水浮游藻类图谱》及当地藻类图谱志书等，结合各标本馆馆藏标本进行鉴定。对于不能准确鉴定的物种，邀请有关专家协助鉴定。

生境状况主要是资料调查和野外调查。主要记录周丛藻类的着生基质类型，参照《水文测量规范》（SL 58—2014），记录河宽、水深和流速等。参照《地表水环境质量标准》（GB 3838—2002），记录采样点的水温、pH值和透明度等。记录采样点岸带水位线沿岸带50m可视范围内或山脊线内土地利用类型和比例。土地利用类型参照《土地利用现状分类》（GB/T 21010—2017）中的二级类型名称。各类型土地比例可结合遥感图像进行统计。记录采样点水生植被类型和覆盖度，主要记录沉水植物种类和覆盖度。

3. 监测指标

（1）物种丰富度，以单位面积藻类数量为参数评估全部采样点及整个调查评估区域周丛藻类的丰度。同浮游植物计算公式相同。

（2）物种多样性。

（3）优势物种。

（4）生物量，以单位面积藻类干重为参数评估全部采样点及整个调查评估区域周丛藻类的生物量。

4. 影响因素

（1）工矿业。以工矿业作业点密度评估工矿业的影响状况。根据遥感图像和实地调查，统计河岸挖沙、工矿业作业点数量和挖沙船数量，计算工矿业（包括挖沙）作业点密度。

（2）水体污染。评价方法同浮游生物。

（3）水利工程。评价方法同浮游生物。

（4）其他因素。

3.9.3　遗传多样性的研究方法

形态学标记法。形态学标记是指植物的外部特征特性。由于表型和基因型之间存在着基因表达、调控、个体发育等复杂的中间环节，根据表型上的差异来反应基因型上的差异就成为用形态学方法检测遗传多样性的关键所在。所以，形态学或表型性状检测遗传多样性是最直接的、简便易行的方法。但是，由于二态学或表型性状数量较少，易受环境条件、人为因素测量工具及基因显隐性等因素的影响，遗传表达不稳定，因此在有些情况下并不能完全真实全面地反映遗传多样性。

（1）细胞学标记法。细胞学标记主要是指染色体核型（染色体数目、小随体、着丝点位置等）及带型（C带、G带、N带等）。染色体分带技术是一种直观、快速而经济的检测外源遗传物质的方法。由于染色体分带技术的技术性较强，易受实验条件的影响，且大多数染色体具有这种细胞学标记数目有限。导致细胞学标记对某些不具有特异性带型的染色体或片段进行鉴定时结果的可靠性略差。

（2）生化标记法。生化标记主要包括同工酶，是鉴定外源 DNA 和研究物种起源进化的有效工具，它们比形态标记更能提供较大的差异信息，基本原理是根据不同蛋白质所带电荷性质不同，通过同形式的同工酶，从而鉴别不同的基因型。生化标记具有实验程序简单，易操作，成本较低，比较稳定，比形态学标记更能提供较大的差异信息等优点，但是生化标记数目在一定程度上仍然有限，且不具有共显性，因而限制了它的应用。

（3）分子标记法。广义的分子标记是指可遗传的并可检测的 DNA 序列或蛋白质。狭义的分子标记是指以 DNA 多态性为基础的遗传标记。

不同的检测方法在理论上或在实际研究中都有各自的优点和局限，目前还找不到一种完全取代其他方法的技术。因此，在研究生物的遗传多样性时，可将几种检测方法综合使用，扬长避短，建立快速有效的综合方法。

3.9.4　环境 DNA 技术

环境 DNA 技术就是通过提取环境中（土壤、沉积物、水体等）的基因组 DNA，通过特异性的引物进行扩增，对序列结果进行 DNA 测序分析〔如 Sanger 双脱氧链终止法、化学裂解法、新一代测序技术（NGS）等〕，获得目标生物的定性或定量结果，从而分析出目标生物在相关生态系统中的分布和相关的特征。

理论上，不同物种的 DNA 经过快速扩散，水体中存在的任何生物都能被监测到，而不仅仅是产生的地方。相比传统物种调查和鉴定方法来说，环境 DNA 技术有以下优点：一是检测限低，即使物种的种群密度比较低；二是效率高，采集环境样品比传统的物种调查方法快速、简便的多；三是精确度高，传统基于形态学的方法一般能将物种鉴定到科或属的水平，而只要数据库有收录到该物种的序列，环境 DNA 技术都能将其鉴定到种或亚种的水平；四是非侵入性和物种特定性，环境 DNA 技术只需采集环境样品，而不需要直接的观察或捕捉物种，通过设计特异性的引物就能鉴定特定的物种。

3.9.4.1　环境 DNA 技术的原理及操作流程

根据监测对象数量的不同，环境 DNA 技术分为 eDNA 条形码技术和 eDNA 宏条形码技术。环境 DNA 技术结合了高通量测序技术和条形码技术，通过提取不同环境中的 DNA，并使用特异性引物或通用性引物进行 PCR 扩增，对扩增产物进行测序后得到的可操纵分类单元（Operational Taxonomic Units，OUT）与数据库比对进行物种鉴定。该技术最大的优势在于高通量、低成本并能快速地鉴定物种，最大的局限性在于 PCR 的偏向性，导致条形码的解析度和普适性及数据库的完善度水平较低。随着不需经过 PCR 过程的测序技术的发展，这些问题都会迎刃而解。要实现环境 DNA 技术高通量、准确、快速物种鉴定，最为关键的是构建完善的物种条形码的标准数据库、物种信息库、信息共享和应用平台。

环境 DNA 技术的大致流程为：①环境样本的采集与处理；②总 DNA 的提取；③分子标记的 PCR 扩增；④PCR 产物高通量测序；⑤对测序的数据进行生物信息学分析。

3.9.4.2　实验主要仪器

重要仪器包括超低温冰箱（Thermo）、超纯水仪（Millipore）、高压蒸汽灭菌锅（Tomy，SX-500）、气浴恒温振荡器（常州国力，THZ-82B）、数显电热鼓风干燥箱（上海博讯，DZF - 6050MBF）、真空干燥箱（上海博讯，DZF - 6050）、恒温水浴箱（常州万会，HH - S8）、微量移液枪（Gilson）、涡旋器（北京北信，HG24 - VM - 10）、超声波清洗仪（上超，ds - 8510dth）、台式高速冷冻离心机（Eppendorf，Centrifuge 5804R）、PCR扩增仪（Biometra）、小型离心机、制胶板、电泳槽、稳压稳流电泳仪、紫外分光光度计（Shimadzu，UV - 2501PC）、酶标仪（Tecan，Infinite M200 Pro）、凝胶成像系统（Tanon，4200SF）、超微量核酸分析仪（Thermo，Nanodrop 2000）、qPCR 仪（Rocher，LightCycler 480 Ⅱ）、Sanger 测序仪（华大科技有限公司）

3.9.5 参考文献

［1］ 唐文家，赵霞，张妹婷. 青海省黑河上游水生生物的调查研究 [J]. 大连海洋大学学报，2012 (5)：477 - 482.

［2］ 王忠锁，姜鲁光，黄明杰，等. 赤水河流域生物多样性保护现状和对策 [J]. 长江流域资源与环境，2007 (2)：175 - 175.

［3］ 袁永锋，李引娣，张林林，等. 黄河干流中上游水生生物资源调查研究 [J]. 水生态学杂志，2009 (6)：15 - 19.

［4］ 张志军. 浑河中、上游水生生物多样性及其保护 [J]. 辽宁城乡环境科技，2000 (5)：55 - 58.

［5］ 王海英，姚畋，王传胜，等. 长江中游水生生物多样性保护面临的威胁和压力 [J]. 长江流域资源与环境，2004 (5)：429 - 433.

［6］ 向保明，高成洪，韦龙，等. 长江镇江段水生生物资源保护、增殖与沿江现代渔业产业带建设现状·问题·对策 [J]. 水产养殖，2011 (6)：38 - 41.

［7］ 陈勇佳，莫奇初. 梧州市水生生物资源管理现状、存在问题及建议 [J]. 广西水产科技，2013 (2)：20 - 23.

［8］ 李永刚. 密云水库浮游生物底栖动物群落结构及生物多样性研究 [D]. 北京：中国农业科学院，2013.

［9］ 苏玉，王东伟，文航，等. 太子河流域本溪段水生生物的群落特征及其主要水质影响因子分析 [J]. 生态环境学报，2010 (8)：1801 - 1808.

［10］ 陈校辉. 长江江苏段水生生物调查与研究 [D]. 南京：南京农业大学，2007.

［11］ 傅萃长. 长江流域鱼类多样性空间格局与资源分析 [D]. 上海：复旦大学，2003.

［12］ 黄萍，叶永忠，高红梅，等. 河南省伊洛河流域生物多样性调查及评价 [J]. 河南师范大学学报（自然科学版），2012 (1)：142 - 145.

［13］ 刘冰. 铁岭市莲花湖湿地生物多样性评价研究 [J]. 环境科学与管理，2013 (6)：88 - 92.

［14］ 贾久满，郝晓辉. 湿地生物多样性指标评价体系研究 [J]. 湖北农业科学，2010 (8)：1877 - 1879.

［15］ Brown L E, Creghino R, Compin A. Endemic freshwater invertebrates from southern France：diversity, distribution and conservation implications [J]. Biological Conservation, 2009, 142 (11)：2613 - 2619.

［16］ Sarkar U, Gupta B, Lakra W. Biodiversity, ecohydrology, threat status and conservation priority of the freshwater fishes of river Gomti, a tributary of river Ganga (India) [J]. The Environmentalist, 2010, 30 (1)：3 - 17.

［17］ Dudgeon D, Arthington A H, Gessner M O, et al. Freshwater biodiversity：importance, threats, status and conservation challenges [J]. Biological Reviews, 2006, 81 (2)：163 - 182.

［18］ Everard M. The importance of periodic droughts for maintaining diversity in the freshwater environment [C]. Freshwater Forum, 2010.

［19］ Kumar A B. Exotic fishes and freshwater fish diversity [J]. Zoos Print Journal, 2000, 15 (11)：

363 - 367.

[20] Arthington A H, Naiman R J, et al. Preserving the biodiversity and ecological services of rivers: new challenges and research opportunities [J]. Freshwater Biology, 2010, 55 (1): 1 - 16.

[21] Hof C, Brandle M, Brandl R. Latitudinal variation of diversity in European freshwater animals is not concordant across habitat types [J]. Global Ecology and Biogeography, 2008, 17 (4): 539 - 546.

[22] Galbraith H S, Spooner D E, vaughn C C. Synergistic effects of regional climate patterns and local water management on freshwater mussel communities [J]. Biological Conservation, 2010, 143 (5): 1175 - 1183.

[23] Burgmer T, Hillebrand H, Pfenninger M. Effects of climate - driven temperature changes on the diversity of freshwater macroinvertebrates [J]. Oecologia, 2007, 151 (1): 93 - 103.

[24] Light T, Marchetti M P. Distinguishing between invasions and habitat changes as drivers of diversity loss among California's freshwater fishes [J]. Conservation Biology, 2007, 21 (2): 434 - 446.

[25] Beardmore J A, Mair G C, Lewis R I. Biodiversity in aquatic systems in relation to aquaculture [J]. Aquaculture Research, 1997, 28 (10): 829 - 839.

[26] Perry W L, Lodge D M, Feder J L. Importance of hybridization between indigenous and nonindigenous freshwater species: an overlooked threat to North American biodiversity [J]. Systematic Biology, 2002, 51 (2): 255 - 275.

[27] Geist J. Integrative freshwater ecology and biodiversity conservation [J]. Ecological Indicators, 2011, 11 (6): 1507 - 1516.

[28] Higgins J V, Bryer M T, Khoury M L, et al. A freshwater classification approach for biodiversity conservation planning [J]. Conservation Biology, 2005, 19 (2): 432 - 445.

[29] Suski C D, Cooke S J. Conservation of aquatic resources through the use of freshwater protected ale, as: Opportunities and challenges [J]. Biodiversity and Conservation, 2007, 16 (7): 201 5 - 2029.

[30] Pusey B J, Arthington A H. Importance of the riparian zone to the conservation and management of freshwater fish: a review [J]. Marine and Freshwater Research, 2003, 54 (1): 1 - 16.

[31] Lakra W S, Sarkar U K, Dubey V K, et al. River inter linking in India: status, issues, prospects and implications on aquatic ecosystems and freshwater fish diversity [J]. Reviews in Fish Biology and Fisheries, 2011, 21 (3): 463 - 479.

[32] Ogram A, Sayler G, Barkay T. The extraction and purification of microbial DNA sediments [J]. Journal of Microbiological Methods, 1987, 7 (2 - 3): 57 - 66.

[33] Rondon M R, August P R, Bettermann A D, et al. Cloning the soil metagenome: a strategy for accessing the genetic and functional diversity of uncultured microorganisms [J]. Applied and Environmeneal Microbiology, 2000, 66 (6): 2541 - 2547.

[34] Ficetola G F, Miaud C, Pompanon F, et al. Species detection using environmental DNA from water samples [J]. Biology Letters, 2008, 4 (4): 423 - 425.

[35] Thomsen P F, Kielgast J, Iversen L L, et al. Detection of a Diverse Marine Fish Fauna Using Environmental DNA from Seawater Samples [J]. Plos One, 2012, 7 (e417328).

[36] Minamoto T, Yamanaka H, Takahara T, et al. Surveillance of fish species composition using environmental DNA [J]. Limnology, 2012, 13 (2): 193 - 197.

[37] Takahara T, Minamoto T, Yamanaka H, et al. Estimation of Fish Biomass Using Environmental DNA [J]. Plos One, 2012, 7 (e358684).

[38] Pilliod D S, Goldberg C S, Arkle R S, et al. Estimating occupancy and abundance of stream amphibians using environmental DNA from filtered water samples [J]. Canadian Journal of Fisheries and Aquatic Sciences, 2013, 70 (8): 1123 - 1130.

[39] Jerde C L, Mahon A R, Chadderton W L, et al. "Sight – unseen" detection of rare aquatic species u-sing environmental DNA [J]. Conservation Letters, 2011, 4 (2): 150 – 157.

[40] Wilcox T M, Mc Kelvey K S, Young M K, et al. Robust Detection of Rare Species Using Environ-mental DNA: The Importance of Primer Specificity [J]. Plos One, 2013, 8 (e595203).

[41] Hooper D U, Vitousek P M. Effects of plant composition and diversity on nutrient cycling [J]. Eco-logical Monographs, 1998, 68 (1): 121 – 149.

[42] 江小雷, 张卫国. 功能多样性及其研究方法 [J]. 生态学报, 2010, 30 (10): 2766 – 2773.

[43] 张金屯, 范丽宏. 物种功能多样性及其研究方法 [J]. 山地学报, 2011, 29 (5): 513 – 519.

[44] Hooper D U, Solan M, Symstad A, et al. Species diversity, functional diversity, and ecosystem func-tioning [C] // Loreau M, Naeem S, Inchausti P, eds. Biodiversity and Ecosystem Functioning: Synthesis and Perspectives. Oxford: Oxford University Press, 2002: 195 – 208.

[45] Petchey O L, Gaston K J. Functional diversity: back to basics and looking forward [J]. Ecology Letters, 2006, 9 (6): 741 – 758.

[46] Zhao T, Villéger S, Lek S, Cuchemusset J. Hish intraspecific variability in the functional niche of a predator is associated with ontogenetic shift and individual specialization [J]. Ecology and Evolution, 2014, 4 (24): 4649 – 4657.

[47] Blanchet S, Grenouillet G, Beauehard O, et al. Non – native species disrupt the worldwide patterns of freshwater fish body size: implications for Bergmann's rule [J]. Ecology Letters, 2010, 13 (4): 421 – 431.

3.10 采砂

3.10.1 研究进展

近年来随着城市建设的加快，河砂的需求量越来越大，在利益的驱动作用下无证开采、乱采滥挖等非法采砂现象变得十分严重。与此同时违法违规采砂活动严重影响采砂河段河床的自然变化，对相关河段的防洪安全、船舶航行安全等都带来不良影响。水上违规采砂作业具有流动性大和隐蔽性强的特点。对采砂监测的手段主要有以下几种[1]：①执法船、执法车的流动监测；②位于岸上的视频监测，包括可采区和禁采区的视频监测，但由于视频监测的监测范围有限，建设受网络条件限制，建设投资及运行成本较高，因此目前只用于重点河段的辅助监测；③装在船上的视频监测，可安装在取得许可证的采砂船、执法船上，作为实时监测和执法取证的辅助手段；④激光雷达与脉冲雷达监测，用于全天候大范围的江面监测，主要用于探测江面静止目标（或船只），需要开发分析处理软件。

目前 GIS、AIS[2]、GPS、CCTV 和海事雷达等众多船舶动态监测信息化手段已经成功应用于水上交通监测中[3]，为河道采砂过程中相关船舶的动态监测提供了借鉴经验。同时，河道地形快速自动测量技术的普及以及电子航道图的成功研制，为采砂作业的现场评估提供了技术手段和显示平台[4]。水下地形监测采用多波束系统[5-7]。多波束测深技术是自 20 世纪 70 年代在单波束测深仪的基础上发展起来的，它能一次测量出与测量船航向垂直方向的几十个到几百个水深值。与传统单波束测深仪相比，多波束测量技术具有测量效率高、对水下地形全覆盖的特点。

运用最新智能技术，建立一套智能高效的采砂监测系统是当前发展的趋势。安徽省引人了数字采砂监测的理念，综合运用全球卫星定位、地理信息及无线网络视频监测等技术，开发了安徽长江河道采砂监测系统，及时运用到可采区现场监测工作中[8]。孙琦[9]采用了现代嵌入式系统发展的先进成果，配以视频压缩功能模块，并结合GPS，CDMA、无线网桥和摄像头等设备，为长江河道采砂构建远程实时监测系统。江玉才等[3]提出一种河道采砂智能监测系统。该系统采用先进的全球定位系统、传感器技术、无线传输技术、视频监测与智能分析技术。该系统实现可采区采砂作业的动态监测，及时掌握采砂现场资料，对采砂范围、开采量、开采时间等采砂情况进行及时监测管理。建立智能采砂系统[1,4]，实现采砂实时监测和分析，可以提高内河航道服务品质及内河航道通行能力。

3.10.2 监测要素

在查阅国内外大量文献的基础上，得出以下采砂监测要素：水下地形监测、陆上吹填区方量监测、采砂船监测、采砂船状态监测、采砂区域监测和违法船只监测。

3.10.3 监测方法

3.10.3.1 水下地形监测

过量的采砂会使河床逐年下切，抽挖的险段直接威胁沿江堤防工程的坡底安全。依据《长江河道采砂管理条例》，采砂可行性分析应包括采砂范围图、控制点坐标以及现势性强的水下地形图。对水下地形的监测分为不定期抽查和定期地形测量两种：

（1）不定期抽查。利用执法船安装的水下测深仪，不定期对河道采砂区当前开采深度进行抽查，监测是否超挖，为采砂管理提供过程资料。

（2）定期地形测量。定期测量主要分采砂区采前、采中、采后三个阶段的地形测量。采用无人驾驶水下地形测量船定期对重点河道进行水下地形测量，并进行数字高程模拟DEM[10]（Digital Elevation Mode），可以对比分析该河段不同时期河底地形的变化情况，为采砂规划和采砂管理提供资料支持[11]。无人驾驶水下地形测量船推荐云洲智能发布的"领航者"号无人船。

现代定位方法主要通过全球卫星定位系统GPS进行定位。为提高用户端的定位精度，可使用差分定位DGPS[12]（Differential Global Positioning System）技术。提高GPS定位精度的手段还包括RTK（RealTime Kinetic）定位技术、广域差分WADGPS（Wide Area DGPS）技术。

DGPS接收机水深测量方法，可大面积观测河床的地形地貌形变。监测原理：DGPS接收机导航定位，超声波声速测深仪测量水深，观测仪观测水位，自动测深系统测深成图。把DGPS接收机、测深仪、计算机安装在测量船上，DGPS天线与测深仪探头安装在同一铅垂线上，这样就能保证DGPS定位和测深仪测深不偏心。DGPS接收机沿隧道设计中线实时动态每秒钟测得一个平面坐标，同时测深仪测得一个水深值，同一时刻测量一个水面高程值。因为水面是随潮水的变化而变化的，为使测得的水深值归算到同一深度基准面上，而需要进行水位改正。通过计算机用国际上比较流行通用的HYPACK海洋软件控制、采集数据、导航定位，这样每秒钟都能测得江底一个点的三维坐标，测量船不断地沿着设计的航线航行，把所需要测量的区域都覆盖为止，直到测量数据能满足监测要求。然后通过软件进行成图处理，把所测的数据生成三维立体地形地貌图，然后按监测要求沿隧道轴线方向分割成一个个纵横断面，把设计的要监测的断面数据，与上一次所测的同一断面数据进行比对，绘制随时间变化的曲线图表，所得的结果即可反映此次河底的地形地貌变化。

多波束测深系统是一套功能强大、高效、高分辨率的水下测量系统，通过安装在测船底部的探头发射和接收多组声波信号，由声波在水体中的传播时间与声速的乘积即可计算出水深，通过实时对船的运动姿态、声速及 GPS 信号延迟等校准，相邻测线达到 50% 的重复扫测，对测区地形达到完全覆盖，可以精确反映水下细微的地形变化和目标情况，极大地提高了测量的精度和效率。工程中应用较多的有英国 GeoSwath 多波束测深系统和德国的 Alas 多波束测深系统，其中 GeoSwath 多波束测深系统最大水深为 200m，断面点位分辨率为 15cm。多波束系统工作原理见图 3.10-1。

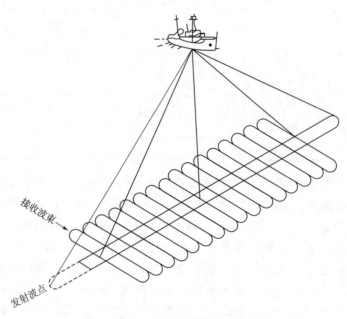

接收波束

发射波点

图 3.10-1 多波束系统工作原理图

随着地理信息系统 GIS（Geographic Information System）技术的快速发展，工程上大多采用 DEM 来表示地形，可利用多期 DEM 地形叠加的方法，分析计算水下地形的变化。通过采前、采中、采后对采砂区的全覆盖扫测。选择任意两期地形数据，以地理信息系统空间叠加的方法获取监测区域内的空间格局变化，分析计算对应的地形和方量变化情况，并根据比对变化量进行区域的分级分类，以便指导后续监测工作。

3.10.3.2 陆上吹填区方量监测

由于采砂可能持续时间为几个月甚至经历汛期，所以地形变化可能受到水流、冲淤等因素影响，计算的方量需与陆上计算方量进行校核验证。陆上吹填区方量监测方法有以下四种[11]：

（1）利用全站仪进行吹前、吹后吹填区地形监测。在吹填前后用全站仪进行测区的断面测量，精确测得吹填区地形。通过两次地形数据生成三角网，计算吹填方量。这种方法计算吹填区的方量变化比较准确，但受到砂土干结、密实、沉降等因素影响，吹后测量时间不同，方量可能会有一定误差。全站仪可以采用徕卡公司 TC702 全站仪，精度可达到 2

±0.2%，成本相对较低。

（2）利用三维激光扫描仪进行吹前、吹后吹填区地形监测。三维激光扫描仪通过发射和接收激光束，采集大量数据点，组成点云，通过拼接处理成三维模型，与拍摄的照片结合，真实再现被测目标的三维场景。因扫描高精度、高效率和全视角，在文物保护、测绘工程、地质灾害监测、建筑测量、沉降监测、桥梁设计、工厂改建及管道设计等领域具有独特优势。工程中使用美国 Optech 公司的三维激光扫描仪进行监测，其主要参数见表3.10-1。

表 3.10-1　　　　　　　　　　　三维激光扫描仪主要参数

项　　目		参　　数
单点精度（50m 距离）	点位/nm	±6
	距离/nm	±4
	角度/(°)	±12
	形成模型表面的精度/mm	±2
	测距范围/m	1500
扫描密度	点间距	水平方向和垂直方向完全可选，最小间隔 1.2 mm
	最小采样密度/nm	1

由于三维激光扫描仪对吹填区的全场景覆盖，通过吹前、吹后两次扫测，对两次扫测的立体场景进行叠加分析即可计算出吹填方量。效率高，精度高，成本相对较高。

（3）利用静力触探仪进行吹填区吹后地质分层监测。静力触探仪是以人力转动手柄，通过链轮及齿轮变速，带动 2 根加压链条循环转动，由加长的链片销轴压住"山"形板和卡块，将探头压入土中，贯入速率为 0.8~1.0m/min。根据探头的阻力来确定黏性土和砂性土的工程性质，可以确定基面和不同性质土层分界面，通过在吹填区均匀布设测点，得到吹填的平均深度，从而计算吹填方量。常用的 CLD-2/3 静力触探仪主要参数见表3.10-2。

表 3.10-2　　　　　　　　　　　CLD-2/3 静力触探仪主要参数

项目	参　　数	项目	参　　数
贯入阻力	30kN	十字板剪切	<132kPa
贯入深度	30m	起拔力	25kN
贯入速度	0.5~1m/min	贯入速度	1.2m/min
探头截面	115cm^2		

这种方法精度较低，但适用于未做吹填区前期地形测量的情况，与水下地形测量出的方量进行检校。

（4）利用探地雷达进行吹填区吹后地质分层监测。探地雷达是采用高频无线电波来确定介质内部物质分布规律的一种地球物理方法，测量时使用意大利 RISK2 型地质雷达，它可用于如下几方面的监测：①深部的各种金属、非金属管线的监测；②高填土公路路基及深层铁路路基监测，如路基下沉、冻土层分布、道渣分布等方面；③隧道、井下超前预报监测，前方溶洞、地下水分布情况等方面；④最大探测深度为 4～20m（与探测介质有关），有效分辨率为 30cm。表 3.10-3 显示的是 RISK2 型地质雷达主机参数。

表 3.10-3   RISK2 型地质雷达主机参数

项目	参数	项目	参数
扫描速度	850 扫/s	叠加数	1～32768
脉冲重复频率	400kHz	分辨率	5ps（皮秒）
时窗	9999ns（纳秒）	工作温度	-10～50℃
采样点数	128～8192	A/D 转换	16bit

这种方法也是通过绘制吹填区的地质剖面，得到吹填的平均深度，从而计算吹填方量。精度较低，适用于未做吹填区前期地形测量的情况，与水下地形测量出的方量进行检校。

一般情况下，计算采砂方量时都会采用水下、陆上至少各取一种测量方法进行监测，以便进行数据校核和误差消除。而由于砂从水中取出后，含水量、密度不同，方量计算时间不同，计算的结果也存在一定偏差，此外水下测量值、陆上测量值与建设、监理、施工单位三联单统计数据之间也肯定存在差距。为确保数据的真实性，采砂区地形及方量监测最好是由水行政主管部门委托有资质的第三方监测机构进行。

3.10.3.3 采砂船监测

在重点航段安装船舶交通服务系统 VTS，其中视频和雷达信息可用于采砂区域监测[4]。拍摄到的视频图像信号，通过无线数字网络，实时传送到监控中心监视器上。由于采用了先进的数字监测技术，其传输通道基于 IP 网络，用户只需接入互联网，即可同步监测采砂现场情况。

VTS 系统中的雷达信号可作为航道采砂监测的有效信号源，与 AIS、视频等其他信号一起用来综合判断船舶是否属于违法违规采砂作业。但是，VTS 系统主要用于船舶交通流的监管，若用于采砂监测，则需要进一步的改进。对 VTS 系统中雷达信号作进一步加工处理，使之可用于判断采砂工作是否在规划区域内施工。

重点河段采砂区域监测的主要目标是及时发现船舶是否在规定的区域内进行合法采砂。通过视频摄像头和雷达探测获得监测河段的视频与雷达图，结合 GPS 技术和智能识别技术，可以准确区分正常航行船舶和采砂作业船舶，进一步判断监测采砂船是否在规定区域内作业。

在雷达信号和视频信号中，所有船舶反映到画面上的都是一个个移动的目标点。但是，正常航行的船舶和采砂作业的船舶在行为和运行轨迹上有明显的区别。获取原始的雷达或视频影像资料后，需要采用图像的目标识别方法来判断场景中的船舶是正常航行的船舶还是在进行采砂作业的船舶。正常航运船只不是监测系统关注的对象。一般来说，正常航运的船只航行在主航道以内，且不会较长时间停留在某点。而采砂船正好相反，航线通常无规律，采砂作业时，会停留较长时间。通过粗筛选后，基本上能判断出采砂船和航行船只。当正在监测的场所发生异常情况时，可实现对场景中运动目标的识别和跟踪，并及时准确地向操作人员发出警报。

利用监控视频、雷达成像系统、红外系统监测和目标跟踪的关键技术主要包括：基于对比度分析的方法、基于特征匹配的目标跟踪算法、基于运动监测的目标跟踪算法。

3.10.3.4　采砂船状态监测

依据《长江河道采砂管理条例》，采砂水上作业申请书应包括船名、船号、船主姓名、船机数量、采砂功率等内容。从各地采砂管理的实践来看，河道采砂及采砂监测存在的一个问题：采砂作业方式还是粗放式的，在采砂作业中"五超"现象（即超范围、超功率、超采量、超时限、超深度）较为普遍。通过在已取得采砂许可证的采砂船上安装采砂监测设备实现"限区、限功率、限量、限时、限深度"的监控并在超限采砂时进行警报提醒。采砂监测设备包括振动传感器、摄像头、报警器、GPS定位系统、无线网络传输模块 GPRS 或 CDMA、电源电路及智能主控机[1]。该设备的主要功能是将采砂船现场图像、采砂船的定位位置、采砂实时状况及紧急报警等信息实时地传输到管理服务器，经过数据的分析处理反馈实现采砂范围及采砂量的有效监测。故采砂船状态监测主要包括采砂区域监测、采砂功率监测、采砂量监测、采砂时间监测和采砂深度监测。

对采砂区域监测，通过 GPS 定位仪确定经纬度，GPRS 或 CDMA 传回采砂船当前的位置，可清晰地在电子地图上看到采砂船的运行轨迹，对照可采区的地图范围，从而判断出采砂船是否越界采砂。

通过对采砂船只的监测，获得船舶的相关信息，如船名等。结合采砂船登记信息获取采砂船的采砂功率信息。根据采砂船采砂功率和采砂区域设定的最大功率比较，从而判断采砂船是否超功率。

对采砂量的监测，通过 GPRS 或 CDMA 传回振动频率可判断出采砂船的当前采砂状态（是或否），把采砂状态标志为"是"的记录对应的时间值累加起来，就是总采砂时间，通过"采砂时间×采砂功率"获得采砂船的总采砂量。由此对照可采区限定的采砂量就可以判断出采砂船是否超量采砂。

对采砂时间监测，电子振动感应器通过 GPRS 或 CDMA 传回振动频率，当振动频率大于采砂船采砂时的工作频率，则认为是采砂船正在采砂。如果不在采砂时期内采砂，则违反了限时采砂政策。

利用执法船安装的水下测深仪，不定期对河道采砂区当前开采深度进行监测。依据采砂区域设定的采砂最大深度，从而判断是否超深度采砂。

3.10.3.5　采砂区域监测

从各地采砂管理的实践来看，河道采砂及采砂监测存在现场监管能力不足，监管措施较为有限的问题。同时采砂作业方式还是粗放式的。运用远程视频监测技术，河道监控中心可以有效地监测采砂现场。通过远程控制，可以对采砂现场、砂石堆放地点和弃料处理方式进行有效的监测和管理。

通过现场的图像视频数据采集与传输，能够使远程工作人员及时直观地了解采砂现场的工作情况[3]。采砂区域监测包括高清彩色监控摄像机和云台。彩色监控摄像机的主要功能是将现场监测图像传输至视频解码器。其主要包含镜头和 CCD 传感器两部分，其中 CCD 传感器将光线转换成电信号，其性能的好坏直接影响到监测图像的质量。采用摄像机具有高倍变焦功能，能将现场几十米至 1000 多 m 范围的图像清晰地采集和传输。同时具有红外成像功能。支持全天候（24h）监测，夜间自动彩转黑，并开启红外灯照射。云台则通过带动彩色监控摄像机水平与俯仰的转动，实现更大范围的监测，以及对目标的实时跟踪。采用的云台由精密步进电机驱动，运行平稳，反应灵敏；具有断电记忆恢复功能；支持两点之间左右扫描；支持 360°扫描；支持看守位功能。河道采砂区域智能监测结构见图 3.10 - 2 显示。

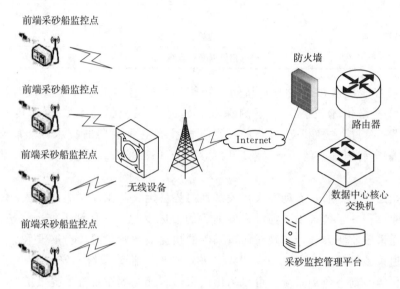

图 3.10 - 2　河道采砂区域智能监测结构图

3.10.3.6　违法船只监测

河道采砂管理中需要监测的对象除了已经取得采砂许可证的合法船只之外，还有一类非常重要的对象就是未取得采砂许可证而进行偷采的船只，暂称为违法船只。通过在岸边安装视频摄像头实现对违法船只的监测，通常视频监控安装在禁采区的重点河段，不仅可以实时监测重点河段的采砂情况，还可以录像非法采砂的画面，作为处罚的证据。视频摄像头采用双光谱热成像智能摄像机，可以让非法采砂船无所遁形。双光谱热成像智能摄像机具有以下优点：①全天候监控，无需借助照明光和环境光，根据目标与背景的辐射产生景物图像，在雨雾等恶劣天气条件下也能保持良好的成像效果；②超远距离监测，最远可监测 9km 外的船只（30m×5m）（人眼分辨）；③自动预警，对非法采砂船的特征进行识别，并自动预警，降低人工监视的劳动强度；④联动抓拍取证，对疑似非法采砂船只，联动可见光部分自动变倍抓拍，存留违法证据。

3.10.4　采砂监测仪器

监测河床的地形地貌采用的仪器包括 DGPS 接收机、水准仪、测深仪、远程遥报仪、导航计算机、便携机、测量船等。DGPS 接收机推荐采用美国的 DSM212L，水平精度小于 1m，DSM212L 主要技术参数见表 3.10 - 4。水准仪推荐采用苏光的 DSZ2＋FS1，主要技术参数见表 3.10 - 5。测深仪推荐采用 GeoSwath 多波束测深系统，GeoSwath 多波束测深系统最大水深为 200m，断面点位分辨率为 15cm，主要技术参数见表 3.10 - 6。

表 3.10 - 4 　　　　　　　　　　DSM212L DGPS 主要技术参数

项　目	指　标	参　数
信标接收机	信标频率范围	283.5～325kHz
	频道灵敏度	600dB@500Hz 偏差
	动态范围	＞100dB
	波特率	1200，2400，4800，9600，38400
GPS 接收机	水平精度	＜1m
	位置更新率	最大 5Hz
	载波相位数据更新率	＜1Hz

运用最新智能技术，建立一套高效、智能的采砂监测系统，主要仪器为：GPS 接收设备、无线网络传输设备、水下测深仪、雷达、视频摄像头、振动传感器、报警器、电源电路、智能主控机等。智能采砂监测系统主要运用的技术：船舶交通服务系统 VTS、船舶自动识别系统 AIS、地理信息系统 GIS、嵌入式系统、数字高程模拟 DEM 技术等。

采砂作业是水上作业，流动性大，关系到河势稳定、防洪安全、通航安全等。为及时控制采砂作业过程并了解各采砂河段采砂前后的河床变化，确保河道安全、畅通，建立科学有效的河道采砂监测方法，实现对河道采砂的快捷高效管理是十分必要和紧迫的。安徽省在长江河道采砂管理中建立了一套"数字采砂管理"监管系统，安装了一套基于"3S"技术的可视化实时动态监测系统。可以为山西采砂智能监测系统开发提供借鉴。

表 3.10 - 5 　　　　　　　　　　DSZ2＋FS1 水准仪主要技术参数

项　目	参　数	项　目	参　数
每公里往返测量标准偏差	＋0.7mm（铟钢标尺）	补偿工作范围	＋14′
放大倍率	32X	补偿安平精度	≤±0.3″
最短视距	1.6m	仪器重量	2.5kg

表 3.10 - 6 　　　　　　　　　　GeoSwath 多波束技术参数

项　目	参　数	项　目	参　数
声呐频率/kHz	125	波束宽	1.7°方位角
最大水深/m	200	发射脉冲长度/μs	100～1000
最大条带宽度/m	600	150m 条带宽度/(条带/s)	10
量程范围	最大 12 倍深度	300m 条带宽度/(条带/s)	5
断面点位分辨率/cm	15	600m 条带宽度/(条带/s)	2.5

3.10.5　参考文献

[1] 高月明，黄志旺，文涛. 河道采砂实时监测系统设计与实现 [J]. 人民珠江，2014 (6)：146 - 149.

[2] Tetreault B J. Use of the Automatic Identification System (AIS) for maritime domain awareness (MDA) [C] // Oceans. IEEE, 2005.

[3] 江玉才，符富果，王炎龙，等. 河道采砂智能监控系统的设计 [J]. 现代计算机（专业版），2014

（16）：53－57.

[4]　高健，陈先桥，初秀民，等 . 内河航道采砂监测系统设计及应用 [J]. 武汉理工大学学报（信息与管理工程版），2013（4）：524－527.

[5]　Wilson M J，Connell B，ColinBrown，et al. Multiscale Terrain Analysis of Multibeam Bathymetry Data for Habitat Mapping on the Continental Slope [J]. Marine Geodesy，2007，30（1－2）：3－35.

[6]　Han X Q，Xing C，Tan Y. Sand Mining Monitoring and Analysis of the Yangtze River Based on Multi－Beam Bathymetry [J]. Advanced Materials Research，2013，779－780：1441－1444.

[7]　裴学军，周迎奎，高洁 . 多波束测深系统在水下地形测量中的应用 [J]. 山东水利，2018（6）：51－52.

[8]　杨山，徐建辉 . 安徽数字采砂监管手段在长江河道采砂管理中的应用 [J]. 中国水利，2006（2）：51－52.

[9]　孙琦 . 长江河道采砂监测系统的设计与实现 [D]. 大连：大连理工大学，2008.

[10]　Maune D F. Digital Elevation Model Technologies and Applications：The DEM Users Manual [M]. American Society for Photogrammetry & Remote Sensing，2011.

[11]　王冬梅，赵钢，吴杰，等 . 长江工程性采砂监测与方量检测技术研究与探讨 [J]. 水利水电技术，2009（7）：129－131.

3. 11　崩岸及水下淘刷

3. 11. 1　研究进展

3. 11. 1. 1　崩岸国内外研究进展

20 世纪 60 年代初，唐日长等分别从河床与河岸两个角度论证了弯曲河道中凹岸的破坏强度会受河床形态、水流强度、岸坡土质结构等因素的影响。80 年代，陈引川等[1]首次对"口袋型"大崩窝的形成条件做出了研究，认为窝崩形成的主要原因有水流条件、土质条件以及河岸抗冲不连续性条件。随后，余文畴等[2]对"口袋型"大崩窝的形成做了进一步的研究。90 年代初期，李冬田[3]通过遥感技术调查统计了长江下游的淤积情况与崩岸分布规律，并对崩岸与淤积的发生进行了监测与预测。程久苗采用遥感技术调查了皖江的崩岸情况，解释了河流崩岸的触发机理，并提出相应的防治措施。

21 世纪初期，我国学者对崩岸的研究越来越成熟。陈祖煜等[4]首次指出了暴雨入渗岸坡土体和波浪动水压力对边坡稳定性的影响，并对岸坡崩塌的防治提出了相应的工程措施。朱伟等[5]通过总结日本治理崩岸的经验方法，归纳了当前崩岸防治的主要措施，并为未来的崩岸防治研究指明了方向。岳红艳研究了水流动力条件与泥沙动力学对二元结构边坡的影响，并指出泥沙运动是导致崩岸形成的主要原因。王延贵等[6]对崩岸类型、模式、机理等做了大量研究，不仅对各影响因素进行了量化分析，而且提出了一般性岸坡在多因素协同作用下的稳定性计算公式，最后还针对折线型岸坡发生首次崩塌与再次崩塌时临界高度的确定构建了计算模型。王路军通过大型室内物理模型试验探明了促使崩岸形成的内外因素，并指出监测岸坡位移才是预测崩岸发生的有力手段。张幸农等[7]将崩岸类型进行了重新划分，并从水文地质、河势、人类活动等各方面对崩岸险情实施监测预防。

　　近年来，夏军强等[8]提出了二元结构边坡在产生绕轴崩塌情况下上部坡体稳定性的确定方法，并且通过定量分析确定了影响该类边坡稳定性的因素。王博等[9]通过 BSTEM 模型模拟了长江中下游典型二元结构岸坡崩塌的全过程，分析岸坡在不同形态、不同淘刷程度以及不同水位条件下的稳定安全系数，并考虑到边坡上植被种类对河岸稳定性的影响。张琳琳研究了汛后落水条件下的岸坡稳定性影响，并对各因素进行了敏感性分析。

　　20 世纪 70 年代之前，有关崩岸的研究工作主要是经验性的总结分析，鲜有的研究成果也往往局限于某单一学科，不具有系统地说明性。直到 70 年代后期，国外学者开始融合多学科对崩岸机理进行研究分析，由于崩岸的发生是众多影响因素共同作用的结果，而各学科学者研究的侧重点又不一样，导致结果虽有依据，但依然存在明显的分歧。80 年代，Grissinger[10]对密西西比北部地区的河岸崩塌现象进行了研究，认为河岸的崩坍不仅与水力参数相关，而且也受到土体自身容重的影响，甚至在河槽冲刷下切后河岸变高变陡的情况下重力因素比水力因素对崩岸的影响更为关键。Osman 等[11]认为最容易引起崩岸发生的因素是流水淘刷作用，并将其分为河岸的侧向侵蚀与河床的冲刷下切两个方面，指出了侧向侵蚀会导致河道加宽，冲刷下切则会增加河岸高度，并且坡脚的淘刷会使岸坡变得越来越陡，甚至形成倒坡。

　　20 世纪 90 年代，Darby 等[12]在 Osman 等学者的研究基础上，更加全面的阐明了崩岸的触发机理，并指出了河岸侵蚀和坡趾冲刷并不是导致崩岸发生的唯一因素，它还与土体孔隙水压力和静水压力密切相关。Millar 等[13]通过砂砾石河流的岸坡稳定性模型，分析了河岸边坡植被与摩擦休止角的关系，并认为在河岸边坡的稳定性分析过程中岸坡泥沙的中值粒径和摩擦休止角是两个必须考虑的参数，最后提出了增强岸坡稳定性的工程措施。Hargerty 等[14]观测了大量的野外河岸，通过对观测资料的分析将河岸的崩塌模式分为拉力破坏、悬臂梁破坏和切应力破坏，并总结出由多元结构组成的河岸，在坡表水位与地下水位之间的水位差影响下会引起渗漏和管涌的发生，并且会使渗漏层因泥沙被带走而变薄，从而导致其上层土体的支撑力减小甚至消失，最终引发河岸失稳破坏。美国的土木工程协会通过对河宽调整模型的研究发现了黏性土与非黏性土岸坡的崩塌机理存在着显著差异，并得出了黏性土河岸比非黏性土河岸的稳定性更好的结论。

　　21 世纪，Nagata 等[15]构建了一种可分析河床变形过程与崩塌处岸线变化速度的模型—非平衡输沙数学模型，并指出了非黏性土岸坡的侵蚀过程。此外，这个模型还可以用来计算河岸侵蚀量的纵向分布，故在研究交错浅滩对河岸侵蚀的影响上也有着重要的贡献。Fox 等[16]重点研究了河岸边坡的侧向侵蚀机理，并为了定量的分析降雨、坡表水位升降等水力因素与河岸淘刷的联系构建了几乎垂直的非黏性土岸坡渗流侵蚀的沉积物运移模型。Pollen 与我国学者王博所做的研究相似，同样是应用 BSTEM 模型模拟了岸坡崩塌的全过程，并利用该模型确定岸坡的淘刷程度与稳定性。之后 Midgley 等[17]为了确定二元结构河岸的崩塌宽度也运用了 BSTEM 模型，并对该模型的准确性进行了评估，此外，还指出了它的不足之处。

3.11.1.2　水下淘刷国内外研究进展

　　泥沙的淘刷实质上是泥沙被水流冲起后的一系列运动，河床表面淤积泥沙大多处于临界起动状态，易受到水流的侵蚀，随着水流流速的增大水流切应力不断增强床面泥沙逐渐脱离稳定状态开始随水流运动，当泥沙从本河段冲移数量大于来沙量时，河段就发生冲刷。河岸的冲刷受多种因素的影响，许多学者针对影响因素进行了相关研究。

Thompson 和 Amogs[18]对水流携沙和河床静止碰撞产生的能量交换进行了研究，发现能量交换过程中不同的碰状对河床的冲刷产生了影响，一定范围内水流携沙量的增加可能会加剧河床的冲刷。许炯心[19]从土壤物理力学性质与水流作用力的对此关系出发，探讨边界条件在水库下游再造床过程中的作用。田伟平等[20]对沿河路基水毁的水力机理和泥沙运动规律进行理论分析的基础上，通过回归分析建立了最大冲刷深度与主要影响因素（水深、泥沙粒径、河宽、河弯半径）的关系式。李可可等[21]认为泥沙的淤积与多种因素有关，含沙量、流速以及河床断面形态等因素都有着密不可分的联系。王延贵等借用水流泥沙运动理论、水流动力理论和水流涡流理论就弯曲河道的淘刷机理进行了分析探讨，指出在主流和副流的共同作用下，弯道进口处的凸岸、弯道及其出口处的凹岸都属于高剪切力区，河岸淘刷严重，其中凹岸岸脚处的剪切力最大、淘刷最严重。李若华等以试验为基础，对刚性护岸岸脚水流的流态、特性进行了研究，探讨刚性护岸岸脚淘刷的机理。邵仁建等针对实体护岸技术进行了概化模型试验，研究了岸脚淘刷机理，提出了护岸固脚设计的原则意见。

泥沙数学模型以水流数学模型、泥沙输移及河床变形方程为基础，常用于求解河床变形过程。由于受泥沙问题的不确定性以及复杂性的影响，至今仍未有一个明确的，并且得到大多数学者一致认可的计算公式和方法。二维的水沙数学模型[22]是目前国内外学者广泛采用的预测河岸变形的方法。但是由于常用的二维水沙模型使用的均为沿水深平均分布模式进行简化计算，因此在不少模型中引进了一定的经验公式来解决泥沙的横向输移变化，研究模拟结果从定性的角度来看与实测数据和演变规律相一致，定量的看对河岸冲退和淤进也取得了一定成果。各种模型虽然基于二维水沙模型，但在使用过程不可避免地加入了经验公式进行求解泥沙输移对河岸的冲刷过程，由于经验公式资料来源有限，不存在普适性，仅能够在资料来源范围内或者与资料相近的河流中使用。

Mosselman[23]改进了 Struiksma 的平面二维模型，通过加入河岸冲刷变形的计算模块，实现了某天然河段的平面变形模拟过程，但是精确度并不高。Duan 和 Wang[24]提出一种利用冲刷速率计算岸坡冲刷的方法，但是主要针对非黏性河岸。Nagata 等[25]以非平衡输沙数学模型为基础，对顺直河道及河岸冲刷问题进行了相关研究但是仅考虑了河床和河岸组成均为均匀沙的情况。黄金池等[26]同样采用平面二维水流泥沙模型，引进土力学中有关河岸力学平衡的基本关系提出黄河下游河床横向变形的数值模拟方法。王新宏[27]通过联立求解一维水流方程和简化平面二维水流方程，再利用水-沙输移计算结果建立准二维泥沙数学模型，计算结果与实测值吻合较好。王党伟等[28]分析了冲积河流冲刷展宽的力学机理，并对其过程进行了模拟。陈珥等[29]建立了一种基于平面二维水流泥沙数学模型基础之上，能够模拟分洪口门展宽和冲深的混合数学模型，该模型能够较好的模拟分洪口门展宽和冲深过程。

3.11.2 崩岸监测要素

崩岸从广义角度是指在水流泥沙运动与河床边界条件的相互作用下，河岸受到各种因素的影响而发生崩坍、滑塌的变形。对于冲积型平原河流来说，崩岸是指在水流冲刷河岸及其附近的河床时，水流挟走岸坡及其附近的床砂，岸坡变陡失去稳定而发生的坍塌。针对崩岸险情，应有针对性地进行监测，为险情预测及抢护提供依据，主要有以下监测要素：近岸河床变化、崩岸段局部流场、悬移质泥沙含沙量分布、来水来沙条件、河道边界条件、地下水及渗流、陆上地形测绘及水下地形测绘。

3.11.3　崩岸监测方法

（1）近岸河床变化监测。采用河床地形实时在线监测系统，其包括超声波测量探头、

图 3.11-1　系统结构

无线传输模块、服务器、手机移动终端和电脑终端等设备，系统结构如图 3.11-1 所示。超声波探头频率为 200kHz，测量范围为 0.4～200m，其中声学传感器和数字收发电路集成一体，采用 RS 485 进行数据通信。超声波测量探头收到采集命令后，启动测量，测量数据经 RS 485 传输至无线模块，无线传输模块利用 4G 移动网络将数据传输到 Internet 网络服务器，经分析校核存入数据库。电脑或手机等终端设备通过浏览器访问数据库读取相应地形数据。

（2）崩岸段局部流场观测。采用声学多普勒流速剖面仪（ADCP）走航式在监测崩岸段中部断面及上、下游 0.5km 断面进行半江流场观测，重点监测近岸水流。每年主汛期监测 34 次，汛前汛后各监测 1 次，较大洪峰涨落过程必须监测 1 次，崩岸发生、发展期间适当加测。

（3）河道边界条件监测。近岸河槽部分的床沙、河岸土壤成分结构、级配、孔隙度及含水量监测，可采用内部形态观测造孔的土柱样品并进行分析。对有抛石护岸的河段，利用浅地层剖面仪、侧扫声呐结合全球导航卫星系统（GNSS）、综合集成软件等对河床底质及浅地层进行探测。通过浅地层及表层探测，一方面了解护岸及崩岸河床浅地层的地质结构及表面形态，另一方面跟踪护岸护底及近岸抛石受水流影响的后续分布情况。

（4）地下水及渗流监测。河岸地下水位、渗流（压）、孔隙水压力监测，以及配套监测河道水位。主要测量大堤中地下水水位和压力，一般与沉降观测配套测量。渗流监测方法采用温度示踪法，水位监测采用星载激光雷达系统监测水位，详见 3.2.3 节。

大比例尺险工段地形测绘包括陆上地形测绘、数字化水下地形测绘、EPS 全息测绘系统、船载一体化水边测量技术、多模态传感器系统、机载 LiDAR 测量、GPS-RTK 技术、船载移动扫描系统。

1. 陆上地形测绘

（1）全站仪电子平板测图。全站仪电子平板测图系统包括全站仪、计算机及配套的数据采集编辑软件。现场测图时，在测站上通过全站仪观测地物点，并通过终端连接线将测量数据实时传送给计算机，计算机屏幕实时显示点位和图形，测量人员可对其进行现场编辑和绘制。该系统内置了测图规范中定义的图式符号，生产人员也可自行定义，既提高了成图速度，又提高了测图的准确性和真实性。相较于其他测图技术，电子平板技术的优势在于现场测图和成图，能更准确地把握地形地貌，在很大程度上减少了地物错绘漏绘。

（2）无人机低空摄影测量技术。采用无人机低空摄影测量技术，能获取高分辨率数字

影像，以无人驾驶飞机为飞行平台，高分辨率数码相机为传感器，通过遥感技术（Remote Sensing，RS）、地理信息系统（Geography Information Systems，GIS）和全球定位系统（Global Positioning Systems，GPS）3S 技术在系统中集成应用，可以快速获取小面积、真彩色、大比例尺、现势性强的航测遥感数据。由于河道崩岸地形监测一般在局部河段开展，且现势性要求较高，因此无人机低空摄影测量技术相对于卫星遥感和普通航空摄影更具有实用性。另外，无人机具有灵活机动的特点，可获取比卫星遥感和普通航摄更高分辨率的影像，属于近景航空摄影测量，其精度能够满足一般崩岸监测精度要求。总之，无人机低空航摄系统使用成本低、耗费低、机动灵活，尤其适合面积较小的局部河段地形监测任务，相对于全野外数据采集方法成图，该方法将大量的野外工作转入内业，既能减轻劳动强度，又能提高作业效率，是当前长江崩岸陆上地形监测的一个新的发展方向。

2. 数字化水下地形测绘

数字化水下地形测绘技术一般包括单波束和多波束测量技术。单波束测量系统一般包括 GNSS 平面定位设备、单波束数字测深仪、计算机及配套的数据采集软件。多波束测量系统一般包括 GNSS 平面定位设备、姿态传感器、多波束测深系统及配套的导航、数据采集、处理软件。单波束测深系统安装方便、技术成熟，广泛应用于水下地形测量、断面测量工作。与单波束测深仪相比，多波束测深系统具有测量范围大、测量速度快、精度和效率高的优点，它将测深技术从点、线扩展到面，并进一步发展到立体测深和自动成图，适合进行面积较大的大比例尺水下地形测量。

3. EPS 全息测绘系统

EPS 全息测绘系统是集成多源测图方法及数据库管理、内业编辑、查询统计、打印出图、工程应用于一体的面向 GIS 的野外数据采集软件。EPS 所采集的数据不仅符合国家图式规范的数字成图和专业制图的需求，同时满足 GIS 对基础地理数据信息化和地理信息的完整性、拓扑性、图属一致性等各项性能要求，满足系统的查询、统计、分析应用的需求。其中数字化测图模块是全息测图系统的核心部分，它作为仪器与计算机结合的媒体，并通过软件实现即测即显，做到野外现场测图、实时展点、实时编辑，及时绘制与属性录入，使每一测点在几何信息、属性信息及点与点的拓扑关系得到准确的测定和描述，从而保障了数字地形图在位置精度、属性精度、逻辑一致性、完整性及现势性等方面的成果质量。

4. 船载一体化水边测量技术

传统河道边界水边形状的施测是以点形式进行数据采集，一般以全站仪极坐标法或 GNSS RTK 方法为施测手段，但由于安全风险等问题，在崩岸河段往往难以获得真实、准确的水边形状。

船载数字雷达和数字近景摄影方式同步使用对河道水边界高精度测绘方法具有显著优势，雷达连续扫测水边界图像数据，后处理进行图像校正、拼接并自动提取水边界数据。近景摄影系统在惯导系统（GNSS＋IMU）的支持下，以像方控制的方式在船上安装普通数码相机，获取河岸近景多基线序列影像，并基于数字近景摄影测量、视觉测量理论和数字图像处理等技术，对序列影像进行空间量测化处理，实现水边界的精确提取。其优势体现在：该技术具有严密的理论基础，能获取目标精确的二维和三维空间信息和物理信息；

该技术属于非接触式测量技术，能有效克服观测目标难以到达的问题；随着近年来高精度 POS 系统的普及，有效解决了雷达扫描和摄影测量对控制点依赖问题，大大提升了该技术的灵活性，极大降低了劳动强度；该设备安装在船上，非接触式对水边界扫描和摄影测量，既能有效克服陆地测量植被高密度覆盖造成的视线遮挡问题，又便于实现水下地形测量与水边界测量的一体化。

5. 多模态传感器系统

长江口水文水资源勘测局联合华东师范大学河口海岸学国家重点实验室，采用 Sea Bat-7125 多波束测深仪、Riegl-VZ-4000 三维激光扫描仪、Edge-tech-3100p 浅地层剖面仪、双频 ADCP、Trimble-差分 GPS、RTK 等组成的多模态传感器系统。其工作原理是：通过激光扫描仪和 RTK 联合测量陆上地形，采用多波束测深系统测量水下边坡地形，用帽式抓斗采集河床表层沉积物样品并用激光粒度仪测定床沙级配，浅层沉积结构用 Edge-Tech-3100P 浅地层剖面仪获得，同时利用 ADCP 测得测区流场数据。将三维激光和多波束数据导入 ArcGIS 平台，构建陆上水下一体化的栅格地貌模型。通过对崩岸区域进行高精度一体化地形测量，获得了高分辨率的三维地貌模型。同时结合边坡冲淤环境、水动力及沉积结构等特征，可对窝崩进行稳定性和发展趋势评估。

6. GPS-RTK 技术

在海洋测绘技术的发展过程中，GPS 已经能够广泛地应用到海洋测量中并且在准动态测量中能达到厘米级精度，GPS 实时动态测量（RTK）能够给地形碎部点测量带来巨大的变化，特别在大面积滩涂的区域，由于不便建立控制点，这样优势就更加明显，在海洋测量的自动化中发挥着重要的作用。在黄河口两岸滩涂测量中运用 RTK 技术替代传统测量方法，克服种种不利因素，在大面积滩涂测量能够取得显著效果。GPS 是采用距离交汇法来实现卫星定位的技术。根据卫星到用户接收机之间距离所采用信号的不同，可将 GPS 测量分为伪距测量和载波相位测量。GPS-RTK 技术属于载波相位测量的定位方法。这种实时动态定位技术需要至少两台以上的接收机，将其中一台作为基准站设在国家控制网的已知坐标点上，利用另一台 GPS 接收机测量。由于河岸塌岸测量与沟蚀、工程土方量计算不同，危险性较大，且受河道、河岸边界限制，难于观测。在实际测量时必须在兼顾安全性和合理性原则下，来获取河流形态变化的特征点。

7. 机载 LiDAR 测量

机载 LiDAR 的发展源自年美国航天局（NASA）的研发，集成了激光测距技术、计算机技术、惯性测量单元（IMU）/DGPS 差分定位技术，机载 LiDAR 数据经过相关软件数据处理后，可以生成高精度的数字地面模型、等高线图，利用数据制图，精度可达 0.33m。机载 LiDAR 测量系统能够不受光线影响全天候直接获取目标的三维坐标信息，其采样密度可达几十个点每平方米，在对目标进行分类时不受阴影的影响。在对某些无法或到达有困难的地区信息采集具备很大优势，比如：植被覆盖地区、戈壁沙漠地区、滩涂地区、污染区等。与传统测量技术相比，其不需要大量的控制点，该测量技术也能高效、高精度的完成。利用组成系统之一的高分辨率相机传感器，同步获取测量区域的数字影像。结合扫描的点云数据，两者取长补短，使得最终的测量成果精度更高、产品更丰富。

8. 船载移动扫描系统

随着导航、遥感和传感器技术的飞快发展，移动测量技术受到越来越多的关注，应用的领域也朝着更多样化、更自动化的方向发展，国内外许多高校、科研机构相继研制出适用于不同类型工程的移动测量系统产品。船载移动扫描系统主要包含载体平台、GNSS 基准站、GNSS 流动站、姿态传感器（可直接采用测量船提供的惯导装置）、三维激光扫描仪、数据采集与存储软件和数据处理软件。其中，最为重要两个部分是三维激光扫描仪和定姿定位系统（GNSS/INS 组合），扫描仪提供传感器到地物之间的位置关系，GNSS/INS 组合用来提供定位姿态信息。因此船载移动扫描系统定位的基本原理可简单地概括为利用测量船为载体，将传感器安装在船体上，获取多传感器综合参数；同时利用 INS 提供载体的姿态信息：横摇 roll、纵摇 pitch 和艏摇 heading、加速度计测量载体的 heave；GNSS 提供载体精确的位置信息。结合三维激光扫描仪的信息、INS 的姿态信息以及 GNSS 的定位信息来算出每一个三维激光扫描仪扫描点的坐标，从而就能得出点云数据。

9. 无人船遥感技术

无人船一般是以有动力的船体为平台，搭载通信设备、控制设备和特殊功能设备，开展某项特殊工作，主要是通过地面的基站或母船的控制中心完成无人船的远程控制。通过无线通信系统，控制中心可以接收到无人船发出的各种数据，通过数据分析掌握无人船的状态，以及动态收集各种测绘数据。目前，国内已研发出海洋高速无人船平台，如云洲智能发布了"领航者"号无人船，通过搭载不同的设备可应用于环保监测、科研勘探、水下测绘、搜索救援、安防巡逻乃至军事应用领域，完成不同任务。加上船本身搭载包括单波束测深仪系统、侧扫声呐系统、双 GPS 及姿态仪等整个测量系统，可用于船载数据采集备份的平板工控机，或者测量数据实时传输的数传电台，用来测量系统基站，随时进行数据处理，绘制海底地貌、地状参数图等，"领航者"可以组成网络协同作业，也可搭载无人机，潜水器等开展更多的工作。"领航者"号平台和主要指标详见 3.6.3 节。

3.11.4　远程实时监测

采用自动安全监测设备对河岸近岸的变形进行实时监测，主要包括水平位移监测、垂直位移监测及裂缝监测等。

1. 外部变形监测

采用 GNSS、垂线坐标仪、电容式测读仪等专用仪器监测，其中水平位移和垂直位移是监测护岸崩岸表面的位移情况，预埋监测控制网点，以测量标点的位置移动量来判断岸坡的稳定性。护岸崩岸监测点埋设应反映河岸变化特征。各监测点可采用视准线法和大气激光准直线法进行水平位移监测，也可采用全站仪或静态 GNSS 监测；垂直位移观测采用精密水准测量（二等及以上水准测量）方法进行测量。裂缝监测是对河岸裂缝进行位置、长度、宽度、深度和错距等监测，以了解裂缝的发展变化情况。

2. 内部变形监测

对河岸内部位移及变形进行沉降、倾斜和土压力等监测。对有护岸的河岸，还进行坡面蠕动、滑移、接缝监测，应力、应变及温度监测。采用仪器主要有多点位移计、土地位移计、滑动式测斜仪、测缝计、渗压计、土地压力计、混凝土应变计、钢筋测力计和电阻温度计等。

（1）沉降监测。采用永久散射体雷达干涉技术（Persistent Scantter InSAR，PSI 技术）。PSI 技术通过雷达传感器和地面目标（如人工建筑物、道路和其他基础设施）之间距离变化信息，获取高密度目标点的雷达视线向形变值，转换得到垂直向位移（沉降量），适用于监测长期发生缓慢形变的区域。基于处理长时间序列的雷达影像（>15景）以削弱大气干扰，该技术把注意力集中到了时间序列 SAR 数据集中有着稳定散射特性的 PS 点上，克服了时空失相关和大气延迟等问题，适用于长期缓慢的形变监测。

（2）倾斜监测。监测内部的位移变化，与沉降观测布设在同一个断面上，也是采用钻孔测量的方法，钻孔的要求同沉降观测，只是塑管上无需固定磁环。测量时只需将探头放入管底，往上拉动探头，每隔 0.5m 记录 1 个测量数据。第一次测量完后将探头交换方向再按照上面的方法测量 1 次，取 2 次的平均值为最终的测量值。与初始值对比分析岸坡内部位移改变情况。

（3）缝隙监测。对地表已经产生裂缝的河岸，监测裂缝的发展变化情况。将测缝计安装在裂缝或接缝处，引出电缆线，分别测量裂缝或接缝处前后、左右、上下的位移量，将各处接缝计的引出电缆线集成到一处接入集成箱，仪器可定时将监测数据进行远传。

（4）压力监测。应优先选用"振弦式"土压力计，在两个监测断面上埋设土压力计，进行侧向和垂向压力监测，了解压力随河流水位及河岸内部变形的变化规律。仪器埋设后，引出电缆线，同测缝计、渗压计引线一样接入集成箱，定时将监测数据进行远传。

（5）应力、应变及温度监测。运用以布里渊光时域分析和布拉格光栅光纤光栅应变感测技术在护岸的监测断面上进行监测，研究护岸河段在水流及河岸土壤压力作用下的崩岸发生发展规律，为护岸工程技术研究积累基础资料。

3.11.5　崩岸监测仪器

多模态传感器系统由 Sea Bat - 7125 多波束测深仪、Riegl - VZ - 4000 三维激光扫描仪、Edge - Tech - 3100p 浅地层剖面仪、双频 ADCP、Trimble -差分 GPS 等组成。

（1）多波束测深仪。Sea Bat 7125 是 Teledyne Reson 公司研发的新一代浅水型多波束测深仪，其精度高、便于操作，有 ROV 及 AUV 安装版可选，可选双频 200kHz/400kHz，量程 0.5~500m，其技术指标见表 3.11 - 1。

表 3.11 - 1　　　　　　　　Sea Bat 7125 多波束测深仪技术指标

工作频率	200kHz 或 400kHz 或双频
波速宽度	发射：2@200kHz，1@400kHz；接收：1@200kHz，0.5@400kHz
最大发射率	50Hz
波束个数	512EA/ED@400kHz，256EA/ED@200kHz
最大覆盖角度	140°ED，165°EA
作用距离	0.5~500m
分辨率	6mm

（2）三维激光扫描仪。RIEGL - VZ - 4000 是最新推出的 VZ 系列三维激光扫描仪，其技术指标见表 3.11 - 2，具有高达 4000m 的超长距离测量能力，并且沿用了 RIEGL 其

他扫描仪对人眼安全的一级激光。RIEGL V 系列扫描仪基于独一无二的数字回波和在线波形分析功能，实现超长测距能力。VZ-4000 甚至可以在沙尘、雾天、雪天等能见度较低的情况下使用并进行多重回波的识别，在矿山等困难的环境下也可以轻松使用。

表 3.11-2 　　　　　　　**RIEGL-VZ-4000 三维激光扫描仪技术指标**

最远距离	4000m		
扫描视场角	60°×360°（垂直×水平）		
激光发射频率	20 万点/s		
Laser PRR（Peak）	50kHz	100kHz	200kHz
有效测量速度	37000meas/s	74000meas/s	147000meas/s
最大测量距离　自然目标 ρ≥90%	4000mm	3100mm	2400mm
自然目标 ρ≥20%	2300mm	1700mm	1200mm
精度	15mm		
重复测量精度	10mm		
激光波长	近红外		
扫描参数	垂直扫描（线扫描）	水平扫描（面扫描）	
扫描范围	100°（+30°～-30°）	0°～360°	
角度分辨率	优于 0.0005°（1.8arcsec）	优于 0.0005°（1.8arcsec）	
扫描速度	0.8°～20°线/s	0°～60°线/s	
角度步频率	0.0002°≤Δθ（垂直）	0.0002°≤Δφ（水平）	
输入电源电压	11～32V		
功耗	60W		
内置数码相机	视场范围 2560×1920pisels（5m），自动曝光控制		
显示	7″WVGA（800×48）彩色		

（3）浅地层剖面仪。EdgeTech 公司 3100P 型浅地层剖面仪采用全频谱 CHIRP 技术，是一种高分辨率宽带调频（FM）浅地层剖面仪系统，其技术指标见表 3.11-3。

表 3.11-3 　　　　　　**Edge-Tech-3100P 浅地层剖面仪技术指标**

型号	SB-216S	型号	SB-216S
工作频率	2～16kHz	垂直分辨率	6～10cm
脉冲	2～12kHz	穿透能力	软泥质海底最大 80m

（4）双频 ADCP。双频 ADCP 采用世界最先进的宽带脉冲处理技术，并且创新性结合声学频率将 300kHz/600kHz/1200kHz（其中两种频率可任意组合）设计在同一台 ADCP 仪器内，其技术指标见表 3.11-4。双频率可设置为同时工作，适于更多的测量环境，获取更多的测量流速数据支持勘测、监测和研究等工作。双频 ADCP 具有应用灵活、方便，可以安装在水文测船上，通过电缆与电脑通讯施测，或者安装在特制的小型三体船上，通过无线电台与岸上电脑通信施测；双频 ADCP 标准配置多种模式，能够应用于小河、人工渠道、大江、大河及潮汐河流等。

表 3.11 - 4   **双频走航式 ADCP 系列技术指标**

频率	300kHz	600kHz	1200kHz
水 剖 面 参 数			
流速剖面量程			
窄带模式	0.6～150m	0.4～90m	0.2～30m
宽带模式	0.6～100m	0.4～50m	0.2～20m
流 速 精 度			
高精度时±0.25%±2mm/s，高精度时低精度时±1%±2mm/s			
窄带单呼精度	20cm/s@4m	20cm/s@2m	20cm/s@1m
宽带单呼精度	20cm/s@4m	20cm/s@2m	20cm/s@1m
底跟踪深度范围	0.6～300m	0.4～120m	0.2～50m
剖 面 参 数			
流速范围	±5m/s 典型，±20m/s 最大		
波束角	20°		
最大单元层数	200		
流速分辨率	0.1mm/s		
标准配置传感器			
温度传感器			
范围	−5～70℃		
精度	±0.15℃		
倾斜仪			
精度	<1°		
分辨率	0.01°		
磁罗盘			
精度	±1°		
分辨率	0.01°		

（5）Trimble-差分 GPS。Trimble-差分 GPS 采用 Trimble 天宝 GEO 7X 厘米级手持 GPS，其技术指标见表 3.11-5。Trimble 天宝 GEO 7X 手持 GPS 接收机为美国 Trimble 公司最新推出的一款移动 GIS 数据采集新锐，它的最大特点是 GIS 数据采集和激光测距集成于一身，更重要的是兼容 GPS、GLONASS、Galileo、北斗和 QZSS（QZSS 为日本的准天顶卫星系统）等五大主流 GNSS 卫星定位系统。

表 3.11 - 5   **GEO 7X GNSS 接收机技术指标**

	尺寸	23.4cm×9.9cm×5.6cm
	重量	GEO 7X 手持机带测距仪 1080g
	操作系统	Windows Mobile 6.5 专业版
物理性能 指标	处理器	DM3730 1GHz+CPU
	内存	4GB 用户内存+256MB RAM
	电池	内置 11.1V、2500mAh 可充电锂电池、连续工作 10h，待机时间长达 50d

扩展	存储	密封 SD 卡扩展槽（SD 卡并 SDHC 至 32GB）
	摄像	500 万像素自动对焦且带地理标记功能
输入/输出	显示	4.2 英寸屏幕，VGA（480×640）像素
	I/O	USB2.0
	无线	内置 3.5G 通信模块
		蓝牙 2.0，Wireless LAN802.11b/g
精度	实时厘米模式精度	水平 1cm±1ppm HRMS
		垂直 1.5cm±2ppm VRMS
	后处理厘米模式精度	水平 1cm±1ppm HRMS
		垂直 1.5cm±1ppm VRMS
	H-Star 技术	10cm±1ppm HRMS
	码精度	实时 75cm±1ppm HRMS
		后处理 50cm±1ppm HRMS
	SBAS（WAAS/MSAS）	<1m，亚米级精度
	静态测量	5mm±1ppm

3.11.6 岸崩预警方法

（1）指标确定。以河道崩岸发生的可能性、崩岸可能造成的危害程度为尺度，将崩岸预警划分为Ⅰ、Ⅱ、Ⅲ、Ⅳ级。其中，Ⅰ级为最高级，发生崩岸可能性很大，造成的危害程度大，要求当地政府做好预警区宣传和警示工作，落实每天不间断巡查和每周 1～2 次地形监测，转移受崩岸威胁的群众；Ⅱ级为次高级，发生崩岸可能性很大，造成的危害程度较大，要求当地政府做好预警区宣传和警示工作，落实每周不间断巡查和每月 1～2 次地形监测，必要时转移受崩岸威胁区内群众；Ⅲ级为中级，有发生崩岸的可能性，需要做好预警区宣传和警示工作，落实每月巡查 1 次；Ⅳ级为低级，有发生崩岸的可能，落实每年巡查 4 次。

（2）资料分析。分别利用多个测次河道监测数据，以及已有历史资料，从河势、近岸变化趋势出发，分析评估各测次岸坡的稳定性和崩岸发生的可能性，以及崩岸造成的危害程度，对河道崩岸进行初步预测预警。计算与分析的内容包括岸线变化、深泓线变化、典型断面变化及坡比等。

（3）预警发布。根据巡查、预警指标和分析计算结果进行崩岸预警预报，编制监测预警简报，发送给相关单位及部门。崩岸预测方法与防治思路见图 3.11-2。

3.11.7 水下淘刷监测要素

水下淘刷是堤坝河岸、丁坝、护岸等受水流冲击，可能导致岸崩、基础破坏的现象。水下淘刷是引起崩岸的重要原因之一，因此，对水下淘刷进行监测具有重大意义。水下淘刷的监测要素有：水下淘刷位置、边坡形态、淘刷宽度、淘刷高度、淘刷长度等。

3.11.8 水下淘刷监测方法

水下淘刷位置和边坡形态可以通过无人机遥感、无人船遥感、地理信息系统技术等监

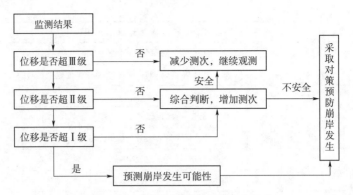

图 3.11-2　崩岸预测方法与防治思路

测方法来确定。根据相关研究表明：通过分析弯道水流泥沙运动特征和剪切力的分布特点，在主流和副流的共同作用下，弯道进口处的凸岸、弯道及其出口处的凹岸都属于高剪切力区，河岸淘刷严重，其中凹岸岸脚处的剪切力最大，淘刷最严重。所以，应重点监测这些地方。

（1）多波束测深系统。多波束测深系统，又称多波束测深仪、条带测深仪或多波束测深声呐，其工作原理是利用发射换能器阵列向河底发射宽扇区覆盖声波，利用接收换能器阵列对声波进行窄波束接收，通过发射、接收扇区指向的正交性形成对河底地形的照射区域，对这些区域进行恰当的处理，一次探测就能给出与航向垂直的垂面内上百个甚至更多的海底被测点的水深值，从而能够精确、快速地测出沿航线一定宽度内水下目标的大小、形状和高低变化，比较可靠地描绘出水下地形的三维特征。与传统的单波束测深系统每次测量只能获得测量船垂直下方一个海底测量深度值相比，多波束探测能获得一个条带覆盖区域内多个测量点的海底深度值，实现了从"点→线"测量到"线→面"测量的跨越，其技术进步意义十分突出。多波束测深系统能够有效探测水下地形，得到高精度的三维地形图，与传统的单波束回声测深仪相比，多波束测深系统具有水深全覆盖无遗漏扫测、测量范围大、速度快、测深精度和分辨率高等优点。

（2）侧扫声呐系统。侧扫声呐系统，是一款双通道高分辨率的数码侧向扫描声呐，主要面向运动潜水市场，可直接通过笔记本或台式电脑控制，只要连接上一个 GPS 接收器，就能获知经度和纬度坐标。侧扫声呐是水下搜索、水下考察等一项重要的有力工具，它不受水体可见度的影响而快速覆盖大面积水域"看"到水下情况。每边侧扫通过向水底发射声呐，反射后被拖鱼接收形成声呐影像来发现水下物体。

（3）水下地形成像系统。水下地形成像仪是将水声技术、计算机技术、数字图像处理技术相结合用于电站库容测量的高科技产物，作业水深为 100m（可扩展到 300m 水深）。同时也可用于水下 100m 的作用半径内搜索失落物体（如沉船、集装箱等）和对航道、堤坝、水库、码头的地形地貌进行大范围勘测。水下地下地形成像仪能够监测到实测断面的形状、淘刷宽度、高度及长度，该设备具有操作控制简便，即时回扫，单双光标任选，可在各种船舶、潜水器及岸边使用。

（4）分布式光纤传感技术。随着光纤通信技术和传感技术的发展，光纤传感技术近年来逐渐发展成为一门新型的监测技术。其基本原理是光波在光纤中传播时，表征光波的特征参量，如相位、强度、频率和偏振状态等，受到外部环境参数变化的影响，如温度、应力等，使特征参量中的一个或几个直接或间接的变化，通过解调相应的特征参量而监测外界相关因素的变化。

基于光纤传感的结构健康监测系统主要由五部分组成：光纤传感系统，信号采集系统，信息传输、处理和存储系统，专家评价系统以及信息后处理系统。其中，光纤传感系统包括光纤传感器的选型与布设，即根据不同精度与性能要求选择合适的传感器；然后根据结构受力特征考虑光纤传感器的拓扑方式，同时决定传感器的具体布设方式、表面粘贴或内部埋入等。传感器监测的信息经过传输系统存储到存储中心并建立数据库，然后数据经过专家系统进行分析处理、判断结构的健康状况并对损伤进行定位。最后，经过后化理系统将监测结果进行可视化显示，并给出实时预报，如果出现损伤则还需提出相应的处理措施。在整个结构健康监测系统中，传感系统和专家评价系统是核心部分。传感系统提供结构健康所需要的最基本、最直观的信息，是整个系统的硬件支撑；而专家评价系统是整个系统的"大脑"，对所收集的错综复杂的信息进行梳理和分析，并结合结构自身特征以及各种损伤识别理论建立相应的健康监测模型，对结构的健康状况进行分析和评价，若出现损伤，首先定位，然后量化，最后给出相应的处理措施。

在各种光纤传感器中，光纤布拉格光栅（Fiber Bragg Grating，FBG）传感器具有良好的静动态测试性能，得到了工程界的广泛关注。基于 FBG 的监测方法，光纤光栅传感器通过光纤中光束波长的变化来测量应变和温度。当光纤光栅传感器受到外力作用时，测得的波长会发生变化；而当传感器不受力或受力不变时，波长值会保持不变。通过一定方法可以消除温度对光纤光栅传感器波长读数的影响。正是通过这个原理可将光纤光栅传感器应用到冲刷监测中。光纤光栅由于精度高，应变测量精度能达到 $1\mu\varepsilon$，而且不怕水，耐腐蚀，长期性能比较好，不仅能传感，而且也能用于传输数据，利于组网和实时监测，目前已经被广泛应用于结构的健康监测中。

（5）超声波。超声波探测河床冲刷装置的原理是基于超声波经河床底部的反射，返回发射位置，通过测量往返时间可计算出探头距离河床底部的距离。在水面以下自探头向河床发射超声波，超声波遇到河床，会在河床底部发生反射，测得发射波和接收波之间的时间差 ΔT，将超声波的传播速度乘上 ΔT，就得到了两倍水深 H。1989 年，李晓华、蒋冰等将超声波应用到桥渡的冲刷监测中。他们研制了"CS 型超声桥渡冲刷测深装置"来测量南京长江大桥及钱塘江大桥的冲刷，采用定点或移动方式测量桥域基础冲刷深度及河床断面，监测河床变化趋势，对冲刷警戒标高进行预报。2010 年，任亮亮、罗超云采用 SSH 型超声探测仪测量水面到河床的深度，并采用 LS20B 流速仪对潮流流速状态进行观测，分析潮流流速与冲刷深度之间的关系。

（6）时域反射计。时域反射计也是基于利用脉冲的往返行程的时间的技术。但是，和声呐不同的是时域反域计利用的是电磁脉冲。时域反射计利用反射回的脉冲能量计算从发射源到河床-水流界面处的往返时间。已知传播时间和传播速度，就可以计算出测量的距离。此种方法依赖于水和河床的介质不连续点，所以此方法的适用性与河床的组成成分有很大关系。信号在导线和探头中传播时存在衰减，脉冲信号的衰减与探头周围介质的电导率密切相关，使得这种方法的使用受到限制，只能在淡水环境下使用。

（7）磁滑动环。这种仪器包括一根套着金属环的杆，沿着杆在预定的位置装有一系列的磁性激活开关。细杆插入到河床下面而金属环则置于河床上。淘刷深度取决于金属环的活动状态，当河床基础材料因流水被冲走时，金属环沿着磁棒往下滑动，金属环的位置可以通过电磁感应装置测得。这种装置原理简单，准确可靠。但是由于金属环只能向下运动，这种装置不能监测沉淀物回填，只能有效监测淘刷的最大深度。

（8）无人船遥感系统。无人船是一种可以无需遥控，借助精确卫星定位和自身传感即可按照预设任务在水面航行的全自动水面机器人。国内自主研发的全自动测绘船融合了船舶、通信、自动化、机器人控制、远程监控、网络化系统等技术，实现了自主导航、自动避障、长距离实时视频监控、可搭载单波束、侧扫等多种声呐、测量数据实时传输和监控、作业无人化、安全高效等功能。全自动测绘船已经实现搭载红外探测仪、潜水器等进行协同作业，能够应用于水深测量、水文测绘、水库库容勘测、水下探测集海洋工程勘测等，其推进系统可提供最大速度为 4m/s，并能在 1000km 范围内通过 GPS 或者北斗系统实现高精度定位自主航行、通过雷达、声呐、视觉、激光多种手段实现环境感知和智能避障，自主作业。表 3.11 - 6 给出了全自动测绘船的主要指标。

表 3.11 - 6　　　　　　　　　　全自动测绘船主要指标

船体尺寸	尺寸	1470mm×900mm×600mm	
	重量	50kg	
	材质	高强度纤维增强型玻璃纤维	
电气和通信指标	供电电池	锂聚合物电池；电压 14.8V	
	通信系统	控制：RF 无线射频点对点双向通信	视频：WiFi
	通信距离	控制：10km	视频：5kg
推进系统	型号	弦外马达 TJ70	
	最大速度	4m/s	
安全性	防沉		
	防盗	GPS 防盗追踪	
	避障	全自动避障	
操控性能	续航时间	10h（2m/s）；3h（4m/s）	
	导航模式	自动/手动遥感	
	控制模式	遥感器/地面控制站	
功能扩展性	负载能力	30kg	
	扩展空间	800mm×550mm×250mm	
	测量	全自动地下地貌测量；单波束测深系统；侧扫声呐系统；姿态仪系统	

3.11.9　水下淘刷监测设备

（1）水下地形成像系统。采用 DXY - 80 型水下地形成像仪，它的主要性能指标见表 3.11 - 7。

表 3.11 - 7　　　　　　　　　DXY - 80 型水下地形成像仪主要性能指标

项　目	参　数
最大工作水深	300m
最大测量（搜索）半径	100m
扫描范围	360°连续或扇面
扫描步距	0.225°发射一次可扫描 1 步、2 步、4 步或 6 步
显示方式	扇形、极坐标、透视（投影）、线性、测深、测扫
数据分辨率	512×512×218 级彩色＋红色电子刻度
工作环境温度	0～40℃

（2）侧扫声呐系统。TSR - 3000 3D 声呐系统是一款高性能模块化的声呐系统，TSR - 3000 扇形扫描声呐配置带有一个转子，可以同时采集测深、剖面和图像数据，技术参数见表 3.11 - 8。

表 3.11 - 8　　　　　　　　　TSR - 3000 3D 声呐系统技术参数

换能器大小	330mm×70mm×42mm（300kHz）
转子直径	长 168mm×直径 81mm
声呐系统电子仓	长 318mm×直径 168mm
材料	铝外壳
重量	约 15kg
耐压	1500m（铝外壳）
电源	12～36V DC，反极性保护，10W
通信	USB
接口	8 针 Subconn Micro 系列
频率	300kHz（450kHz 可选）
换能器	1 通道发送，6 通道接收
测扫声呐水平波束宽度	300kHz，1.25°
测扫声呐分辨率	300kHz，5mm；450kHz，3.3mm
测深分辨率/精度	取决于测量范围、倾斜角和波形
最大测深范围	130m（300kHz）
脉冲调制	CW，Chirp
脉冲长度	最大 1ms
可选配置产品	姿态传感器，转子，电导率，温度，压力传感器

3.11.10　水下淘刷监测技术指标

当河岸岸脚发生侧向淘刷时，岸滩上部土体处于临空状态，特别是侧向淘刷宽度达到一定程度时，临空块体的重力（矩）大于阻力（矩）时，岸滩将形成落崩。当临空土体的重量首先超过土体的剪切强度时，临空土块沿垂直切面下滑，形成剪切崩塌；当临空土块自身重力矩首先大于黏性土层的抗拉力矩时，悬空土块产生旋转崩塌（或称倒崩）。岸脚淘刷致使岸滩上部块体处于临空状态，当淘刷宽度大于临界淘刷宽度后，将会发生落崩（见图 3.11-3）；落崩临界淘刷宽度主要取决于岸滩土壤特性、淘刷位置、边坡形态及河岸裂隙深度等，与河岸高度和强度系数成正比，与岸坡裂隙深度和岸坡坡度成反比。

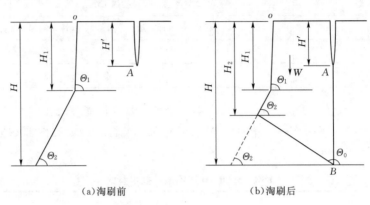

(a)淘刷前　　　　　　　　　　　　(b)淘刷后

图 3.11-3　落崩示意图

（1）剪切崩塌的临界淘刷宽度。若河岸剪切崩塌的淘刷宽度 $B = -\dfrac{H - H_2}{\tan\Theta_0}$。令崩体稳定系数 $K = 1$，便得河岸剪崩临界淘刷宽度 B_{cr} 为

$$B_{cr} = \frac{2S_t(H - H')}{H + H_2} + \frac{H_1^2}{(H + H_2)\tan\Theta_1} + \frac{H_2^2 - H_1^2}{(H + H_2)\tan\Theta_2}$$

对简单边坡而言，$H_1 = H_2$，$\Theta_1 = \Theta$，剪崩临界淘刷宽度 B_{cr} 为

$$B_{cr} = \frac{2S_t\tan\Theta(H - H') + H_1^2}{(H + H_1)\tan\Theta}$$

对于平行淘刷的临空崩体而言，$H = H_1$，相应的临界淘刷宽度为

$$B_{cr} = \frac{2S_t\tan\Theta(H - H') + H^2}{2H\tan\Theta}$$

对于直立的岸滩而言，对应剪切崩塌的临界淘刷宽度为

$$B_{cr} = S_t\left[1 - \frac{2S_t\tan\left(45° + \dfrac{\theta}{2}\right)}{H}\right]$$

（2）旋转崩塌临界淘刷宽度。第一种情况［见图 3.11-4（a）］，对于坚硬的黏土河岸，破坏面有压应力存在，由法向合力为零可知，崩塌面上的最大压应力 σ_2 和最大张应力 σ_1 相当，即 $\sigma_1 = \sigma_2$。

第二种情况［见图 3.11-4（b）］，对于一般的黏性土河岸，崩塌面上的应力分布可遵循无压应力的原则进行处理，即 $\sigma_2 = 0$。

旋转崩塌临界淘刷宽度，令安全系数 $F_s = 1.0$，得简单边坡河岸的倒崩临界淘刷宽度分别为

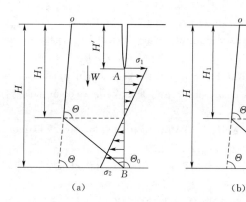

图 3.11-4　倒崩破坏面应力图

(a) 情况一；(b) 情况二

$$B_{\sigma} = \frac{3H_1^2}{2(H+2H_1)\tan\Theta} + \sqrt{\frac{S_t\,(H-H')^2}{H+2H_1} - \frac{H_1^3(4H-H_1)}{4\,(H+2H_1)^2\,\tan^2\Theta}} \qquad (\sigma_1 = \sigma_2)$$

$$B_{\sigma} = \frac{3H_1^2}{2(H+2H_1)\tan\Theta} + \sqrt{\frac{2S_t\,(H-H')^2}{H+2H_1} - \frac{H_1^3(4H-H_1)}{4\,(H+2H_1)^2\,\tan^2\Theta}} \qquad (\sigma_2 = 0)$$

3.11.11　参考文献

［1］　陈引川，等. 长江下游大窝崩的发生及防护［C］//长江中下游护岸工程论文集（第三集），1985.

［2］　余文畴，曾静贤. 长江护岸丁坝局部冲刷和防冲研究［C］//第二届中日河工坝工会议论文集（中方分册），1985.

［3］　李冬田. 长江下游淤积与崩岸灾害及其预测［J］. 河海大学学报，1992（5）：85-88.

［4］　陈祖煜，孙玉生. 长江堤防崩岸机理和工程措施探讨［J］. 中国水利，2000，（2）：28-29.

［5］　朱伟，刘汉龙，山村和也. 河川崩岸的发生机制及其治理方法［J］. 水利水电科技进展，2001（1）：62-65.

［6］　王延贵，匡尚富. 河岸窝崩机理的探讨［J］. 泥沙研究，2006（3）：27-34.

［7］　张幸农，应强，陈长英. 长江中下游崩岸险情类型及预测预防［J］. 水利学报，2007（S1）：246-250.

［8］　夏军强，宗全利，许全喜，等. 下荆江二元结构河岸土体特性及崩岸机理［J］. 水科学进展，2013，24（6）：810-820.

［9］　王博，姚仕明，岳红艳. 基于 BSTEM 的长江中游河道岸坡稳定性分析［J］. 长江科学院院报，2014，31（1）：1-7.

［10］　Grissinger EH. Bank erosion of cohesive materials［J］. Gravel-bed rivers，RD Hey，JC Bathurst，CR Thorne，eds，John Wiley & Sons，Inc，Chichester，UK，1982，2273-2287.

［11］　Osman AM，Thorne CR. Riverbank stability analysis. I：Theory［J］. Journal of Hydrologic Engineering，ASCE，1988，114（2）：134-150.

［12］　Darby SE，Thorne CR. Simulation of near bank aggradation and degradation for width adjustment models Proc［C］. Second Int Conf On Hydr And envir. Modeling of Coast，Estuarine and River Waters. R A Falconer，ed，Ashgate Ltd，Aldershot，U K，1992：431-442.

［13］　Millar RG，Quick MC. Effect of bank stability on geometry of gravel rivers［J］. Journal of Hydrologic Engineering，ASCE，1993，119（12）：1143-1163.

［14］　Hargerty DJ，Spoor MF，Parola AC. Near bank impacts of river stage control［J］. Journal of Hydrologic Engineering，ASCE，1995，121（2）：196-207.

［15］　N Nagata，T Hosoda，Y Muramoto. Numerical Analysis of River Channel Processes With Bank Erosion [J]. Journal of Hydrologic Engineering，ASCE，2000，126（4）.

[16] Fox GA，Wilson GV，Periketi RK. Sediment transport model for seepage erosion of streambank sediment [J]. Journal of Hydrologic Engineering，2006，603－611.

[17] Midgley TL，Fox GA，Heeren DM. Evaluation of the bank stability and to erosion model（BSTEM）for predicting lateral retreat on composite streambanks [J]. Geomorphology，2012，（145/146）：107－114.

[18] Thompson CEL，Amogs CL. Effect of Sand Movement on a Cohesive Substrate [J]. Journal of Hydraulic Engineering，2004，130（11）：1123－1125.

[19] 许炯心. 边界条件对水库下游河床演变的影响——以汉江丹江口水库下游河道为例 [J]. 地理研究，1983，2（4）：60－71.

[20] 田伟平，李惠萍，高冬光. 沿河路基冲刷机理与冲刷深度 [J]. 长安大学学报自然科学版，2002，22（4）：39－42.

[21] 李可可，黎沛虹. 简论我国古代黄河泥沙运动理论及其实践 [J]. 人民黄河，2002，24（4）：22－25.

[22] 闫立艳，张小峰，段光磊，等. 移动坐标下考虑弯道横向输沙及河岸变形的平面二维数学模型 [J]. 中国农村水利水电，2009（1）：11－14.

[23] Mosselman E. Morphological Modeling of Rivers with Erodible Banks [J]. Hydrological Processes，1998，12（8）：1357－1370.

[24] Duan J G，Wang S Y. The applications of the Enhanced CCHE2D Model to Study the Alluvial Channel Migration Processes [J]. Journal of Hydraulic Research，2001，39（5）：469－780.

[25] Nagata N，Hosoda T，Muramoto Y. Numerical Analysis of River Channel Processes with Bank Erosion [J]. Journal of Hydraulic Engineering，2000，126（4）：243－252.

[26] 黄金池，万兆惠. 黄河下游河床平面变形模拟研究 [J]. 水利学报，1999，（2）：13－18.

[27] 王新宏. 冲积河道纵向冲淤和横向变形数值模拟研究及应用 [D]. 西安：西安理工大学，2000.

[28] 王党伟，余明辉，刘晓芳. 冲积河流河岸冲刷展宽的力学机理及模拟 [J]. 武汉大学学报（工学版），2008，41（4）：14－19.

[29] 陈珺，张小峰，谈广鸣，等. 分洪口门展宽和刷深过程的数值模拟 [J]. 泥沙研究，2008（6）：38－44.

3.12 冰情

3.12.1 研究进展

凌汛是地处较高纬度地区的河流特有的水文现象。入冬时，高纬度地区的河段先行结冰封河；初春时，该河段解冻延后；在流凌封冻期和融冰解冻期从上游来的洪水极易造成冰凌阻塞壅水，对堤防安全威胁极大。

对冰层厚度和冰下水位的研究对防凌工程有着深刻的意义。目前，世界上冰层厚度检测方式分为非接触型与接触型两种不同的检测类型。非接触型检测方法（见表3.12－1）是冰水情检测传感器不与冰体发生直接的接触，通过声学、光学、电磁学等高科技手段对被测介质进行非接触式的测量，依据声、光、电磁信号的变化检测冰水情信息。接触型冰层厚度检测方法（见表3.12－2）在进行冰水情检测的过程中，冰水情检测传感器需要与被测冰体发生直接接触，通过传感器与介质的直接接触而检测出冰水情信息。太原理工大学秦建敏教授提出了"基于空气、冰与水电阻特性差异进行冰层厚度检测"的检测方法[13,14]，为冰水情检测领域提供了一种新的检测理论和技术手段。陈哲[15]分析了"基于空气、冰与水电阻特性差异的冰层厚度传感器"在多次工程应用中表现出来的优缺点，结合移动通信以及无线技术，对原有冰层厚度传感器进行了改进，并研制出一套适合冬季黄河河道冰水情信息获取的自动测报系统。

表 3.12-1   **非接触型冰水情检测方法优、缺点对比**

非接触型检测方法	优　点	缺　点	应　用
通过卫星、雷达或者空中拍摄进行大范围区域的冰水情遥测[1,2]	适应对大面积冰盖、冰凌的分布与表面形态变化的监测	造价高，无法掌握局部小范围冰层结构内部的生消变化过程，难于应用到许多河流渠道和水利设施的冰检测领域	通过机载雷达、发射专用气象卫星或者舰载摄像对南北极、喜马拉雅山脉、渤海等地区的海冰、冰川的监测预报[3]
通过物理电磁学探测方法进行小范围固定区域的冰层厚度检测[4-6]	操作简单、迅速，检测结果便于计算机处理	造价高，抗恶劣工作环境能力差，测量误差大	声学探测法、光学探测法、时空干涉探测法[7-9]

表 3.12-2   **接触型冰水情检测方法优、缺点对比**

接触型检测方法	优　点	缺　点	应　用
传统的人工直接测量法	数据稳定可靠、不易出错	劳动强度大、恶劣条件下不宜操作	我国水文站冬季冰水情观测
不冻孔测桩式冰厚测试法	数据准确、操作方便、省时省力	测量时需要人工参与，无法实现自动化检测	新立城水库管理局研制的不冻孔测桩式冰厚测试仪[10]
冰芯固体直流导电特性检测方法	用于地质、地理环境分析，精确测量	冰芯测量在实验室进行，无法用于冰情的实时连续监测	极地与地质冰川考察中，使用该法对地质、环境进行分析[11]
基于磁滞位移传感器的冰层厚度检测方法[12]	数据精确、操作方便、可靠性高、多点检测	装置底部需要气囊提供动力，耗电量大	我国南极科考海冰观测中已成功应用，精度可达±2mm

目前国内外对冰凌凌汛的监测预报手段大致可以分为两大类：数学模型冰凌预报和图像监测冰凌预报[16]。数学模型冰凌预报主要指根据决定冰凌形成的各个主要要素之间的关系总结出来的数学模型，并将这种数学模型应用于各河道流域的实际冰凌预报。1986年美国 Clarkson 大学的沈洪道教授和 Edwad 教授依据热交换原理和冰水力学理论建立的冰凌预报数学模型并应用数值方法建立了圣劳伦斯河封河日期的长期预报系统，该方法以气温的长期预报、对河道流速的估测和对相关参数假定为基础[17,18]。

国内早在1954年就开展了较为系统的冰情观测。前期冰情预报研究进展较慢，主要采用指标法通过对各水文站记录的冰水情数据进行整理逐步建立了大量的相关图和关系式。后期尤其是20世纪80年代中期以后随着国际交往的增多我国冰凌监测预报工作取得了长足进步，在20世纪80年代末期与沈洪道教授合作研制了黄河下游封河、开河预报数学模型，黄河水利委员会水文局先后也建立了黄河上游的封河、开河预报数学模型。20

世纪 90 年代，先后与芬兰和美国合作，在国外技术基础上建立了黄河冰情预报数学模型，但它们都对实测资料要求条件高，限制了模型的使用。1994 年陈赞廷等建立了黄河下游实用冰情预报数学模型。1998 年，可素娟等建立了黄河上游冰情预报数学模型，这两个冰情预报数学模型采用经验和理论结合的方法[16,17,19]。

图像监测冰凌预报伴随着先进的信息处理技术、计算机技术、雷达技术、卫星通信技术、航空航天技术等高新技术的出现而诞生的，也随着这些技术的飞跃发展而不断进步。最早应用于冰凌冰情监测有雷达探测技术，20 世纪 50 年代，航空摄影为冰雪监测提供了较为有效的方法，随着卫星技术的发展，利用星载传感器实现对地环境监测成为可能，尤其到 90 年代以后，更高空间分辨率的星载传感器的出现，使得卫星遥感监测技术越来越成为现实。根据各种特殊摄像机拍摄的河道流域图片利用冰、水以及陆地的特性差异性再结合图像处理技术、计算机技术等手段来确定河道流域的冰凌现状、危险等级。雷达探测技术、航拍＋GPS 卫星定位、卫星遥感也广泛应用于海冰监测、南极冰情科学考察、天气预报、水土资源保护等领域[20]。

许志辉和张超[21]分析了当前黄河凌情遥感监测存在问题，提出了建设黄河凌情遥感监测系统，对凌情遥感监测系统的建设目标和思路、总体组成等进行了思考，给出了初步的系统设计方案。艾明耀等[22]针对现场观察或者采用卫星遥感技术开展冰凌监测的缺陷，提出了一种基于轻小型地面雷达进行冰凌监测的方法，利用地形数据对雷达视频数据的帧图像进行地理校正，通过图像分割算法实现冰凌信息的自动提取。王军锋和徐成华[23]通过对无人机机载合成孔径雷达监测系统集成构建，利用该套系统验证了黄河冰情凌汛应急监测的适用性。

目前黄河冰情监测主要有三大技术手段：卫星遥感监测、地球物理监测和计算机模拟预报。卫星遥感技术优势主要在于监测范围大，时间分辨率高，在 2003—2004 年及 2004—2005 年两年度中应用中巴地球资源一号卫星 02 星（简称 CBERS-02）进行黄河凌汛监测实践。实践表明了 CBERS-02 具有较高的空间和光谱分辨率，对冰凌具有良好的识别能力，与 GIS 相结合完全可以为黄河凌汛预报、防汛减灾等应用决策提供帮助[24]。遥感技术在黄河凌情监测中的应用主要包括凌情日常跟踪遥感监测、凌情高分辨率卫星监测、凌汛期应急遥感监测和无人机应急监测等内容[25]。地球物理监测技术应用于黄河冰凌是最近几年才发展起来的一项新技术，主要解决遥感监测精度不高的问题。它的理论依据是由于冰与水的导电性有明显差异，随着冰凌密度的不断增加，冰水混合体的电阻率也会不断增大，两者之间具有一定的耦合关系。计算机模拟预报技术根据冰凌在形成、生长、冻结或消失的过程中，冰块体之间的位置和距离不断发生变化，场景变化幅度及差异性较大，进而通过构建能够模拟水动力场及冰凌运动场的耦合模式来再现冰凌的运动状态的一种技术。由于冰凌自身运动规律复杂，对冰凌运动的数值计算及模拟是很困难，所以这种技术实际应用很少。除此之外，目前黄河冰凌监测工作还采用航拍、人工检测等技术手段，在冬春季凌汛期间，黄河上各水文站工作人员仍然需要定时到黄河监测断面测量冰层厚度、冰下水流速度、冰花厚度等相关参数。以此辅助预测凌汛状况。

3.12.2　监测要素

依据《河流冰情观测规范》（SL 59—2015）和《凌汛计算规范》（SL 428—2008），凌情监测要素包括封（开）河地理位置、封河长度、岸冰、冰坝、冰塞、漫滩、槽蓄水面积等。主要监测要素为冰凌的分布和位置。

3.12.3　监测方法

在当前凌汛的监测中，常用办法是作业人员的现场观察或者采用卫星遥感技术。作业人员通过望远镜或肉眼对河道进行直接观测的传统办法，观测结果真实、直观，但观测面小，缺少连续性，且需耗费大量的人力。采用卫星遥感的办法，观测范围较作业人员直接观测要广，但是受制于分辨率不高，无法获取高精度的局部结果，而且处理相对滞后，时效性不好。推荐采用无人机机载合成孔径雷达法和轻小型地面雷达法进行冰清监测。

1. 无人机机载合成孔径雷达监测法

无人机在测绘、应急救援等领域的日益广泛应用，推动着无人机机载载荷（传感器）的研制开发。目前，红外和可见光成像系统、激光探测系统不断涌现出小型化产品，并且技术成熟度不断提高，如轻小型光学相机、光电吊舱在中小型无人机系统中得到广泛应用；但是此类载荷只能在光照条件和气象条件好的状况下工作。微型高性能合成雷达（Mini SAR）载荷作为一种主动式的对地观测系统，与光学成像类载荷相比较具备全天候、全天时的作业能力，在不同波段、不同极化作业方式下可获取目标信息的高分辨率雷达图像，为无人机机载航空遥感系统在冰情凌汛的监测中提供了全新的技术手段和解决方案。

微型高性能合成孔径雷达（Mini SAR）系统是一套专门为无人飞行平台应用需求设计研发的高性能合成孔径雷达系统，用于对地面进行连续大面积的图像获取，具有体积小、重量轻、功耗低的特点。

可搭载于载荷能力 5kg 级以上的无人飞行平台上，具备全天候、全天时的遥感数据获取能力；具有作用距离远、不受光线和云雾限制、成图分辨率与飞行高度无关等特点。因此，使用微型 SAR 系统搭载轻小型无人飞机进行地面图像获取具有成本低、作业效率高的突出优势，适用于应急监测和灾害评估等众多领域。

Mini SAR 的主要技术指标见表 3.12-3。

表 3.12-3　　　　　　　　　　Mini SAR 主要技术指标

性能参数	技　术　指　标	性能参数	技　术　指　标
工作频率	Ku 波段	尺寸	小于 200mm×180mm×150mm
分辨率	0.3m，0.5m，1m，3m	重量	5kg
发射功率	2W	功耗	70W
作用距离	500～6000m	工作电压	18～30V
测绘带宽	300～3000m	工作温度	−40～+65℃

微型高性能合成孔径雷达与无人机飞行平台系统集成，主要对无人机任务载荷安装舱进行一定的适应性设计，使其能够容纳合成孔径雷达设备，将微型高性能 SAR 设备安装于任务载荷舱头部，天线安装于机身右前方，与水平面成 60°安装，并保证起落架对其无干涉影响。安装过程中，Mini SAR 载荷设备以及相应的天线安装支架会对轻小型无人机重心有较大的影响，通过三维数模测试制定严格的重心比例，对任务载荷布置方案进行进

一步的优化，以保证飞行的安全。Mini SAR 载荷功耗较低，自带电源完全满足任务飞行需要。电气系统的供电接口为航空标准，在任务载荷的用电接口设计按照标准接口进行。

机上部分组合导航设备采用光纤捷联惯导，以提供所需的姿态、方位等测量性能。GPS 采用组合导航设备提供高精度的姿态、角运动、线运动信息，同时把双天线 GPS 作为基站，提供无人机定位的基准。Mini SAR 监测应用技术指标见表 3.12-4。

表 3.12-4   **Mini SAR 监测应用技术指标**

参 数	技 术 指 标	参 数	技 术 指 标
飞行速度	30m/s	测绘带宽	1000m
成像分辨率	0.3m		

依托 SAR 高分辨率成像的数据图像，可以直观地在影像中人工辨识出冰凌的分布及位置信息。也可以根据 Mini SAR 载荷高分辨率成像的数据特征，开发出冰凌监测分析应用系统。

2. 轻小型地面雷达法

无人机搭载合成孔径雷达可以有效地监测冰凌，但是考虑到无人机的续航问题以及受环境影响，并不能达到 7×24h 不间断监测的要求。轻小型地面雷达法是结合地形数据对雷达视频的帧图像进行地理校正，利用改进的图像分割算法自动提取冰凌信息，实现冰凌密度的自动计算，进而监测冰凌的灾害情况。该方法和传统方法相比，具有成本低、设备轻便以及近实时的优点。

冰凌具有流动性，会随着水流移动，因而会在雷达图像上呈现出特定的反射形状，可以通过对雷达帧图像的处理而获取冰凌的状况。但是，通过雷达获取的视频数据不具有地理坐标信息，无法准确确定河道范围，也就无法精准监测河道区域冰凌的灾害情况。根据雷达安放的位置以及已有地形数据进行几何纠正，根据河流范围进行冰凌密度的计算，监测冰凌灾害。首先，将雷达截帧转换为影像，利用地形数据对影像进行几何校正，获取纠正参数，对雷达视频影像进行纠正，并与地形图进行叠加。其次，根据地形数据，半自动选取河流的流凌区域，获取兴趣区域。最后，自动提取冰凌信息并计算冰凌的密度，通过密度计算结果判断冰凌状况。

雷达影像是简单的影像数据，地表色彩不显著，且不具有地理参考信息，无法与地形数据直接叠加，亦难以与光学影像自动配准，需要利用地形数据对雷达影像进行半自动地理校正。地理校正就是将没有坐标系统信息的雷达视频帧影像纠正到地形数据坐标系统中，包括几何纠正和投影变换。配准完成的影像具有地理参考坐标系统。

为了获取雷达帧影像和地形数据的特征点，通过旋转、平移和缩放等操作对图像和地形图数据进行校正，获得地理校正参数。由于雷达视频是在一个固定站点获取的，其中所有帧影像的地理校正参数相同，因此所有的校正工作对于一个站点的同一频率雷达视频而言，只需要做一次即可。

完成雷达影像的地理校正之后，影像数据和地形数据处于同一坐标系统下，可以进行空间叠加。根据 Broadband 3G™ Radar（这种雷达具有成像清晰、反应及时、功耗低、辐射低以及安装方便的优点）的河面反射特性可知：水在雷达区域呈现黑色，冰和堤岸会在雷达区域呈现红色，反差巨大。将影像数据和地形数据进行叠加之后，人眼即可直观地观测河流区域的冰凌状况，但自动化的冰凌提取有利于冰凌的快速监测。根据地形数据中河流的范围，手动选择河流所在的区域为兴趣区域。

通过预处理、基于掩模的堤岸冰块过滤和冰凌密度计算就自动完成冰凌提取。

3. 12. 4　监测仪器

（1）无人机机载合成孔径雷达监测法。微型高性能合成孔径雷达（Mini SAR）、无人机（要求其动力系统任务载荷及其起飞重量满足 5kg 以上即可）及可见光相机，可见光相机技术指标见表 3.12－5。

表 3. 12－5　　　　　　　　　ICOMS 可见光 WiDy IntenS 1280V

探测器	NSC1105	相机接口	USB3. 0
分辨率	1280×1024	动态范围	＞140dB
微光管	Gen2＋	镜头接口	C 口
荧光屏直径	18mm	帧频	50fps
自动门控	可选	功耗	＜1～5W
尺寸	46mm×46mm×79mm	工作温度	－40～90℃
输出	USB3. 0	重量	＜270g

（2）轻小型地面雷达法。轻小型地面激光雷达 Broadband 3G™ Radar。

3. 12. 5　参考文献

［1］ Barker A，De Abreu R，Timco GW. Satellite Detection and Monitoring of Sea Ice Rubble Fields ［C］. Proceedings of the 19Th IAHR International Symposium on Ice：419－430，Canada，2008.

［2］ Kjetil Melvold etc. Monitoring Lake Ice in Norway using Remote Sensing（MODIS，RADARSAT）［C］. Proceedings of the 19Th IAHR International Symposium on Ice：469－470，Canada，2008.

［3］ Garcia E，Maksym T，Simard M，et al. A comparison of sea ice field observations in the Barents Sea marginal ice zone with satellite SAR data ［M］. IEEE，2002.

［4］ 崔华义. 利用非线性声学测量冰厚的方法研究 ［J］. 海洋技术，2005，24（3）：58－60.

［5］ Yankielun NE，Ryerson CC，Crocker A. Measuring the thickness of clear freshwater ice using geometric optics and a spectrometer ［J］. Cold Regions Science and Technology，2005，43（3）：177－186.

［6］ Hussein Z，Hussein A，Holt B，Mcdonald K. Remote sensing of sea ice thickness by a combined spatial and frequency domain interferometer：formulations instrument design and development ［J］. Proc. SPIE，2005：59－78.

［7］ Li Z，Yan D，Meng G，Zhang M. Relation of thermal conductivity coefficient with temperature of sea ice in Bohai Sea ［C］. 1992，OMAE'92：329－333.

［8］ Petrenko VF. Electrical properties of ice. CRREL Special Report ［J］. 1993：93－20，69－73.

［9］ Rick Birch etc. Ice－profiling sonar ［J］. Sea Technology，2000，41（8）：48－52.

［10］ 马德胜. 不冻孔测桩式冰厚测试仪简介 ［J］. 水文，2001，21（2）：61－62.

［11］ 孙波. 极地冰芯固体直流导电特性检测（ECM）及环境意义 ［J］. 极地研究，1998，10（3）：3：235－240.

［12］ Lei R，Li Z，Cheng Y，et al. A New Apparatus for Monitoring Sea Ice Thickness Based on the Magnetostrictive－Delay－Line Principle ［J］. Journal of Atmospheric & Oceanic Technology，2009，26

（26）：818 - 827.

[13]　秦建敏，程鹏，秦明琪. 冰层厚度传感器及其检测方法 [J]. 水科学进展，2008（3）：418 - 421.

[14]　马福昌，秦建敏，王才. 感应式数字水位传感器及其系统 [J]. 水利学报，2001（增刊）：
　　　 35 - 37.

[15]　陈哲. 黄河河道断面冰水情自动测报系统设计与应用 [D]. 太原：太原理工大学，2011.

[16]　丛沛桐，王瑞兰. 黄河冰凌监测技术研究进展 [J]. 广东水利水电，2007（1）：23 - 26.

[17]　张乃升. 灾害性海冰航空遥感监测实时传输系统 [J]. 海洋技术，1996（15）：6 - 10.

[18]　Hanna E. The role of Antarctic sea ice in global climate change [J]. Oceanographic Literature Re-
　　　 view，1997，44（6）：371 - 401.

[19]　刘国庆. 黄河冰层厚度测量仪的研制 [J]. 山东理工大学学报（自然科学版），2005（5）：45 - 46.

[20]　李志军. 冰厚变化的现场监测现状和研究进展 [J]. 水科学进展，2005（5）：26 - 30.

[21]　许志辉，张超. 黄河凌情遥感监测系统建设思考 [J]. 水利信息化，2017（5）：18 - 21.

[22]　艾明耀，姚远，徐路凯. 轻小型地面雷达近实时冰凌监测技术 [J]. 人民黄河，2016，38（8）：
　　　 31 - 33.

[23]　王军锋，徐成华. 无人机机载合成孔径雷达冰情凌汛监测应用研究 [J]. 测绘与空间地理信息，
　　　 2014，37（8）：46 - 49.

[24]　路秉慧，郭德成，张亚彤，等. 黄河宁蒙河段凌汛特点分析 [J]. 内蒙古水利，2005（4）：16 - 19.

[25]　何厚军，马晓兵，刘学工，马浩录，刘道芳. 遥感技术在黄河凌情监测中的应用 [J]. 中国防汛
　　　 抗旱，2015，25（6）：10 - 13.

3.13　小结

通过查阅国内外文献，从 12 个方面给出了河道监测要素、监测方法、仪器设备和有
关指标，这 12 个方面包括：河岸排污口流速流量及水质监测、崩岸及水下淘刷监测、穿
河跨河建筑物安全监测、水面交通监测、河道上建筑物撞击振动监测、落水人监测、水面
漂浮物监测、岸线侵蚀及水土保持监测、区域内生物多样性及稳定性监测、采砂监测、堤
防工程监测、冰情监测。该研究为山西省河道监测要素及监测方法的研究和山西智慧河流
监测系统的构建提供了理论支撑。

第4章 工程实例

4.1 滹沱河概况

4.1.1 流域概况

滹沱河发源于山西省繁峙县的秦戏山,流经山西、河北两省,共有 256 条河流前后汇入。滹沱河属海河流域子牙河水系,东穿太行山脉流入石家庄市平山境内,在平山县城北有支流汇入,横穿石家庄市北郊,向东于深泽县出市域,于献县臧家桥与滏阳河汇流,后称于牙河,再入渤海。滹沱河干流全长 615km,流域总面积 25168km²,其中山西段河流长度 324km,省内流域面积 18856km²,占流域面积的 74.9%。滹沱河山西流域位于山西省北中部,北与桑干河流域为邻,西与汾河流域相接,南与漳河流域分水,东北与大清河流域相连,东部以山西、河北省界为界。

滹沱河流域山西境内山势巍峨,地形崎岖。干流从繁峙县桥儿沟发源后,在东庄—大营一带进入山间盆地,由东向西流,至原平崞阳向西南转去,流经原平、忻府区交界处,穿过忻口又转向东,至五台县神西而进入太行山峡谷区。河道蜿蜒曲折,在地形地貌上形成独有的特点,基本可划分山区(面积占 61%)、丘陵(面积占 20.4%)、平原(面积占 18.6%)三种类型:

(1)基岩山区。主要包括流域东部和南部的五台山、系舟山,北部的恒山南段,西部的云中山等。海拔高度一般为 1500~2000m,五台山顶峰最高为 3061.1m,相对高差为 500~1000m,为构造运动长期隆起区,侵蚀和剥蚀作用剧烈,形成山势陡峻、山体突出。

(2)山前黄土丘陵区。主要分布在源沱河两岸的山前地带,为山地与平原间的过渡地带。地面坡降 5°~8°倾斜,近山坡处冲沟发育。因河道变迁,河谷深切,形成高出近代河床数十米的古阶地。现代地形亦受冲沟切割,形成许多倾向河谷中心平行的长梁状丘陵地形。

(3)河谷冲积平原区。主为分布于滹沱河沿河地带,为宽阔平坦的河漫滩,属于河谷冲积平原。另外,滹沱河普遍有一级阶地分布,高出河谷 2~3m,面积广阔。在忻州曹张村一带,亦分布有二级阶地,高出河面 7~8m。除此之外,在忻府区、原平山间盆地中,分布有数座剥蚀孤丘等。

清水河、阳武河、云中河、牧马河、乌河为滹沱河在山西省内的主要支流。滹沱河干流在山西省境内沿河涉及的行政区域有忻州市的繁峙、代县、原平、忻府区、定襄、五台和阳泉市的盂县，共2市7县（市、区）。流域内矿产资源丰富，尤以煤炭、铁矿、铝土矿、金红石、金矿等矿种储量大，分布集中，品位高，易开采，是我省重要的煤炭、能源、化工、建材生产基地之一。

4.1.2 水文气象

滹沱河流域地处东亚温带气候区，受极地大陆气团和副热带海洋气团影响，四季分明，春多风而干燥，夏炎热而多雨，秋天高而气爽，冬寒冷而少雪。流域多年平均气温8℃左右。年内1月最冷，平均气温为−8～18℃；7月最热，平均气温为9.6～23.4℃。年极端最低温度五台山为44.8℃，盆地区为−27.8℃；极端高温，平原达40.4℃。年内低于−10℃天数为100d，平川70～80d，高于30℃的天数，平川为40d以上。流域内多年平均日照时数为2600～2900h，全年日照率在60%以上。流域无霜期随地面高程而异，平川130～210d，高山区不足100d，初霜期平川为9月下旬至10月上旬，终霜期早到3月下旬，最迟可推在5月下旬。

1956—2000年滹沱河多年平均降水量为495.5mm，折合水量93.4亿m³。系列中年最大降水量为1956年，年降水量为714.4mm，年最小降水量为1972年，年降水量234.0mm。1980—2000年，滹沱河多年平均降水量为477.8mm，折合水体90.1亿m³。阳泉的多年平均降水量526.0mm，为滹沱河区最大；晋中多年平均降水量最小，为483.2mm；忻州和其他区分别为485.5mm和500.8mm。

滹沱河年降水量均值的地区分布不均。受地形因素影响强烈，降水量随高程增加而增大，高山区形成降水量高值中心，山脉背风面和盆地区降水量明显偏少，成为低值区。滹沱河干流河谷盆地区年降水量均值不足400mm，为本区的低值区；东部五台山降水量最高值大于800mm。

滹沱河降水量的年际变化差异很大，降水量的年内季节分配极不均匀，冬季干旱少雨，夏季雨水集中，秋雨多于春雨。连续最大4个月降水量均出现在6—9月，汛期降水量占年降水量的70%～80%，汛期7月、8月的降水量占年降水量的比重在50%左右。12月至次年2月是年内降水量最少的时期，3个月降水量仅占年降水量的2%左右。

受温度、饱和差、风速等因素影响及地理位置、地形的不同，滹沱河区水面蒸发量变幅较大，介于700～1200mm之间，自东南向西北逐渐递减。全区最小值出现在五台山一带，中心处蒸发量近700mm。盂县县城蒸发量介于1200～1150mm之间，属本区的蒸发量高值区。

将全年分为冰期（12月至次年2月）、春浇用水期（3—5月）、汛期（6—9月）、汛后（10—11月）四个时期。冰期蒸发量较小，春浇用水期月蒸发量明显增大，汛期和汛后蒸发量逐渐递减。繁峙县砂河镇因少雨而多风，蒸发量最大，年平均高达1039.5mm，中台顶蒸发量最弱，仅为599.2mm。一年之内，5月蒸发量最大，占全年15%～20%，冬季蒸发量最小，仅占年总量的8%左右。此外，滹沱河河谷以东、牧马河、云中河、永兴河上游及乌河、龙华河分水岭处干旱指数介于1.5～2.0之间，忻定盆地、松溪河干旱指数在 2.0～2.5 之间。

4.1.3 水资源概况

滹沱河水资源短缺，流域所在地区属于重度缺水地区。1956—2000 年多年平均水资源总量为 17.21 亿 m³，其中，多年平均河川径流量为 13.9 亿 m³，地下水资源量 11.71 亿 m³，地表水与地下水重复量 8.41 亿 m³。滹沱河区 2004 年人口总数 346.64 万人，耕地面积 647.85 万亩，人均占有水量为 496m³/人，远低于全国平均水平，属于重度缺水地区。

滹沱河水质污染严重，河流生态环境恶化。滹沱河年废污水入河量 515.9 亿 kg，占全省入河废水量的 7.5%，其中入河的工业废水 136.6 亿 kg，生活污水 87.0 亿 kg，混合污水 292.2 亿 kg，占整个滹沱河废污水量的 56.6%。滹沱河 5 处支流口超标率为 60%，其中下寨河支流口 COD 超标 64.2 倍，氨氮超标 72.0 倍。桃河 3 处支流口全部超标，且 3 处支流口 COD 与氨氮同时超标，COD 最大超标倍数为 22.3 倍，氨氮最大超标倍数为 12.3 倍。滹沱河污染河长占 80.5%，污染主要集中在牧马河忻州、原平段和桃河阳泉段。河流山区径流被水库拦蓄后，大量被引用作为灌溉水源，而引用作为工业和城市的水源，使用后成为废污水又重新排入河道，加之煤矿及洗煤厂等废污水排入河道，造成河流水质污染，河流生态失去平衡。

滹沱河含沙量较大，流域水土流失严重。滹沱河流域大部分地区年平均输沙模数在 $500～1.0×10^6 kg/km^2$ 之间，忻定盆地年平均输沙模数小于 $1.00×10^5 kg/km^2$，龙华河年平均输沙模数则介于 $(1.00～2.0)×10^5 kg/km^2$，桃河上游区年平均输沙模数高达 $(2.0～5.00)×10^6 kg/km^2$。滹沱河区多年平均输沙量 146.0 亿 kg，多年平均输沙量模数 $7.7×10^5 kg/km^2$。

4.1.4 地质概况

根据地貌成因类型及其形态类型，区域地貌总体上可分为 4 类，即构造剥蚀中低山区、剥蚀堆积黄土丘陵区、山前堆积倾斜平原区及滹沱河冲积平原区。

(1) 构造剥蚀中低山区。分布于东、西及南部山区，地形高峻险要，山峰呈线状分布，走向与构造线方向一致，山地内嵌着一些菱格状山间小盆地。

(2) 剥蚀堆积黄土丘陵区。分布于山前与平原地带，上部由黄土组层，下部为变质岩，地面切割强烈，冲沟发育，呈 V 形谷，大冲沟近东西向，沟宽 100～200m，梁宽 50m 左右。

(3) 山前堆积倾斜平原区。主要分布于阳武河洪积扇区，表层为全新统粉土及砂砾石覆盖，下部为上、中更新统粉土与砂砾石组成，扇首位于阳武村，扇顶坡度 5°、扇前缘坡度 3°。

(4) 滹沱河冲积平原区。主要包括滹沱河河谷阶地及河漫滩区，分布于滹沱河河床及两侧，河东漫滩较宽地面平缓，一级阶地分布广，保留完整。高出河床 1～2m，地面平坦。河床表层为全新统粉土及砂土覆盖，下部为上、中更新统黏性土、粉土与砂砾石组成。

根据《中国地震动参数区划图》（GB 18306—2015），场地地震动峰值加速度值为 $(0.10～0.20)g$，反应谱特征周期为 0.40～0.45s，场地地震基本烈度为 7～8 度。

4.1.5 流域内水利工程概况

滹沱河流域现有中型水库 12 座，其中忻州市境内 8 座，分别为孤山水库、下茹越水库、神山水库、观上水库、米家寨水库、双乳山水库、唐家湾水库、西岁兴水库；阳泉市境内 2 座，分别为大石门水库、龙华口水电站水库；晋中市 2 座，分别为郭庄水库和水峪水库；小型水库 36 座；万亩灌区 27 处；大、小型水电站 12 处。

4.1.6　跨河（拦河）建筑物概况

山西省境内滹沱河干流上建有孤山和下茹越 2 座中型水库，12 处拦河建筑物共计 18 座拦河坝和 94 座跨河桥梁。

4.1.7　河道防洪堤防现状

中华人民共和国成立以来，滹沱河流域先后实施了以水资源利用和防洪体系建设为主的多次治理。干流主要历经 1998 年、2013 年两次大规模治理，河源至崞阳桥上游河段两岸堤防不连续且局部损坏；崞阳桥至济胜桥中游河段两岸堤防连续且完好；济胜桥至出省境阎家庄村下游段两岸堤防不连续且局部损坏。

4.1.8　河道侵占物

滹沱河干流段河道侵占物共有 36 处，主要集中在繁峙县、代县、原平市、定襄县、五台县和盂县境内，按侵占物类型分为居民房屋建筑、养殖场、乱采、乱掘、尾矿库、选场和盂县梁家寨旅游度假区等建筑。

4.1.9　入河排污口现状

山西省境内滹沱河干流入河排污口根据实地踏勘调查共有 37 处，按行政区域划分忻州市境内 35 处，其中繁峙县 21 处，代县 7 处，原平市 2 处，定襄县 2 处，五台县 3 处；阳泉市盂县 2 处。

4.2　滹沱河典型河段划分

4.2.1　水环境功能的划分

根据《山西省地表水水环境功能区划》，滹沱河山西段水环境功能区划见表 4.2-1。根据水环境功能区划，将滹沱河山西段分为源头—孤山水库、孤山水库—宏道、宏道—戎家庄和戎家庄—出省界四个典型河段，研究各典型河段水环境监测要素、方法、技术指标和仪器。

4.2.2　行政区域划分

除水环境功能区划外，目前缺乏详细资料确定滹沱河山西境内某种综合指标进行其他功能区划，因此根据滹沱河山西境内行政区域划分，将滹沱河山西境内河道监测划分繁峙县、代县、原平市、忻府区、定襄县、五台县、盂县七个典型河段，研究各典型河段除水环境之外的其他监测内容。

表 4.2-1　　　　　　　　　　滹沱河山西段水环境功能划分

县市名称	范围		水环境功能	水质要求	监控断面			说明
	起	止			名称	经度/(°)	纬度/(°)	
繁峙县	源头	孤山水库	一般源头水保护	Ⅲ	乔儿沟	113.9375	39.2675	
					孤山水库出口	113.8401	39.2688	功能分界处

续表

县市名称	范围		水环境功能	水质要求	监控断面			说明
	起	止			名称	经度/(°)	纬度/(°)	
繁峙县	孤山水库	宏道	工业用水保护	Ⅳ	笔峰	113.1973	39.1689	监控繁峙县城排污
代县					代县桥	112.9700	39.0606	
原平市					小寨	112.8474	38.9623	监控代县出境水质
忻府区					界河铺	112.7332	38.6218	监控平原市出境水质
定襄县					真檀	112.8737	38.4950	监控忻府区出境水质
					定襄桥	112.9306	38.5056	
定襄县	宏道	戎家庄	过渡区水源保护	Ⅳ～Ⅲ				
五台县	戎家庄	出省界	保留区水源保护	Ⅲ	南庄	113.2277	38.4541	监控五台县出境水质
盂县					阎家庄大桥	113.5372	38.4208	监控出省境水质

4.3 滹沱河典型河段监测要素与监测方法

4.3.1 水环境的监测

表4.3-1～表4.3-4给出了源头—孤山水库、孤山水库—宏道、宏道—戎家庄和戎家庄—出省界四个典型河段水环境监测要素、方法、技术指标、仪器。

（1）源头—孤山水库河段。源头—孤山水库河段基本没有污染工厂，采用常规地表水水质监测要素监测，包括水温、pH值、溶解氧、硝酸盐氮、氨氮、总氮、总磷、化学需氧量、挥发酚、氰化物、氯化物等。山西煤资源丰富，增加硫酸盐监测要素。

表4.3-1 源头—孤山水库河段水质监测

水环境功能	水质要求	监测要素	技术指标	监测方法	仪器	自动监测仪器
一般源头水保护	Ⅲ类	水温	周平均最大温升≤1℃ 周平均最大温降≤2℃	温度计法	温度计或颠倒温度计	
		pH值（无量纲）	6～9	玻璃电极法	酸度计或离子浓度计、玻璃电极与甘汞电极	
		溶解氧	≥5mg/L	电化学探头法	溶解氧测量仪	便携式溶解氧测定仪
		化学需氧量（COD）	≤20mg/L	快速消解分光光度法	光度计、离心机、搅拌机	化学需氧量（COD_{Cr}）水质在线自动监测仪
		氨氮（NH_3-N）	≤1.0mg/L	水杨酸分光光度法	可见分光光度计	便携式氨氮快速分析仪
				流动注射-水杨酸分光光度法	流动注射分析仪	

水环境功能	水质要求	监测要素	技术指标	监测方法	仪器	自动监测仪器
一般源头水保护	Ⅲ类	总磷（以P计）	≤0.2mg/L（湖、库0.05mg/L）	流动注射-钼酸铵分光光度法	流动注射分析仪、超声波机	便携式总磷自动分析仪
				连续流动-钼酸铵分光光度法	连续流动分析仪	
		总氮（湖、库、以N计）	≤1.0mg/L	流动注射-盐酸萘乙二胺分光光度法	流动注射分析仪、超声波机	便携式自动消解总氮分析仪
				连续流动-盐酸萘乙二胺分光光度法	连续流动分析仪、pH计	
		氰化物	≤0.2mg/L	真空检测管-电子比色法	电子比色计、真空检测管	
		挥发酚	≤0.005mg/L	流动注射-4-氨基安替比林分光光度法	流动注射仪、超声波仪、分析天平	
		氯化物（Cl⁻）	250mg/L	硝酸汞滴定法	微量滴定管	
		硝酸盐氮	10mg/L	紫外分光光度法	紫外分光光度计、离子交换柱	
		硫酸盐（以SO_4^{2-}计）	250mg/L	铬酸钡分光光度法	分光光度计	

（2）孤山水库—宏道河段。孤山水库—宏道河段附近存在的工厂包括矿业厂、造砖厂、石料厂、钢铁厂、煤电厂、印刷厂、瓦力工厂、化工厂、化肥厂等，孤山水库到宏道河段主要为工业用水，主要监测要素包括pH值、化学需氧量、五日生化需氧量、氨氮、总氮、总磷、高锰酸盐指数、氟化物、砷、硫化物、阴离子表面活性剂、挥发酚、石油类等。

表4.3-2　　　　　　　　　　孤山水库—宏道河段水质监测

水环境功能	水质要求	监测要素	技术指标	监测方法	仪器	自动监测仪器
工业用水保护	Ⅳ类	pH值（无量纲）	6～9	玻璃电极法	酸度计或离子浓度计、玻璃电极与甘汞电极	
		五日生化需氧量（BOD₅）	≤6mg/L	稀释与接种法	溶解氧测定仪	生化需氧量分析仪
		化学需氧量（COD）	≤30mg/L	快速消解分光光度法	光度计、离心机、搅拌机	化学需氧量（COD_{Cr}）水质在线自动监测仪
		氨氮（NH₃-N）	≤1.5mg/L	水杨酸分光光度法	可见分光光度计	便携式氨氮快速分析仪
				流动注射-水杨酸分光光度法	流动注射分析仪	

续表

水环境功能	水质要求	监测要素	技术指标	监测方法	仪器	自动监测仪器
工业用水保护	Ⅳ类	总磷（以 P 计）	≤0.3mg/L（湖、库 0.1mg/L）	流动注射-钼酸铵分光光度法	流动注射分析仪、超声波机	便携式总磷自动分析仪
				连续流动-钼酸铵分光光度法	连续流动分析仪	
		总氮（湖、库、以 N 计）	≤1.5mg/L	流动注射-盐酸萘乙二胺分光光度法	流动注射分析仪、超声波机	便携式自动消解总氮分析仪
				连续流动-盐酸萘乙二胺分光光度法	连续流动分析仪、pH 计	
		高锰酸盐指数	≤10mg/L	流动注射连续测定法	流动注射分析仪	高锰酸盐指数水质自动分析仪
		氟化物（以 F⁻ 计）	≤1.5mg/L	氟试剂分光光度法	分光光度计、pH 计	
		砷	≤0.1mg/L	原子荧光法	原子荧光光谱仪、元素灯	
		硫化物	≤0.5mg/L	流动注射-亚甲基蓝分光光度法	流动注射仪、超声波仪、分析天平	
		阴离子表面活性剂	≤0.3mg/L	流动注射-亚甲基蓝分光光度法	流动注射仪、超声波仪	
		挥发酚	≤0.01mg/L	流动注射-4-氨基安替比林分光光度法	流动注射仪、超声波仪、分析天平	
		石油类	≤0.5mg/L	紫外分光光度法	紫外分光光度计、振荡器、离心机	

（3）宏道—戎家庄河段。宏道—戎家庄河段附近存在的工厂包括石砚厂、法兰加工厂等，主要监测要素包括水温、pH 值、溶解氧、高锰酸盐指数、化学需氧量、五日生化需氧量、氨氮、总磷、总氮、铜、锌、氟化物、汞、镉、铬（六价）、氰化物、石油类等。

表 4.3-3　　　　　　　　宏道—戎家庄河段水质监测

水环境功能	水质要求	监测要素	技术指标	监测方法	仪器	自动监测仪器
过渡区水源保护	Ⅲ～Ⅳ类	水温	周平均最大温升≤1℃ 周平均最大温降≤2℃	温度计法	温度计或颠倒温度计	
		pH 值（无量纲）	6～9	玻璃电极法	酸度计或离子浓度计、玻璃电极与甘汞电极	
		溶解氧	≥5mg/L	电化学探头法	溶解氧测量仪	便携式溶解氧测定仪

续表

水环境功能	水质要求	监测要素	技术指标	监测方法	仪器	自动监测仪器
过渡区水源保护	Ⅲ~Ⅳ类	高锰酸盐指数	≤10mg/L	流动注射连续测定法	流动注射分析仪	高锰酸盐指数水质自动分析仪
		化学需氧量（COD）	≤30mg/L	快速消解分光光度法	光度计、离心机、搅拌机	化学需氧量（COD_{Cr}）水质在线自动监测仪
		五日生化需氧量（BOD_5）	≤6mg/L	稀释与接种法	溶解氧测定仪	生化需氧量分析仪
		氨氮（NH_3-N）	≤1.5mg/L	水杨酸分光光度法	可见分光光度计	便携式氨氮快速分析仪
				流动注射-水杨酸分光光度法	流动注射分析仪	
		总磷（以P计）	≤0.3mg/L（湖、库 0.1mg/L）	流动注射-钼酸铵分光光度法	流动注射分析仪、超声波机	便携式总磷自动分析仪
				连续流动-钼酸铵分光光度法	连续流动分析仪	
		总氮（湖、库、以N计）	≤1.5mg/L	流动注射-盐酸萘乙二胺分光光度法	流动注射分析仪、超声波机	便携式自动消解总氮分析仪
				连续流动-盐酸萘乙二胺分光光度法	连续流动分析仪、pH计	
		铜	≤1.0mg/L	2,9-二甲基-1,10-菲啰啉分光光度法	分光光度计	
		锌	≤2.0mg/L	双硫腙分光分度法	分光光度计	
		氟化物（以F^-计）	≤1.5mg/L	氟试剂分光光度法	分光光度计、pH计	
		汞	≤0.001mg/L	原子荧光法	原子荧光光谱仪、元素灯	汞水质自动在线监测仪
		镉	≤0.005mg/L	原子吸收分光光度法	原子吸收分光光度计	镉水质自动在线监测仪
		铬（六价）	≤0.05mg/L	流动注射-二苯碳酰二肼光度法	流动注射仪、超声波清洗器、微孔滤膜过滤器	六价铬水质自动在线监测仪
		氰化物	≤0.2mg/L	流动注射-分光光度法	流动注射仪、超声波仪、分析天平	
		石油类	≤0.5mg/L	紫外分光光度法	紫外分光光度计、振荡器、离心机	

（4）戎家庄—出省界河段。戎家庄—出省界河段附近存在的工厂包括化工厂、石料厂、灌浆料厂等，主要监测要素包括水温、pH 值、溶解氧、高锰酸盐指数、化学需氧量、五日生化需氧量、氨氮、总磷、总氮、氟化物、氰化物、挥发酚、石油类、硫化物、氯化物、硝酸盐氮等。

表 4.3 - 4 戎家庄—出省界河段水质监测

水环境功能	水质要求	监测要素	技术指标	监测方法	仪器	自动监测仪器
保留区水源保护	Ⅲ类	水温	周平均最大温升≤1℃周平均最大温降≤2℃	温度计法	温度计或颠倒温度计	
		pH 值（无量纲）	6～9	玻璃电极法	酸度计或离子浓度计、玻璃电极与甘汞电极	
		溶解氧	≥5mg/L	电化学探头法	溶解氧测量仪	便携式溶解氧测定仪
		高锰酸盐指数	≤6mg/L	流动注射连续测定法	流动注射分析仪	高锰酸盐指数水质自动分析仪
		化学需氧量（COD）	≤20mg/L	快速消解分光光度法	光度计、离心机、搅拌机	化学需氧量（COD_{Cr}）水质在线自动监测仪
		五日生化需氧量（BOD_5）	≤4mg/L	稀释与接种法	溶解氧测量仪	生化需氧量分析仪
		氨氮（NH_3-N）	≤1.0mg/L	水杨酸分光光度法	可见分光光度计	便携式氨氮快速分析仪
				流动注射-水杨酸分光光度法	流动注射分析仪	
		总磷（以 P 计）	≤0.2mg/L（湖、库 0.05mg/L）	流动注射-钼酸铵分光光度法	流动注射分析仪、超声波机	便携式总磷自动分析仪
				连续流动-钼酸铵分光光度法	连续流动分析仪	
		总氮（湖、库、以 N 计）	≤1.0mg/L	流动注射-盐酸萘乙二胺分光光度法	流动注射分析仪、超声波机	便携式自动消解总氮分析仪
				连续流动-盐酸萘乙二胺分光光度法	连续流动分析仪、pH 计	
		氟化物（以 F^- 计）	≤1.0mg/L	氟试剂分光光度法	分光光度计、pH 计	
		氰化物	≤0.2mg/L	真空检测管-电子比色法	电子比色计、真空检测管	
		挥发酚	≤0.005mg/L	流动注射-4-氨基安替比林分光光度法	流动注射仪、超声波仪、分析天平	
		石油类	≤0.05mg/L	紫外分光光度法	紫外分光光度计、振荡器、离心机	
		硫化物	≤0.05mg/L	流动注射-亚甲基蓝分光光度法	流动注射仪、超声波仪、分析天平	
		氯化物	250mg/L	硝酸汞滴定法	微量滴定管	
		硝酸盐氮	10mg/L	紫外分光光度法	紫外分光光度计、离子交换柱	

水质自动监测系统，是一套以在线自动分析仪器为核心，运用现代传感器技术、自动测量技术、自动控制技术、计算机应用技术以及相关专用分析软件和通信网络组成，实现从水样的采集、水样预处理、水样测量到数据处理及存贮的综合性系统。箱式水量水质自动监测站是一种新式的自动监测站，以野外遥测站为设计模板，具有建站灵活，适应性强，投资低等特点，整体采用一体化野外机箱，设备集成在箱体中。箱式水量水质自动监测站可实现水量水质参数的自动分析、处理、采集、控制等功能，按功能分为水质和流量监测子系统。水量和水质采用在线数据采集方式进行流量、水位和水质参数的监测。流量监测采用超声波多普勒侧视法，水位监测采用浮子式水位计，水质监测项测量采用抽水式多参数水质分析仪（监测参数：水温、pH 值、溶解氧、电导率），配置氨离子（K 离子自动补偿）电极，小型化测量池及简易清洗装置，供电系统采用太阳能供电方式。建议在重点水质监测区域建立箱式水量水质自动监测站进行水质监测。

无人船技术是一种新型的自动化监测平台，依托小型船体，利用 GPS 定位、自主导航和控制设备，根据监测工作的需要可搭载多种水质监测传感器，以人工遥控或者全自动自主导航的工作方式，对水体进行连续性原位监测。云洲智能科技有限公司生产的自动采样船可以标准化水质采样并生成采样报告，小巧轻便。ESM30 全自动采样监测船可以标准化采样并在线监测水质，追踪污染源，监测水质富营养化，对水污染事故快速反应。MM700 全自动采样监测船，相比 ESM30 在续航时间、速度等方面都有所提升。建议采用云洲智能科技有限公司生产的 MM700 全自动采样监测船进行水质流动监测。

4.3.2 水环境之外的监测

4.3.2.1 繁峙段

滹沱河繁峙段河流与岸线情况见图 4.3-1。滹沱河繁峙段位于上游区域，总体保有河流形态，基本以堤防、路基、村屯、漫滩为主。在县城区域建有挡水坝，造就水生态景观服务于繁峙县。县城往上由于繁峙矿产资源丰富，沿岸具有较多的尾矿。尾矿渗滤液将破

图 4.3-1　滹沱河繁峙段河流、岸线情况

坏岸线环境,同时洪水来临时也将增加溃矿风险。繁峙县下游河道较为开阔,河道冲刷淤积明显,存在岸线摇摆变形的情况。

繁峙县有 21 处入河排污口和多处河道侵占物,因此需要进行水质监测和河道侵占物监测。另外,还需要进行堤防工程、中型水库(孤山水库、下茹越水库)、小型水库(龙山水库、虎山水库)、拦河建筑物(见图4.3-2~图4.3-5)、尾矿库安全(包括尾矿渗滤液)、入出境处泥沙监测。水质监测此处不再考虑。

图 4.3-2 滨河橡胶坝

图 4.3-3 滨河水面

图 4.3-4 滨河堤防

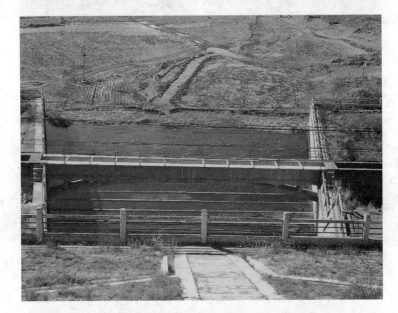

图 4.3-5（一）　下茹越水库

图 4.3-5（二）　下茹越水库

（1）河道侵占物监测，见表 4.3-5。

表 4.3-5　　　　　　　　　河道侵占物监测要素、方法、仪器

监测要素	监 测 方 法	监测仪器
侵占物类型 侵占物范围 侵占物附近环境	（1）利用高分辨率遥感图像建立准确的遥感解译标志，对侵占物进行遥感解译；利用 GIS 软件提取侵占物的相关信息，摸清侵占物的基本类型、堆存数量、地理位置和有害因素等；同时了解和掌握侵占物区的环境地质情况和生态状况。 （2）采用 RS、GIS 一体化的监测方法，结合野外 GPS 数据对侵占物的位置、危险、有害因素辨识分析。 （3）无人机或无人船巡航，根据无人机或无人船拍摄的画面分析侵占物的位置、危险、有害因素辨识分析。 （4）在易发生侵占物区域，进行视频监控	高分辨率遥感图像、GIS 软件、无人机、无人船、高清摄像头

建议采用高分辨率遥感、无人机或无人船巡航监测整个河道侵占物情况，在易发生侵占物区域，进行视频监控。

（2）堤防工程监测，见表 4.3-6。监测依据为《堤防工程设计规范》（GB 50286—2013）、《堤防工程管理设计规范》（SL 171—96）、《堤防工程安全监测技术规程》（SL/T 794—2020）。

表 4.3-6 堤防工程监测要素、方法、仪器

监测要素	监测方法	监测仪器
堤基堤身：堤基渗透压力和渗漏量、堤身浸润线、堤身变形（外部变形及内部变形）	堤基渗透压力和堤身浸润线监测：①埋设测压管或渗压计的方法进行监测；②渗流热监测技术；③渗流 CT 监测技术。 渗漏量，一般用量水堰、容积法进行量测。 堤身表面变形：①GNSS；②基于 GPS 和 BDS 组合定位法，位移精度达毫米级。 堤身内部变形：钻孔测斜仪法测量	测压管或渗压计、量水堰、分布式光纤温度传感器、探地雷达、GNSS、GPS 接收机和 BDS 接收机、测斜仪
穿堤建筑物：穿堤建筑物与基础及堤身接触面的渗流渗压、建筑物与堤身结合部位的不均匀沉降（垂直位移）、建筑物的变形；次要监测要素是建筑物的结合应力、地基反力、土压力等	渗流和形变监测同上。 采用土压力计监测土压力，优先选用光纤光栅式土压力计。 采用沉降仪监测不均匀沉降。 建筑物应力、应变一般采用压应力计和应变计等进行监测。用应变计观测混凝土应力时，需要安装无应力计	测压管或渗压计、分布式光纤温度传感器、探地雷达、GNSS、GPS 接收机和 BDS 接收机、沉降仪、土压力计、光纤光栅应变传感器、压应力计
船闸：外部变形监测、内部变形监测、渗流监测、应力应变及温度监测、船闸现场实时情况	外部变形、内部变形、渗流、应力应变监测前面已给出。 采用温度计监测温度。 采用视频监控闸船现场实时情况	GNSS、GPS 接收机和 BDS 接收机、测斜仪、测压管或渗压计、分布式光纤温度传感器、探地雷达、光纤光栅应变传感器、压应力计、光纤光栅温度计、视频监控系统
护岸工程：位移、水文	表面位移监测前面已给出。 采用称重降水监测站（ZXCAWS600）监测降雨，该设备可自动测量降雨和降雪。 一般利用水尺、水位计监测水位；采用星载激光雷达系统监测水位，其精度为厘米级。温湿度传感器监测温湿度。 一般采用浮标法、流速仪、超声波和毕托管等监测河道水流流速。常用的测量流量方法为流量仪或流速面积法，其中包括流速仪测流法、浮标测流法、坡降面积法等	GNSS、GPS 接收机和 BDS 接收机、称重降水监测站、水尺、水位计、激光测高计、温湿度传感器、流速仪、流量计

监测要素	监 测 方 法	监测仪器
堤身地震反应：地震峰值加速度、坝顶下游侧测点的位移、坝体孔隙水压力、防渗墙处拉应变、坝顶最大塌陷位移	采用地震仪实时监测峰值加速度；基于 GPS 和 BDS 组合定位监测坝顶下游侧测点的位移和坝顶最大塌陷位移；采用孔隙水压力计监测坝体孔隙水压力；光纤光栅传感器监测防渗墙处拉应变	强震仪、GPS 接收机和 BDS 接收机、孔隙水压力计、光纤光栅传感器

建议采用 Fop 光纤渗压计监测渗流、基于 GPS 和 BDS 组合定位法监测外部变形（位移精度达毫米级）、导轮式固定测斜仪监测内部变形、光纤光栅传感器监测应力应变土压力、红外网络高速球机监控闸船现场实时情况、激光测高计监测水位（精度为厘米级）、称重降水监测站（ZXCAWS600）监测降雨、光纤光栅温湿度传感器监测温湿度、OTT SLD 固定式声学多普勒流量计监测流速和流量、EDAS‐24GN3 强震记录仪和 BBAS‐2 加速度计监测地震动反应、孔隙水压力计监测孔隙水压力。

（3）水库堤坝监测。监测依据为《堤防工程设计规范》（GB 50286—2013）、《堤防工程管理设计规范》（SL 171—96）、《堤防工程安全监测技术规程》（SL/T 794—2020）、《土石坝安全监测技术规范》（SL 551—2012）和《混凝土坝安全监测技术规范》（SL 601—2013）。主要监测内容：表面变形监测、内部变形监测、渗流压力监测、渗流量监测、土体压力监测、混凝土应力监测、水位监测、降水量监测、气温监测。上述监测内容的监测方法和仪器已在堤防工程监测中给出。

（4）橡胶坝监测，见表 4.3‐7。

表 4.3‐7　　　　　　　　　橡胶坝监测要素、方法、仪器

监测要素	监 测 方 法	监测仪器
渗压	渗压观测采用渗透压力传感器进行数据采集，优先选用光纤光栅渗压传感器	光纤光栅渗压传感器
坝袋内的水压	将传感器埋入橡胶坝顶端即可测量它的内部压力	光纤光栅压力传感器
坝袋高度	（1）坝袋的顶部和底部分别各放置一个水压传感器，由水压差换算坝袋的高度。 （2）使用多个红外传感器，或使用全球定位系统（GPS）进行测量。 （3）通过放入坝袋底部的压力传感器实时监测坝袋底部压力变化，从而计算出坝袋高度。 （4）拉绳式位移测量。通过测量钢丝的位移变化计算出闸门的位移变化，最后通过拉绳式位移传感器的旋转编码将位移变化数据转化成标准的电流信号或者电压信号，从而实现远程监测功能	水压传感器、红外传感器、GPS、拉绳式位移传感器
上下游水位高程	（1）在河的上、下游适当位置，设置两根钢筋混凝土桩柱，作为不锈钢管的支承架。在不锈钢管内放置压力传感器（浮子式、液位变送器式和超声波型）。 （2）星载激光雷达系统监测水位，可以监测长时间序列水位变化，其精度可以稳定在厘米级	压力传感器（浮子式、液位变送器式和超声波型）、激光测高计

续表

监测要素	监 测 方 法	监测仪器
闸门高度	安装在闸门启闭机上的位置传感器及安装在钢缆上的张力测量仪可实时地检测闸门的高度以及钢缆的受力情况	位置传感器、张力测量仪
环境监测	温湿度传感器监测温湿度	温湿度传感器
冲刷淤积	采用经纬仪、水准仪、探测仪和多波束测深系统进行蓄水区及上下游管理范围内河槽冲刷淤积情况的观测	经纬仪、水准仪、探测仪、多波束测深系统
状态监测	通过视频可监视工作状态	高清摄像头

推荐采用光纤光栅渗压传感器监测渗压、光纤光栅压力传感器监测坝袋内的水压、激光测高计监测水位、张力测量仪监测闸门的高度以及钢缆的受力、光纤光栅温湿度传感器监测温湿度、多波束测深系统监测冲刷淤积、红外网络高速球机监测工作状态。

(5)尾矿库安全监测,见表4.3-8。监测依据为《尾矿库安全技术规程》(AQ 2030—2010)。

表 4.3-8   尾矿库安全监测要素、方法、仪器

监测要素	监 测 方 法	监测仪器
坝体表面位移	(1)基于 GPS 和 BDS 组合定位监测坝体表面位移。 (2)采用全站仪测量表面位移,需要在坝体两侧山体岩石稳固的位置安装几个基准点(规范要求不少于 3 个),再在坝体上安装若干测点,通过比对基准点坐标得出测点相对于基准点的三维位移。 (3)变形监测机器人。自动搜索、跟踪、辨识和精确找准目标并获取角度、距离、三维坐标以及影像等信息的智能型电子全站仪。 (4)地面摄影测量方法。在坝体周围选择稳定的点安置摄影机,对尾矿坝进行摄影,然后通过内业量测和数据处理得到尾矿坝上目标点的二维或三维坐标,比较不同时刻目标点的坐标变化得到它们的位移。 (5)计算机层析成像(CT 技术)。在不破坏物体结构的前提下,根据在物体周边所获取的某种物理量(如波速、X 线光强)的一维投影数据,运用一定的数学方法、通过计算机处理,重建物体特定层面上的二维图像以及依据一系列上述二维图像而构成三维图像的一门技术。 (6)光纤传感技术。光纤传感是利用光导纤维来感受各种物理量并传送所感受信息的一种新技术,凡是电子仪器能够测量的物理量,如位移、压力、流量、液面、温度等,光纤传感器几乎都能测量。光纤灵敏度相当高,其位移传感器能测出 0.01mm 的位移量,温度传感器能测出 0.01℃的温度变化	GPS、BDS、全站仪、测量机器人、摄影机、CT机、光纤多点位移计
坝体内部位移	首先在尾矿坝设定位置钻孔,钻孔深度到坝体内部稳定部位,然后在钻孔中装入倾斜仪传感器,从而监测坝体结构内部的倾斜状态。在钻孔内安装多只倾斜仪可以更加准确的监测坝体内部变形情况	测斜仪

监测要素	监 测 方 法	监测仪器
浸润线	(1) 采用渗压计，通过在坝体里钻凿钻孔，把渗压计放置在钻孔里。通过测量渗压计的压力，再转化为水头高度，结合安装深度以及孔口高程即可得到坝体或者绕坝的浸润线高度。 (2) 采用陶瓷式液位变送器，其测量原理是：监测被测水压荷载的压力值，进而计算出浸润线的高度。 (3) 渗水石安装在渗压计前端，阻止杂质进入测量腔体，敏感元件光纤光栅埋在聚氨酯（弹性体）中。监测点处的水经渗水石的过滤进入渗压计内部的腔体中并作用在聚氨酯上，聚氨酯受压引起光纤光栅周期改变，这样就会使通过光纤光栅的反射光波长发生改变，经过解调器解调就可测出水压值	渗压计、陶瓷式液位变送器、光纤渗压计
渗流量	(1) 采用量水堰加液位计方式测量。 (2) 采用光纤光栅液位计	量水堰、液位计、光纤液位计
库水位	(1) 库水位利用超声波测得探头距离水面的距离，从而计算出库区水位高程值。 (2) 雷达每10min发出一次信号。通过信号接收的时间和信号的速度便可得到雷达探头距离水面的距离。此时通过雷达探头的高程位置，便可换算出库区水位的高度。 (3) 星载激光雷达系统监测水位。激光测高数据联合微波卫星数据，可以监测长时间序列水位变化	超声波水位计、雷达液位计、激光测高计
重要位置实时情况	为了实时直观地掌握尾矿库库区的情况，通常在溢水塔、滩顶放矿处、坝体下游坡等重要部位设置视频监测设备，以满足准确、清晰、直观地把握尾矿库运行状况的需要	高清摄像头
尾矿库整体情况	(1) 利用高分辨率遥感图像建立准确的遥感解译标志，对尾矿库进行遥感解译；利用GIS软件提取尾矿库的相关信息，摸清尾矿的基本类型、堆存数量、地理位置和有害因素等；同时了解和掌握尾矿堆放区的环境地质情况和生态状况。 (2) 采用RS、GIS一体化的监测方法，结合野外GPS数据对尾矿库的位置、危险、有害因素辨识分析，通过对研究区内不同尾矿库的数量、库面面积、全库容统计分析，得出区内尾矿库监测现状。 (3) 无人机巡航，根据无人机拍摄的画面分析尾矿库整体安全情况	高分辨率遥感图像、GIS软件、无人机
尾矿库下游地下水与地表水环境	根据《地下水环境监测技术规范》（HJ/T 164—2004），取样深度为地下水水面0.5m以下，地下水取样时先用所采的地下水样将样瓶进行冲洗，采取2.5L水样，采样后按要求进行密封，并贴好标签，及时送达实验室。监测与评价项目确定的主要依据如下： (1) 参照《地下水环境监测技术规范》（HJ/T 164—2004）必测项目。 (2) 从《地下水质量标准》（GB/T 14848—2017）中选择地下水的监测评价项目	见水质监测内容

续表

监测要素	监测方法	监测仪器
降水量	采用雨量计、称重降水监测站（ZXCAWS600）监测降雨	雨量计、称重降水监测站
干滩数据	（1）坡度推算法。在尾矿库干滩上设置多个剖面，每个剖面设两个监测点，其中第一监测点设置在靠近坝体的干滩滩顶处，第二监测点则对应地设置在从坝体向库区水位方向按国家标准规定的距离位置。在设定的监测点埋设立杆，安装超声波液位计或高频雷达液位计，预先测定好液位计的高程及相对距离，通过测量液位计距滩面的高度来计算干滩高程，求出干滩坡度，再结合水面高度来计算干滩长度、安全超高等信息。 （2）激光折线推断法。通过固定在干滩顶部边两头的两根直杆，第一根直杆顶端设置一字线激光器，使其发出的线性激光照射在第一根直杆和干滩斜坡上，形成激光亮线，在干滩斜坡上形成的亮线与干滩顶部的边垂直；第二根直杆顶端设置有 CCD 光电器件，使其靶面接收到一字线激光器照射在第一根直杆和干滩斜坡上的激光亮线的漫反射光，显示反应直杆上的亮线和干滩斜坡上的亮线的线性激光折线。通过提取 CCD 光电器件靶面上的光折线信息得到折线的夹角，用激光三角法求得折线的夹角与干滩坡度之间的关系，进而求得干滩的坡度；通过折线在 CCD 光电器件靶面上的位置变化，水位的高程值以及测出的干滩坡度可求出干滩的长度。 （3）光学图像识别法。应用图像识别技术将尾矿库干滩图像二值化，从而使干滩图像变得简单，而且数据量减小，并能凸显出尾矿坝坝体及干滩的轮廓。将二值化后的干滩图像进行处理与分析，利用像素检测技术计算分析干滩高度，进而分析出需要的精确的数据结果。最后利用识别出的干滩高度与斜率计算出尾矿坝的干滩长度。 （4）激光测角测距法。采用激光测距仪结合角度测量仪来进行干滩监测，该方式具有非接触式测量，精度高等特点，结合水位数据可以实时得到滩顶高程、安全超高、干滩坡度和最小干滩长度等信息	超声波液位计、激光器、激光测距仪、角度测量仪、高频雷达液位计
浊度	通过测量穿过水散射出来的光强度来衡量水的浑浊度，即散射光强度与液体中颗粒数成正比	散射光浊度仪

推荐采用基于 GPS 和 BDS 组合定位监测坝体表面位移、导轮式固定测斜仪监测坝体内部变形、Fop 光纤渗压计监测渗流、光纤液位计监测渗流量、激光测高计监测库水位、红外网络高速球机实时视频监控、高分辨率遥感或无人机巡航监测尾矿库整体情况、称重降水监测站（ZXCAWS600）监测降雨量、高频雷达液位计监测干滩数据、散射光浊度仪监测浊度。

（6）入出境处泥沙监测，见表 4.3 - 9。

表 4.3 - 9 泥沙监测要素、方法、仪器

监测要素	监测方法	监测仪器
泥沙含量	在河流中采集试样，在室内分析计量，推求含沙量及其粒径。直接进行推移质输沙率测验的方法有：器测法、坑测法	悬移质采样器、推移质采样器、河床质采样器、同位素测沙仪、泥沙颗粒分析仪器
颗粒直径	①直接法，又分尺量法和筛分析法。②间接法，通过测定泥沙在水中的沉降速度，再根据沉降速度与泥沙粒径的关系间接推求泥沙粒径	分析筛、粒径计、吸管分析设备、消光法分析仪

推荐采用同位素测沙仪监测泥沙含量、粒径计监测颗粒直径。

4.3.2.2 代县段

滹沱河代县段 7 处入河排污口和多处河道侵占物，因此需要进行水质监测和河道侵占物监测。另外，还需要进行堤防工程、小型水库（西茂河水库、东茂河水库、青龙水库、大茹解水库、中解水库、水沟水库、柳沟水库、正沟水库、寨沟水库、泉子沟水库、泊沟水库）、入出境处泥沙监测，如图 4.3 - 6 和图 4.3 - 7 所示。

图 4.3 - 6（一） 代县河道、桥涵、堤防（代县桥附近）

图 4.3-6（二） 代县河道、桥涵、堤防（代县桥附近）

图 4.3-7（一） 代县河道、堤防（雁靖大桥附近）

图 4.3 - 7（二） 代县河道、堤防（雁靖大桥附近）

水质、河道侵占物、堤防工程、水库、入出境段内的泥沙的监测要素、方法、仪器见前面章节内容。

4.3.2.3 原平段

滹沱河原平段有两处入河排污口和多处河道侵占物，因此需要进行水质监测和河道侵占物监测。另外，还需要进行堤防工程、中型水库（神山水库、观上水库）、小型水库（嶂阳湖水库、石匣口水库、槽化沟水库、石门沟水库、寿山水库、王北尧水库、将军山水库、神沟水库、刘庄水库、嶂阳南水库、嶂阳北水库、班桥水库、山水水库、屯瓦水库、西茹庄水库、茹岳水库）、拦河建筑物（橡胶坝）、入出境处泥沙监测。原平段河道、堤防、桥涵如图 4.3 - 8 所示。滹沱河支流污染如图 4.3 - 9 所示。橡胶坝如图 4.3 - 10 所示。

图 4.3-8（一） 原平段河道、堤防、桥涵

图 4.3-8（二） 原平段河道、堤防、桥涵

图 4.3 - 9 滹沱河支流污染（原平段）

图 4.3 - 10 橡胶坝

水质、河道侵占物、堤防工程、水库、橡胶坝、入出境处泥沙的监测要素、方法、仪器见前面章节内容。

4.3.2.4 忻府区段

滹沱河忻府区段需要进行堤防工程、中型水库（米家寨水库、双乳山水库、西岁兴水库）、小型水库（北村水库）、拦河建筑物（橡胶坝、浆砌石溢流坝）、出入境段内的泥沙监测。

堤防工程、水库、橡胶坝、入出境处泥沙的监测要素、方法、仪器见前面章节内容。表 4.3 - 10 给出了浆砌石溢流坝的监测。监测依据为《砌石坝设计规范》（SL 25—2006）。

表 4.3 - 10　　　　　　　　　　浆砌石溢流坝监测要素、方法、仪器

监测要素	监测方法	监测仪器
环境量监测（包括水位、库水温、降水量、坝前淤积和下游冲刷等）	上、下游水位观测可以采用水尺、浮子式水位计、压力式水位计、超声波水位计、激光测高计等进行观测。 降水量观测所用的仪器比较常用的是雨量器、自记雨量计、智能雨量计、称重降水监测站等。一般采用铜电阻温度计或者铂电阻温度计观测水温分布和变化规律，优选光纤光栅温度计监测温度。 采用经纬仪、水准仪、探测仪和多波束测深系统进行坝前淤积和下游冲刷的观测	水尺、浮子式水位计、压力式水位计、超声波水位计、激光测高计、雨量器、自记雨量计、智能雨量计、称重降水监测站、铜电阻温度计、铂电阻温度计、光纤光栅温度计、经纬仪、水准仪、探测仪、多波束测深系统

监测要素	监 测 方 法	监测仪器
位移	表面变形：①GNSS；②基于GPS和BDS组合定位法，位移精度达毫米级。 内部变形：钻孔测斜仪法测量	GNSS、GPS接收机和BDS接收机、测斜仪
渗流	渗透压力和浸润线监测：①埋设测压管或渗压计的方法进行监测；②渗流热监测技术；③渗流CT监测技术。 渗漏量监测：①采用量水堰加液位计方式测量；②采用光纤光栅液位计	测压管、渗流计、分布式光纤温度传感器、CT机、量水堰、光纤光栅液位计
应力、应变及温度	应力、应变一般采用压应力计和应变计等进行监测。用应变计观测混凝土应力时，需要安装无应力计。采用温度计监测温度	光纤光栅应变传感器、压应力计、无应力计、温度计

推荐采用激光测高计监测水位、称重降水监测站监测降雨量、光纤光栅温度计监测水温、多波束测深系统监测坝前淤积和下游冲刷、基于GPS和BDS组合定位监测表面形变、导轮式固定测斜仪监测内部变形、Fop光纤渗压计监测渗流、光纤光栅液位计监测渗流量、分布式光纤传感器监测应力应变。

4.3.2.5 定襄段

滹沱河定襄段有两处入河排污口和多处河道侵占物，因此需要进行水质监测和河道侵占物监测。另外，还需要进行堤防工程、小型水库（戎家庄水电站，图4.3-11）、拦河建筑物（浆砌石重力坝）、水电站（戎家庄水电站、戎家庄水电站南庄生态一水电站、戎家庄水电站南庄生态二水电站、戎家庄水电站南庄生态三水电站、戎家庄水电站南庄生态四水电站）、入出境处泥沙监测。

图4.3-11（一） 戎家庄水电站

图 4.3-11（二） 戎家庄水电站

水质、河道侵占物、堤防工程、水库、浆砌石重力坝、入出境处泥沙的监测要素、方法、仪器见前面章节内容。下面给出水电站的监测。

水电站枢纽的组成建筑物包括挡水建筑物、泄水建筑物、进水建筑物、引水建筑物、平水建筑物、厂房枢纽建筑物。对于坝的监测要素和监测方法前面已经有所叙述，这里不再涉及，只以其他的典型建筑物进行阐述。表 4.3-11 给出了水电站厂房监测要素、方法、仪器。

表 4.3-11　　　　　　　　　　水电站厂房监测要素、方法、仪器

监测要素	监 测 方 法	监测仪器
水平位移、垂直位移、出水口闸墩监测点相对位移、进水口墩柱监测点相对位移、上下游厂房牛腿监测点相对位移、厂房屋檐下监测点相对位移	(1) GNSS。 (2) 基于 GPS 和 BDS 组合定位法，位移精度达毫米级。 (3) 位移计	GNSS、GPS 接收机和 BDS 接收机、位移计
渗透压力、浸润线、渗流量	渗透压力和浸润线监测：①埋设测压管或渗压计的方法进行监测；②渗流热监测技术；③渗流 CT 监测技术。 渗漏量监测：①采用量水堰加液位计方式测量；②采用光纤光栅液位计	测压管、渗流计、分布式光纤温度传感器、CT 机、量水堰、光纤光栅液位计
应力、应变及温度	应力、应变一般采用压应力计和应变计等进行监测。用应变计观测混凝土应力时，需要安装无应力计。采用温度计监测温度	光纤光栅应变传感器、压应力计，无应力计、温度计
地震动峰值加速度	地震记录仪和加速度计监测峰值加速度	地震记录仪、加速度计
泵站机组的倾角	采用双轴倾角计测得其角度	双轴倾角计

推荐采用基于 GPS 和 BDS 组合定位法监测位移、AXIS P 系列高精度光学位移计监测相对位移、Fop 光纤渗压计监测渗流、光纤光栅液位计监测渗流量、分布式光纤传感器监测应力应变、光纤光栅温度计监测温度、EDAS-24GN3 的强震记录仪 BBAS-2 型加速度计监测峰值加速度、双轴倾角计监测泵站机组的倾角。

溢洪道监测要素为：水平位移、垂直位移、基底渗透压力、渗流量、混凝土应力应变和钢筋应力等。采用钢筋计监测钢筋应力，其他要素的监测方法和仪器前面已给出。表4.3-12 给出了水工隧洞监测要素、方法、仪器。

表 4.3-12　　　　　　　　　　　水工隧洞监测要素、方法、仪器

监测要素	监测方法	监测仪器
围岩内部位移、拱顶沉降、地表沉降	围岩变形：多点位移计；拱顶沉降：激光测距仪；地表沉降：压差式变形测量传感器	多点位移计、激光测距仪、压差式变形测量传感器
隧洞衬砌外水压力、进出水口基础扬压力等	(1) 埋设测压管或渗压计的方法进行监测； (2) 渗流热监测技术； (3) 渗流 CT 监测技术	测压管、渗流计、分布式光纤温度传感器、CT 机
混凝土衬砌应力应变、钢筋应力、围岩压力、锚杆应力及压力钢管钢板应力等	应力、应变一般采用压应力计和应变计等进行监测。用应变计观测混凝土应力时，需要安装无应力计。钢筋计监测钢筋应力、锚杆应力。应变计监测压力钢管钢板应力	光纤光栅应变传感器、压应力计、无应力计、钢筋计

推荐采用多点位移计监测围岩变形、激光测距仪监测拱顶沉降、压差式变形测量传感器监测地表沉降、Fop 光纤渗压计监测渗流、分布式光纤传感器监测应力应变。

4.3.2.6　五台段

滹沱河五台段有 3 处入河排污口和多处河道侵占物，因此需要进行水质监测和河道侵占物监测。另外，还需要进行堤防工程、中型水库（唐家湾水库）、小型水库（圈马沟水库、郭家寨水库、田家岗水库）、拦河建筑物（浆砌石重力坝、引水闸）、水电站（滹沱河一级水电站、滹沱河二级水电站、西龙池抽水蓄能电站）、入出境处泥沙监测。

水质、河道侵占物、堤防工程、水库、水电站、入出境处泥沙的监测要素、方法、仪器见前面章节内容。

图 4.3-12（一）　济胜桥附近河道和堤防

图 4.3-12（二）　济胜桥附近河道和堤防

图 4.3-13　五台峡谷段河道、堤防、小型石坝

4.3.2.7 盂县段

滹沱河盂县段有两处入河排污口和多处河道侵占物，因此需要进行水质监测和河道侵占物监测。另外，还需要进行堤防工程、中型水库（龙华口水电站水库）、小型水库（灯花水库、黄树岩水库）、拦河建筑物（橡胶坝、浆砌石溢流坝）、水电站（夫城口水电站、梁家寨水电站、北峪口水电站、阎家庄水电站）、入出境处泥沙监测。

水质、河道侵占物、堤防工程、水库、橡胶坝、浆砌石溢流坝、水电站、入出境处泥沙的监测要素、方法、仪器见前面章节内容。

4.3.2.8 跨河桥梁监测

滹沱河干流段跨河桥梁共有 94 座，上游段（滹沱河源头—崞阳桥段）共有 31 座，中游段（崞阳桥—济胜桥段）共有 11 座，下游段（济胜桥—阎家庄省界段）共有 52 座。根据桥梁结构分类统计：简易漫水桥为 7 座，浆砌石拱桥为 19 座，钢筋混凝土平桥板为 41 座，钢筋混凝土大桥 18 座，吊桥 7 座，钢结构桥 2 座。

图 4.3-14 老的将军大桥（拱桥）

图 4.3-15 新的将军大桥（平板桥）

图 4.3-16 石家塔大桥（拱桥）　　　　图 4.3-17 老坟湾桥（吊桥）

图 4.3-18 济胜桥（平板桥）

图 4.3-19 蔡家坪村桥（钢结构桥）　　　图 4.3-20 峡谷段拱桥

图 4.3-21　滨河大桥

图 4.3-22　代县桥

图 4.3-23 雁靖大桥

（1）简易漫水桥。为了对过桥人群、车辆进行提示或警示作用，流过桥面的水深、流速是简易漫水桥的主要监测要素。

表 4.3-13 简易漫水桥监测要素、方法、仪器

监测要素	监测方法	监测仪器
水位	水位计测量漫过桥面的水深高度	声波式水位传感器、激光测高计
流速	流速仪测量水流的流速	明渠流速传感器

推荐声波式水位传感器监测水位、明渠流速传感器监测流速。

（2）浆砌石拱桥。石拱桥最主要病害是顺桥向及横桥向裂缝，裂缝包括深层裂纹与表面裂缝。

表 4.3-14 浆砌石拱桥监测要素、方法、仪器

监测要素	监测方法	监测仪器
应力	光纤光栅应力传感器监测应力	光纤光栅应力传感器
裂缝	采用裂缝计监测裂缝	裂缝计
变形	（1）经纬仪或测距仪监测。 （2）基于 GPS 和 BDS 组合定位法监测。 （3）位移传感器监测	经纬仪、测距仪、GPS 和 BDS、位移传感器

推荐采用光纤光栅应力传感器监测应力。光纤光栅裂缝计监测裂缝。石拱桥在车辆荷载作用下的变形较小，难以用常规的经纬仪或测距仪监测，基于 GPS 和 BDS 组合定位监测形变成本太高，建议采用位移传感器监测变形。

（3）钢筋混凝土桥。监测依据为《建筑与桥梁结构监测技术规范》（GB 50982—2014）和《公路桥梁结构安全监测系统技术规程》，主要监测内容为几何线形监测，包括：拱肋线形监测、主梁线形监测、主梁挠度监测、轴线偏移测量、拱座变位测量；拱肋应力应变监测；钢箱梁应力、应变观测；系杆锚固端应力集中位置应力应变监测；系杆索力监测；温度监测，包括：控制截面温度值和施工过程中环境温度值；材料参数测试等。表 8.3-15 给出了监测要素、方法及仪器。

表 4.3 - 15 钢筋混凝土桥监测要素、方法、仪器

监测要素	监测方法	监测仪器
应力应变	应变监测可选用电阻应变计、振弦式应变计、光纤类应变计等应变监测元件进行监测	内埋/表面式应变计
振动加速度	振动传感器	磁电式振动传感器
变形位移	目前广泛采用光学测量法、全站仪法、引张线法、视频测图法、加速度仪测量法、激光干涉仪法、位移传感器法、GNSS全球导航卫星系统法等。新方法有：①基于GPS和BDS组合定位法监测变形；②采用三维激光扫描仪进行桥梁的变形监测；③采用地基雷达IBIS-S进行桥梁的变形监测	GNSS、盒式固定测斜仪、位移传感器、三维激光扫描仪、地基雷达
沉降/挠度	沉降仪、变形传感器	压差式变形测量传感器
裂缝、伸缩缝	裂缝计	裂缝计
温湿度	温度计、湿度计	温湿度传感器
车辆荷载	通过安装的传感器和含有软件的电子仪器，测量动态轮胎力和车辆通过时间，计算总重	动态称重系统
桥梁视频	高清摄像头	红外网络高速球机
风速风向	风速风向仪，一般选用超声波式和机械式两种	风速风向仪，比如YOUNG81000 超声风速仪、Gill WindMster Pro 三维超声风速仪、YOUNG05106螺旋桨风速仪
地震	采用地震仪实时监测峰值加速度、震动响应	强震仪、磁电式振动传感器

推荐采用光纤光栅应力传感器监测应力、光纤光栅温湿传感器监测温湿度、磁电式振动传感器监测振动、GNSS法监测变形、压差式变形测量传感器监测沉降、动态称重系统监测车辆荷载、红外网络高速球机进行视频监控、YOUNG81000超声风速仪监测风速风向、EDAS-24GN3强震记录仪和BBAS-2加速度计监测地震峰值加速度、磁电式振动传感器监测地震位移响应。

(4) 吊桥 (悬索桥)。悬索桥，又名吊桥 (suspension bridge) 是以通过索塔悬挂并锚固于两岸 (或桥两端) 的缆索 (或钢链) 作为上部结构主要承重构件的桥梁。除了钢筋混凝土桥的监测内容外，悬索桥还应选择主缆及吊杆进行索力监测；斯克拉顿数低于10或阻尼比小于0.5%的所易发生各种风雨振动现象，宜进行索力监测。索力监测主要有振动法、磁通量法、压力法。大缆索股力监测宜采用压力传感器或磁通量传感器，代表性吊杆力监测宜采用振动传感器或磁通量传感器。推荐采用磁通量传感器/加速度计进行索力监测。

4.3.2.9 岸线侵蚀及水土保持监测

表 4.3 – 16　　　　　　　　　　岸线侵蚀监测要素、方法、仪器

监测要素	监测方法	监测仪器
年平均侵蚀后退距离、岸线后退速率、岸滩下蚀速率、水力侵蚀模数、土壤流失量	(1) 现代地形测量，包括三维激光扫描、高精度 GPS 法、遥感摄影测量、差分雷达干涉测量、低空无人飞行器遥感系统； (2) 无人船遥感系统； (3) 核素示踪； (4) 现代原位监测	美国 Raven 公司生产的 INVICTA 210 型号信标 DGPS 测量系统

表 4.3 – 17　　　　　　　　　　岸线侵蚀灾害强度等级

指标 ＼ 分级		淤泥	稳定	微侵蚀	较强侵蚀	强侵蚀	严重侵蚀
岸线后退速率 /(m/a)	砂质岸线	$v>+0.5$	$-0.5<v\leqslant+0.5$	$-1<v\leqslant-0.5$	$-2<v\leqslant-1$	$-3<v\leqslant-2$	$v\leqslant-3$
	淤泥质岸线	$v>+1$	$-1<v\leqslant+1$	$-5<v\leqslant-1$	$-10<v\leqslant-5$	$-15<v\leqslant-10$	$v\leqslant-15$
岸滩下蚀速率/(cm/a)		$b>+1$	$-1<b\leqslant+1$	$-5<b\leqslant-1$	$-10<b\leqslant-5$	$-15<b\leqslant-10$	$b\leqslant-15$

注　v 为岸线侵蚀速率。

表 4.3 – 18　　　　　　　　　　水 力 侵 蚀 强 度 分 级

级别	平均侵蚀模数/[t/(km² · a)]	平均流失厚度/(mm/a)
微度	<200，<500，<1000	<0.15，<0.37，<0.74
轻度	200，500，1000~2500	0.45，0.37，0.74~1.9
中度	2500~5000	1.9~3.7
强烈	5000~8000	3.7~5.9
极强烈	8000~15000	5.9~11.1
剧烈	>15000	>11.1

注　本表流失厚度系按土的干密度 1.35g/cm³ 折算，各地可按当地土壤干密度计算。

表 4.3 – 19　　　　　　　　　　重 力 侵 蚀 分 级 指 标

崩塌面积占坡面面积比/%	<10	10~15	15~20	20~30	>30
强度分级	轻度	中度	强烈	极强烈	剧烈

表 4.3 – 20　　　　　　　　　　风 力 侵 蚀 的 强 度 分 级

级别	床面形态（地表形态）	植被覆盖度（非流沙积)/%	风蚀厚度/(mm/a)	侵蚀模数/[t/(km² · a)]
微度	固定沙丘、沙地和滩地	>70	<2	<200
轻度	固定沙丘、半固定沙丘、沙地	70~50	2~10	200~2500
中度	半固定沙丘、沙地	50~30	10~25	2500~5000
强烈	半固定沙丘、流动沙丘、沙地	30~10	25~50	5000~8000
极强烈	流动沙丘、沙地	<10	50~100	8000~15000
剧烈	大片流动沙丘	<10	>100	>15000

表 4.3－21 水土保持监测要素、方法、仪器

监测要素	监测方法	监测仪器
不同侵蚀类型的面积、强度、流失量和潜在危险度；水土流失危害监测；水土保持措施数量、质量及效果监测等	采用遥感监测、地面观测和抽样调查等方法。推荐采用无人机倾斜摄影遥感技术、遥感技术、全球定位系统、地理信息系统、地理信息集成（"3S"）技术	三维激光扫描、GPS、雷达、无人机、数码相机、机载飞行和地面站控制系统

表 4.3－22 抗蚀年限判别水力侵蚀危险程度等级的划分标准

等级	抗蚀年限/a	等级	抗蚀年限/a
微度	＞100	重度	20～50
轻度	80～100	极度	＜20
中度	50～80		

注 1. 抗蚀年限取值采用超过临界土层厚度的土层厚度与可能的年侵蚀厚度的比值。
　　2. 临界土层系指林草植被自然恢复所需的最小土层厚度，一般按10cm计。

表 4.3－23 植被自然恢复年限和地面坡度判别水力侵蚀危险程度等级的划分标准

地面坡度/(°)	植被自然恢复年限/a				
	1～3	3～5	5～8	8～10	10
＜5，＜8	微度	轻度	中度	重度	极度
5～8，8～15					
8～15，15～25					
15～25，25～35					
＞25，＞35					

注 东北黑土区地面坡度划分＜5°、5°～8°、8°～15°、15°～25°、＞25°，其他土壤侵蚀类型区地面坡度划分＜8°、8°～15°、15°～25°、25°～35°、＞35°。

表 4.3－24 风力侵蚀危险程度等级的划分标准

地表形态	植被覆盖区/%	气候干湿地区类型				
		湿润区	半湿润区	半干旱区	干旱区	极干旱区
固定沙丘，沙地，滩地	＞70	微度	轻度	中度	重度	极度
固定沙丘，半固定沙丘，沙地	70～50					
半固定沙丘，沙地	50～30					
半固定沙丘，流动沙丘，沙地	30～15					
流动沙丘，沙地	＜15					

4.4 滹沱河河道监测方案

　　沿河道按要求布设监测断面，两岸设置断面桩，断面桩用三等水准引测高程，用GPS确定坐标（平面位置）。各断面桩作为断面监测依据，水下部分地形用GPS与超声波测深仪，联合施测，水上部分地形采用全站仪测绘。测点密度以能控制断面转折点为准。监测断面相对固定，断面间距，限采区0.5km，禁采区2km，流量站断面、水位站水尺断面坝址、桥址和特殊部位的上下游附近另加设断面。断面布设应避开险滩、急流和漩涡等部位。在固定断面两岸埋设永久性标石标志（断面桩）。固定断面的岸上断面测量，应测至两岸大堤内脚或最高洪水位以上1m处。如最高洪水位处离岸边太远，则测至标石后600m。一般洪水位能淹没的边滩、洲滩应全部施测。对岸上断面的岩石、悬崖、陡壁及护坡及人工固定建筑部分，第一次必须详细施测，以后视变化情况而定。固定断面水下断面测量，测点的位置应严格控制在断面线上。陡岸边测点应加密，深泓及转折部位必须布设测点。水下断面与岸上断面须衔接。

　　监测系统包括降雨量、水位、水质、流量、河道地形、建筑物安全等监测量的采集与处理，同时支持现场图片抓拍、视频传输，通过数据、图片、视频的形式了解现场情况。除了点的监测外，采用无人机、无人船、遥感技术实现面的监测。各监测要素均有分级预警指标，实现自动分级预警。可以利用机器学习方法对海量遥感影像自动分类、快速提取信息。

　　监测系统由河道监测终端、云服务器、监测中心三部分组成。河道监测终端通过水位计、流量计、雨量计、应变计、渗压计等各种传感器采集数据、通过摄像头抓拍现场图片。河道监测终端通过 GPRS/CDMA/北斗卫星、3G/4G/WiFi、ADSL/光纤等通信方式与云服务器相连，云服务器通过 INTERNET 将监测数据和图片传输到监测中心，监测中心通过服务器、监控大屏显示监测结果和预警。图 4.4-1 为河道水位监测系统拓扑图。

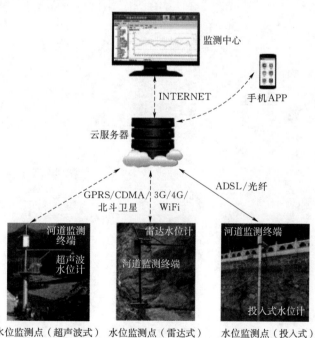

图 4.4-1　河道水位监测系统拓扑图

　　2016 年 12 月，中共中央办公厅、国务院办公厅印发《关于全面推行河长制的意见》提出六大河长制工作任务，即加强水资源保护、河湖水域岸线管理保护、水污染防治、水环境治理、水生态修复和执法监管。传统的监测方法费时、费力，监测体系不健全，很难在较短时间内全面获取信息。河道监测采用遥感技术和自动化监测技术，能快速获取信息、周期短、受条件限制少、手段多，信息量大等优势，可提供客观、真实的大范围，多尺度、多维度（地理、光谱、时间等空间）的数据资料，从而为河长提供决策依据。河道监测不仅含有水环境的监测，还包含工程安全的监测，因此河道监测可以和河长制实施有机结合。河道自动化监测体系可以全面提升水利信息化水平，为科学高效地调度运用工程和管理河道提供技术支撑。

4.5 小结

根据《山西省地表水水环境功能区划》，将滹沱河山西段分为源头—孤山水库、孤山水库—宏道、宏道—戎家庄和戎家庄—出省界四个典型河段，给出了各典型河段水环境监测要素、方法、技术指标和仪器。根据滹沱河山西境内行政区域划分，将滹沱河山西境内河道监测划分为繁峙县、代县、原平市、忻府区、定襄县、五台县、盂县典型河段。根据河道监测要素和方法的研究成果，给出了滹沱河山西境内各典型河段除水环境外的监测要素、方法和仪器。构建了滹沱河河道监测初步方案，阐明了河道监测与河长制的关系。